TGAU
Bioleg

Adrian Schmit, Jeremy Pollard

HODDER
EDUCATION
AN HACHETTE UK COMPANY

TGAU Bioleg

Addasiad Cymraeg o *GCSE Biology* a gyhoeddwyd yn 2016 gan Hodder Education

Ariennir yn Rhannol gan Lywodraeth Cymru
Part Funded by Welsh Government

Cyhoeddwyd dan nawdd Cynllun Adnoddau Addysgu a Dysgu CBAC

Mae'r deunydd hwn wedi'i gymeradwyo gan CBAC ac mae'n cynnig cefnogaeth o ansawdd uchel ar gyfer cyflwyno cymwysterau CBAC. Er bod y deunydd wedi bod trwy broses sicrhau ansawdd, mae'r cyhoeddwyr yn dal yn llwyr gyfrifol am y cynnwys.

Mae cyn-gwestiynau papurau arholiad CBAC wedi'u hatgynhyrchu gyda chaniatâd CBAC.

Er y gwnaed pob ymdrech i sicrhau bod cyfeiriadau gwefannau yn gywir adeg mynd i'r wasg, nid yw Hodder Education yn gyfrifol am gynnwys unrhyw wefan y cyfeirir ati yn y llyfr hwn. Weithiau mae'n bosibl dod o hyd i dudalen we a adleolwyd trwy deipio cyfeiriad tudalen gartref gwefan yn ffenestr LlAU (*URL*) eich porwr.

Archebion: cysylltwch â Hachette UK Distribution, Hely Hutchinson Centre, Milton Road, Didcot, Oxfordshire OX11 7HH. Ffôn: +44 (0)1235 827827. E-bost: education@hachette.co.uk. Mae'r llinellau ar agor rhwng 9.00 a 17.00 o ddydd Llun i ddydd Gwener. Gallwch hefyd archebu trwy wefan Hodder Education: www.hoddereducation.co.uk

ISBN 9781510400313

© Adrian Schmit a Jeremy Pollard, 2016 (Yr argraffiad Saesneg)

Cyhoeddwyd gyntaf yn 2016 gan

Hodder Education

Carmelite House

50 Victoria Embankment

London EC4Y 0DZ

© CBAC 2016 (yr argraffiad hwn ar gyfer CBAC)

Rhif argraffiad   3

Blwyddyn   2022

Llun y clawr © Steve Taylor ARPS / Alamy Stock Photo
Teiposodwyd yn India gan Aptara Inc.
Argraffwyd yn yr Eidal
Mae cofnod catalog y teitl hwn ar gael gan y Llyfrgell Brydeinig

Cynnwys

Gwneud y gorau o'r llyfr hwn

Croeso i Lyfr Myfyrwyr TGAU Bioleg CBAC.

Mae'r llyfr hwn yn ymdrin â holl gynnwys yr haen Sylfaenol a'r haen Uwch ar gyfer manyleb 2016 TGAU Bioleg CBAC.

Mae'r nodweddion canlynol wedi eu cynnwys er mwyn eich helpu i wneud y defnydd gorau o'r llyfr hwn.

🏠 Cynnwys y fanyleb

Gwiriwch eich bod yn ymdrin â'r holl gynnwys angenrheidiol ar gyfer eich cwrs, gyda chyfeiriadau at y fanyleb a throsolwg bras o bob pennod.

Termau allweddol

Mae geiriau a chysyniadau pwysig wedi'u hamlygu yn y testun a'u hegluro'n glir i chi ar ymyl y dudalen neu yn y testun ei hun.

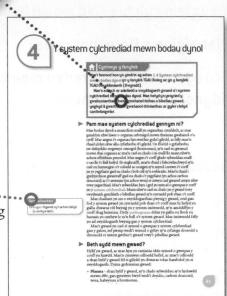

→ Gweithgaredd

Mae'r gweithgareddau hyn fel arfer yn ymwneud â defnyddio data ail law na allech eu cael mewn labordy ysgol, ynghyd â chwestiynau a fydd yn profi eich sgiliau ymholi gwyddonol.

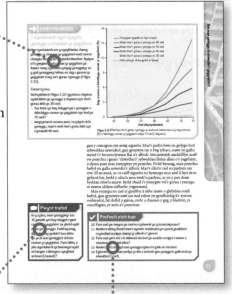

💡 Gwaith ymarferol

Bydd y gweithgareddau ymarferol hyn yn helpu i atgyfnerthu eich dysgu ac i brofi eich sgiliau ymarferol. Dylech chi werthuso risgiau cyn gwneud gwaith ymarferol.

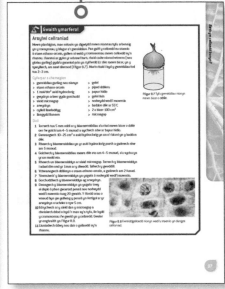

💬 Pwynt trafod

Gallech chi ateb y cwestiynau hyn ar eich pen eich hun, ond byddech hefyd yn elwa o'u trafod gyda'ch athro/athrawes neu gyda myfyrwyr eraill yn eich dosbarth. Mewn achosion fel hyn, mae yna fel arfer amrywiaeth barn neu sawl ateb posibl i'w harchwilio.

✓ Profwch eich hun

Mae'r cwestiynau byr hyn, sydd i'w gweld trwy bob pennod, yn rhoi cyfle i chi i wirio eich dealltwriaeth wrth i chi fynd yn eich blaen trwy'r gwahanol bynciau.

★ Enghraifft wedi ei datrys

Enghreifftiau o gwestiynau a chyfrifiadau sy'n cynnwys gwaith cyfrifo llawn ac atebion sampl.

► Cwestiynau adolygu'r bennod

Mae cwestiynau ymarfer ar ddiwedd pob pennod. Mae'r rhain yn dilyn arddull y gwahanol fathau o gwestiynau y gallech chi eu gweld yn eich arholiad ac mae marciau wedi eu rhoi i bob rhan.

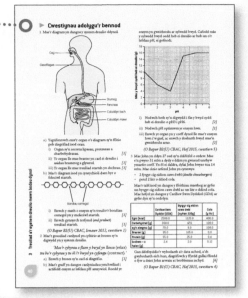

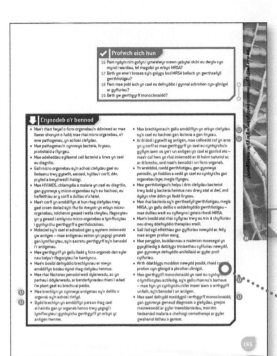

▼ Crynodeb o'r bennod

Mae hwn yn rhoi trosolwg o bopeth rydych wedi ei astudio mewn pennod ac mae'n adnodd defnyddiol er mwyn gwirio eich cynnydd ac ar gyfer adolygu.

Mae rhywfaint o'r deunydd yn y llyfr hwn yn angenrheidiol ar gyfer myfyrwyr sy'n sefyll arholiad yr haen Uwch yn unig. Mae'r cynnwys hwn wedi ei farcio'n glir ag **U**

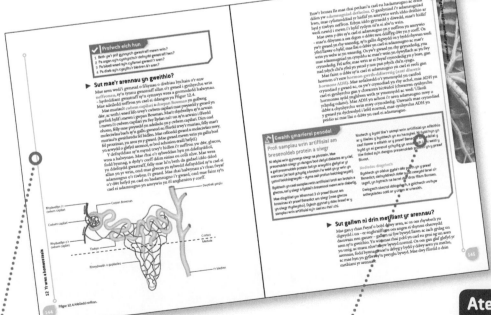

Mae'r rhan fwyaf o gynnwys y llyfr hwn yn addas ar gyfer pob myfyriwr. Er hyn, myfyrwyr sy'n dilyn cwrs TGAU Bioleg yn unig a ddylai astudio rhai pynciau. Mae'r cynnwys hwn wedi'i farcio'n glir â llinell werdd.

⚗ Gwaith ymarferol penodol

Mae gwaith ymarferol penodol i CBAC wedi'i amlygu'n glir.

Atebion
Mae atebion holl gwestiynau a gweithgareddau'r llyfr hwn i'w cael ar lein yn: www.hoddereducation.co.uk/tgaubiolegcbac

1 Celloedd a symudiad ar draws cellbilenni

🏠 **Cynnwys y fanyleb**

Mae'r bennod hon yn ymdrin â'r adran **1.1 Celloedd a symudiad ar draws cellbilenni** yn y fanyleb TGAU Bioleg ac yn y fanyleb TGAU Gwyddoniaeth (Dwyradd) .

Mae'n edrych ar adeiledd a swyddogaeth celloedd, sut maen nhw'n cludo defnyddiau ac ar rai prosesau metabolaidd sy'n digwydd ynddyn nhw.

▶ Beth yw celloedd?

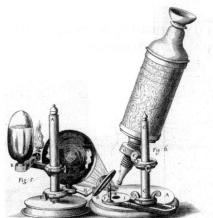

Ffigur 1.1 Microsgop cynnar a ddefnyddiodd Robert Hooke i ddarganfod celloedd.

Erbyn heddiw rydym ni'n gwybod mai celloedd yw 'uned' sylfaenol pob peth byw. Cafodd celloedd eu gweld am y tro cyntaf trwy ficrosgop a'u disgrifio gan y gwyddonydd enwog Robert Hooke yn 1665 (Ffigur 1.1). Ond ar y pryd doedd ganddo ddim syniad bod pob peth byw yn cynnwys celloedd. Y rhai cyntaf i awgrymu'r syniad hwnnw – oedd yn rhan o'r hyn sy'n cael ei alw yn ddamcaniaeth celloedd – oedd y gwyddonwyr Almaenig, Theodor Schwann (yn gweithio ar anifeiliaid) a Matthias Schleiden (yn gweithio ar blanhigion) yn yr 1830au.

Mae'r ddamcaniaeth celloedd a gynigiodd Schwann a Schleiden yn dal i fod yn sail i ddamcaniaeth celloedd heddiw, er ei bod wedi cael ei datblygu wrth i ni ddod i wybod mwy am gelloedd.

Yn ôl damcaniaeth celloedd heddiw:

▶ Mae pob organeb fyw wedi'i gwneud o gelloedd. Gall y celloedd fod yn **ungellog** (un gell) neu'n **amlgellog** (llawer o gelloedd).
▶ Y gell yw 'uned' sylfaenol bywyd.
▶ Mae celloedd yn cael eu ffurfio, trwy gellraniad, o gelloedd sy'n bodoli eisoes.
▶ Mae llif egni yn digwydd mewn celloedd (sy'n galluogi'r adweithiau cemegol sy'n creu bywyd).
▶ Mae gwybodaeth etifeddol (**asid deocsiriboniwcleig, DNA**) yn cael ei phasio o gell i gell yn ystod cellraniad.
▶ Yr un cyfansoddiad cemegol sylfaenol sydd gan bob cell.

Er bod gan gelloedd nodweddion yn gyffredin, mae gwahaniaethau hefyd rhwng mathau gwahanol o gelloedd. Mae rhai o'r gwahaniaethau hyn yn caniatáu gwyddonwyr i ddosbarthu celloedd naill ai fel celloedd anifeiliaid neu fel celloedd planhigion.

▶ Celloedd planhigion a chelloedd anifeiliaid

Mae pob cell (mewn planhigion ac anifeiliaid) yn rhannu rhai nodweddion cyffredin.

▶ Maen nhw i gyd yn cynnwys **cytoplasm**, math o 'jeli byw', lle mae'r rhan fwyaf o'r adweithiau cemegol sy'n gwneud bywyd yn digwydd.

- Mae **cellbilen** yn amgylchynu'r cytoplasm, ac yn rheoli beth sy'n mynd i mewn ac allan o'r gell.
- Mae **cnewyllyn** ym mhob cell; dyma ble mae'r DNA, y cemegyn sy'n rheoli gweithgareddau'r gell.
- Maen nhw'n cynnwys **mitocondria** (unigol: mitocondrion), sef y ffurfiadau sy'n cyflawni resbiradaeth aerobig, gan gyflenwi egni i gelloedd.

Mae celloedd planhigion yn wahanol i gelloedd anifeiliaid, gan fod ganddynt rai nodweddion sydd ddim i'w cael yng nghelloedd anifeiliaid, sef:

- **Cellfur**, wedi'i wneud o **gellwlos**, sy'n amgylchynu celloedd planhigion.
- **Gwagolyn** canolog mawr parhaol, sef lle gwag wedi'i lenwi â chellnodd hylifol.
- **Cloroplastau**, sy'n amsugno'r golau sydd ei angen ar blanhigion i wneud eu bwyd drwy ffotosynthesis. Dydy cloroplastau ddim i'w cael ym *mhob* cell planhigyn, ond dydyn nhw byth i'w cael yng nghelloedd anifeiliaid.

Mae Ffigur 1.2 yn dangos enghraifft o gell planhigyn ac enghraifft o gell anifail, ac mae'n nodi'r gwahaniaethau rhyngddynt.

Ffigur 1.2 Cell anifail (chwith) a chell planhigyn (de), yn dangos y gwahaniaethau mewn adeiledd.

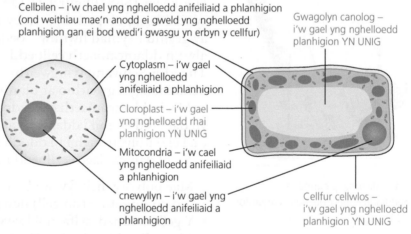

Cellbilen – i'w chael yng nghelloedd anifeiliaid a phlanhigion (ond weithiau mae'n anodd ei gweld yng nghelloedd planhigion gan ei bod wedi'i gwasgu yn erbyn y cellfur)

Cytoplasm – i'w gael yng nghelloedd anifeiliaid a phlanhigion

Cloroplast – i'w gael yng nghelloedd rhai planhigion YN UNIG

Mitocondria – i'w cael yng nghelloedd anifeiliaid a phlanhigion

cnewyllyn – i'w gael yng nghelloedd anifeiliaid a phlanhigion

Gwagolyn canolog – i'w gael yng nghelloedd planhigion YN UNIG

Cellfur cellwlos – i'w gael yng nghelloedd planhigion YN UNIG

Mae Tabl 1.1 yn crynhoi'r wybodaeth sydd ei hangen arnoch.

Tabl 1.1 Crynodeb o adeiledd celloedd

Organyn	Ble?	Swyddogaeth
Cnewyllyn	Pob math o gell	Yn cynnwys DNA, sy'n rheoli gweithgareddau'r gell
Cellbilen	Pob math o gell	Yn rheoli beth sy'n mynd i mewn i gell ac allan ohoni
Cytoplasm	Pob math o gell	Rhan fwyaf y gell a lle mae'r rhan fwyaf o adweithiau cemegol yn digwydd
Mitocondria	Pob math o gell	Yn cyflenwi egni trwy resbiradaeth aerobig
Cloroplastau	Rhai celloedd planhigion	Yn amsugno golau ar gyfer ffotosynthesis
Cellfur	Celloedd planhigion	Yn cynnal (*supports*) y gell
Gwagolyn	Celloedd planhigion	Wedi'i lenwi â hydoddiant o faetholion gan gynnwys glwcos, asidau amino a halwynau

▶ Defnyddio microsgop i arsylwi celloedd

Dros y blynyddoedd ers amser Robert Hooke, mae gwyddonwyr wedi defnyddio microsgopau golau i arsylwi celloedd. Erbyn hyn mae mathau mwy grymus o ficrosgop ar gael (er enghraifft,

✔ | **Profwch eich hun**

1 Enwch dair nodwedd sydd i'w gweld yng nghelloedd anifeiliaid a phlanhigion.
2 Enwch dair nodwedd sydd i'w gweld yng nghelloedd planhigion ond nid yng nghelloedd anifeiliaid.
3 Mae llawer o fitocondria yng nghelloedd cyhyrau. Awgrymwch reswm am hyn.
4 Beth yw swyddogaeth y cellfur yng nghelloedd planhigion?
5 Awgrymwch reswm pam nad yw llawer o gelloedd planhigion yn cynnwys cloroplastau.

yr electronmicrosgop) sy'n ein galluogi i weld adeiledd manwl organynnau celloedd, ond maen nhw'n gymhleth ac yn ddrud a'r microsgop golau yw'r math sy'n cael ei ddefnyddio fwyaf o hyd. Mae Ffigur 1.3 yn dangos rhannau microsgop golau nodweddiadol.

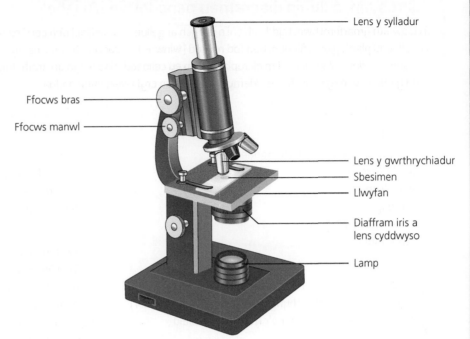

Lens y sylladur

Ffocws bras

Ffocws manwl

Lens y gwrthrychiadur

Sbesimen

Llwyfan

Diaffram iris a lens cyddwyso

Lamp

Ffigur 1.3 Rhannau microsgop golau

Dyma swyddogaethau rhannau o'r microsgop golau:

▶ Mae chwyddhad penodol gan **lens y sylladur**, er ei bod yn bosibl ei gyfnewid am lens sydd â chwyddhad gwahanol.
▶ Fel arfer mae gwahanol bŵer chwyddo gan **lensys y gwrthrychiadur** ac mae'n bosibl eu cyfnewid. Dyma'r lensys sy'n addasu chwyddhad y ddelwedd a welwch drwy'r microsgop.
▶ Y **llwyfan** yw'r lle sy'n dal y sleid rydych chi'n ei harsylwi, gyda chlipiau'n cadw'r sleid yn ei lle.
▶ O dan y llwyfan mae rhan sydd fel arfer yn cynnwys dwy gydran – **diaffram iris**, sy'n gallu cael ei agor neu ei gau i addasu maint y golau sy'n mynd i mewn i lens y gwrthrychiadur, ac (weithiau) **lens cyddwyso** sy'n troi'r golau'n baladr sy'n cael ei gyfeirio'n drachywir i lens y gwrthrychiadur.
▶ Ar waelod y microsgop mae **lamp** (er bod drych mewn rhai microsgopau hŷn), sy'n cael ei defnyddio ar y cyd â lamp arall i daflu golau trwy'r lens cyddwyso a'r diaffram iris.
▶ Mae'r microsgop yn cael ei ffocysu trwy ddefnyddio dau reolydd ffocysu. Mae'r **ffocws bras** yn ffocysu'r ddelwedd yn fras gan ddefnyddio'r gwrthrychiadur nerth isaf, ac mae'r **ffocws manwl** yn cael ei ddefnyddio i wneud y ddelwedd mor glir ag sy'n bosibl.
▶ Mae **sleidiau** microsgop yn dal toriadau tenau. Mae'n bosibl staenio'r sbesimenau hyn gan ddefnyddio amrywiaeth o lifynnau er mwyn gweld eu hadeileddau yn fwy clir.

Lluniadau microsgop

Pwrpas lluniad gwyddonol o sbesimen microsgop yw ei ddangos yn fanwl gywir (siapiau a chyfraneddau cywir) ac mor glir â phosibl.

Archwilio celloedd anifeiliaid a phlanhigion gan ddefnyddio microsgop, a llunio diagramau penodol wedi'u labelu

Yn y gwaith ymarferol hwn, byddwch chi'n edrych ar gelloedd anifeiliaid o'ch corff eich hun a chelloedd planhigion o nionyn. Gan fod nionod (winwns) yn cael eu ffurfio o dan y ddaear heb bresenoldeb golau, does dim cloroplastau yn eu celloedd. Mae hefyd yn annhebygol y bydd y microsgop rydych chi'n ei ddefnyddio'n ddigon cryf i weld mitocondria.

Celloedd anifeiliaid

Cyfarpar

> ffyn gwlân cotwm/ffyn rhyngddeintiol
> sleid microsgop
> arwydryn
> microsgop
> staen methylen glas
> papur hidlo

Dull

1 Rhwbiwch y tu mewn i'ch boch yn ysgafn gyda ffon gwlân cotwm neu ffon rhyngddeintiol (gweler Ffigur 1.4).
2 Yn ofalus, taenwch y poer o'r ffon ar eich sleid microsgop.
3 Ychwanegwch ddiferyn neu ddau o ddŵr at y rhan o'r sleid y gwnaethoch daenu drosti.
4 Gosodwch yr arwydryn ar y sleid. Rhowch un ymyl ar y sleid ac yna tynnwch yr arwydryn i lawr yn araf.
5 Ychwanegwch ddiferyn o lifyn methylen glas yn agos at un o ymylon yr arwydryn, ar sleid y microsgop.
6 Tynnwch y llifyn o dan yr arwydryn trwy roi'r papur hidlo nesaf at ymyl yr arwydryn sydd gyferbyn â lle mae'r llifyn.
7 Arhoswch am ychydig funudau i'r llifyn staenio'r celloedd, yna arsylwch y sleid o dan y microsgop.
8 Gwnewch lun o dair cell.

Celloedd planhigion

Cyfarpar

> nionyn/winwnsyn
> cyllell llawfeddyg
> gefel (*forceps*)
> sleid microsgop

> arwydryn
> staen methylen glas/iodin
> microsgop

Dull

1 Torrwch y nionyn a thynnwch yr haenau ar wahân.
2 Defnyddiwch y gyllell llawfeddyg i dorri sgwâr trwy ran o segment nionyn. Gwnewch yn siŵr fod hwn ar ochr y segment a oedd tuag at du mewn y nionyn, a bod y sgwâr a dorrwyd yn llai na'r arwydryn.
3 Gan ddefnyddio'r gefel, piliwch haen fewnol y gell epidermaidd oddi ar y nionyn yn ofalus (Ffigur 1.5). Mae'r haen epidermaidd (neu epidermis) yn 'groen' un gell o drwch ar y tu mewn ac ar y tu allan i bob un o haenau'r nionyn. Defnyddiwch y tu mewn i haen y nionyn ar gyfer y broses hon.
4 Rhowch ddiferyn o staen methylen glas neu ïodin ar ganol y sleid.
5 Yn ofalus, gosodwch yr haen o epidermis ar y diferyn o lifyn. Ceisiwch beidio â dal swigod aer o dan y feinwe.
6 Gosodwch arwydryn dros y feinwe.
7 Arhoswch am ychydig funudau i'r llifyn staenio'r celloedd, yna arsylwch y sleid o dan y microsgop.
8 Gwnewch lun grŵp o bedair cell ar y mwyaf.

Ffigur 1.4 Samplu celloedd y foch.

Ffigur 1.5 Tynnu'r epidermis oddi ar nionyn.

Does dim angen i chi fod yn arlunydd gwych i gynhyrchu lluniad gwyddonol da, ond mae'n rhaid i chi fod yn sylwgar ac yn daclus. Mae rhai 'rheolau' ar gyfer llunio diagramau gwyddonol:

1 Defnyddio pensil miniog bob amser.
2 Gwneud yn sicr bod y llinellau'n denau ac yn eglur ac nad ydyn nhw'n gorgyffwrdd lle maen nhw'n cysylltu.
3 Peidio â thywyllu rhannau o'ch lluniad, oni bai bod hynny'n angenrheidiol i wahaniaethu'n glir rhwng adeileddau.
4 Defnyddio pren mesur i linellau labelu bob tro. Ni ddylai'r llinellau byth croesi ei gilydd.
5 Peidio â rhoi label ar y lluniad ei hun – cadwch y labeli y tu allan i'r lluniad.
6 Gwneud yn sicr bod cyfrannedd y lluniad yn gywir. Os yw lled adeiledd ddwywaith ei hyd, yna dylai'r lluniad fod yr un fath.

Celloedd arbenigol

Yn union fel organebau cyfan, mae celloedd wedi esblygu dros amser i arbenigo yn eu 'swyddi' penodol eu hunain (Ffigur 1.6). Weithiau, gall hyn arwain at gelloedd sy'n edrych yn wahanol iawn i'r enghreifftiau yn Ffigur 1.2.

Mae celloedd newydd eu ffurfio mewn meinweoedd gwahanol yn edrych yn debyg iawn i'w gilydd, beth bynnag yw'r feinwe wreiddiol. Wrth iddyn nhw dyfu ac aeddfedu, fodd bynnag, maen nhw'n graddol ddatblygu'r arbenigaethau sy'n addas i'w swyddogaeth. Proses o newid yw hon a **gwahaniaethu** yw'r enw arni. Gadewch i ni edrych ar gell goch y gwaed er enghraifft. Mae'r gell yn cael ei ffurfio fel cell anifail sylfaenol, yn debyg i'r hyn sydd yn Ffigur 1.2. Dros gyfnod o ddau ddiwrnod, yn raddol mae'r gell yn colli ei chnewyllyn a'i horganynnau, yn ffurfio haemoglobin (y pigment sydd ei angen i gludo ocsigen) ac yn datblygu ei siâp deugeugrwm nodweddiadol i ddod yn gell goch y gwaed gyflawn.

Ffigur 1.6 Celloedd arbenigol

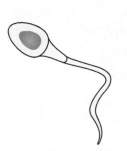

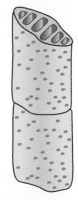

Cell sberm
Ychydig iawn o gytoplasm sydd gan y gell, ac mae ganddi gynffon i'w helpu i nofio'n gyflym at yr wy

Celloedd coch y gwaed
Mae'r celloedd wedi colli eu cnewyll ac wedi llenwi â phigment coch, haemoglobin, sy'n cludo ocsigen o gwmpas y corff

Celloedd sylem
Mae'r celloedd sylem yn ffurfio tiwbiau sy'n cludo dŵr i fyny planhigyn, a hefyd yn ei gryfhau. I wneud hyn, mae tyllau ym muriau pen y celloedd, mae'r cellfur yn drwchus iawn, ac mae'r cytoplasm wedi marw i adael tiwb gwag.

▶ Sut mae celloedd yn cael eu trefnu'n gorff cyfan?

Yn ystod datblygiad anifail neu blanhigyn, mae'r celloedd yn eu trefnu eu hunain mewn grwpiau o'r enw **meinweoedd**. Caiff meinweoedd gwahanol eu grwpio gyda'i gilydd i ffurfio **organau**, a gall organau uno i ffurfio **system organau** (does dim rhaid bod yr organau wedi'u cysylltu'n gorfforol – efallai mai dim ond eu swyddogaethau sy'n gysylltiedig).

Pan fydd pob un o'r systemau organau yn gweithio gyda'i gilydd maen nhw'n ffurfio anifail neu blanhigyn cyfan – sef **organeb**. Mae Tabl 1.2 isod yn rhoi diffiniadau ac enghreifftiau o'r lefelau gwahanol o drefniadaeth. Sylwch nad yw'r term 'organeb' yn golygu bod systemau organau'n bresennol – dim ond un gell sydd mewn rhai organebau byw.

Tabl 1.2 Lefelau trefniadaeth yn adeiledd pethau byw.

Lefel trefniadaeth	Diffiniad	Enghreifftiau
Meinwe	Grŵp o gelloedd tebyg â swyddogaethau tebyg	Asgwrn, cyhyr, gwaed, sylem, epidermis
Organ	Casgliad o ddwy neu fwy o feinweoedd sy'n cyflawni swyddogaethau penodol	Aren (arennau), ymennydd, calon, deilen, blodyn
System organau	Casgliad o sawl organ sy'n gweithio gyda'i gilydd	Y system dreulio, y system nerfol, y system resbiradol, system cyffion, system gwreiddiau
Organeb	Anifail neu blanhigyn cyfan	Cath, eliffant, bod dynol, llwyn rhosyn, derwen

Mae asgwrn yn enghraifft o feinwe. Mae wedi'i wneud o ddau fath o gelloedd tebyg sydd, gyda'i gilydd, yn ffurfio ac yn cynnal esgyrn. Sylwch fod 'asgwrn' yn organ, gan ei fod yn cynnwys meinwe esgyrn a gwaed.

Mae deilen yn enghraifft arall o organ. Mae ganddi sawl math gwahanol o gell sy'n cyflawni swyddogaethau gwahanol, a phob un yn gysylltiedig â chynhyrchu bwyd trwy ffotosynthesis (Ffigur 1.7).

Ffigur 1.7 Y meinweoedd mewn deilen.

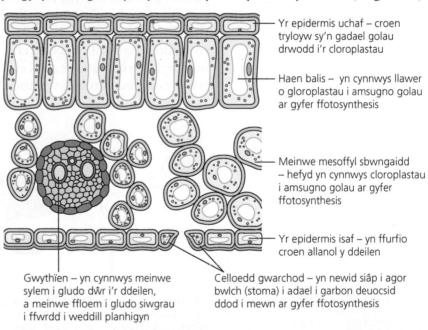

Yr epidermis uchaf – croen tryloyw sy'n gadael golau drwodd i'r cloroplastau

Haen balis – yn cynnwys llawer o gloroplastau i amsugno golau ar gyfer ffotosynthesis

Meinwe mesoffyl sbwngaidd – hefyd yn cynnwys cloroplastau i amsugno golau ar gyfer ffotosynthesis

Yr epidermis isaf – yn ffurfio croen allanol y ddeilen

Gwythïen – yn cynnwys meinwe sylem i gludo dŵr i'r ddeilen, a meinwe ffloem i gludo siwgrau i ffwrdd i weddill planhigyn

Celloedd gwarchod – yn newid siâp i agor bwlch (stoma) i adael i garbon deuocsid ddod i mewn ar gyfer ffotosynthesis

Mae'r system dreulio yn enghraifft o system organau. Mae'n cynnwys nifer o organau (gan gynnwys y stumog, y coluddyn bach, yr afu/iau a'r pancreas) sy'n gweithio gyda'i gilydd i dreulio ac amsugno maetholion.

▶ Symudiad i mewn i gelloedd ac allan o gelloedd

Er mwyn cael mynd i mewn i gelloedd ac allan ohonynt, rhaid i sylweddau fynd trwy'r gellbilen. Mae'r gellbilen yn athraidd ddetholus, sy'n golygu ei bod yn gadael i rai moleciwlau fynd drwyddi ond yn atal eraill.

Weithiau, mae pobl yn cyfeirio at y gellbilen fel 'rhannol athraidd' yn hytrach nag fel 'athraidd ddetholus'. Peidiwch â phoeni – maen nhw yr un peth. Yn gyffredinol, dydy moleciwlau mawr ddim yn gallu mynd trwy'r bilen, ond gall moleciwlau llai wneud hynny. Fel y gwelwn ni, mae nifer o ffactorau'n penderfynu a ydyn nhw'n mynd trwy'r bilen, i ba gyfeiriad maen nhw'n symud, a pha mor gyflym. Mae sylweddau'n symud trwy bilenni mewn tair ffordd:

▶ **tryediad**, lle mae gronynnau'n 'treiddio' trwy'r bilen
▶ **osmosis**, sy'n fath arbennig o dryediad, sy'n digwydd gyda dŵr yn unig
▶ **cludiant actif**, pan fydd gronynnau'n cael eu 'pwmpio' trwy'r bilen i gyfeiriad penodol.

Dydy'r diffiniadau yn y rhestr ddim yn rhai llawn. Fe gewch chi'r rhain yn nes ymlaen, wrth i ni ystyried pob un o'r prosesau hyn yn fwy manwl.

Trylediad

Trylediad yw gwasgariad gronynnau o ardal â chrynodiad uwch i ardal â chrynodiad is, o ganlyniad i symud ar hap. Rydym ni'n dweud bod y gronynnau'n symud i lawr graddiant crynodiad (gweler Ffigur 1.8).

Mae trylediad yn broses naturiol sy'n digwydd oherwydd bod pob gronyn yn symud drwy'r amser. Mae'n cael ei alw'n **broses oddefol**, gan nad oes angen egni i hyn gael digwydd. Mae'r symud yn digwydd ar hap – does dim byd yn gwthio'r gronynnau ac mae'n amhosibl iddyn nhw 'wybod' i ba gyfeiriad maen nhw'n symud. Bydd y gronynnau'n symud i bob cyfeiriad, ond mae'r symudiad *cyffredinol* (net) bob amser o ardal â chrynodiad uchel i ardal â chrynodiad isel.

Dau o'r sylweddau pwysicaf sy'n mynd i mewn ac allan o gelloedd trwy drylediad yw ocsigen, sy'n angenrheidiol ar gyfer resbiradaeth, a charbon deuocsid, sy'n un o gynhyrchion gwastraff y broses honno. Mae'n bosibl cynyddu buanedd trylediad trwy gynyddu'r tymheredd, sy'n golygu y bydd y moleciwlau'n symud yn gyflymach, neu drwy gynyddu'r graddiant crynodiad (y gwahaniaeth rhwng y crynodiadau uchel ac isel).

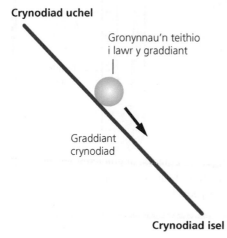

Crynodiad uchel

Gronynnau'n teithio i lawr y graddiant

Graddiant crynodiad

Crynodiad isel

Ffigur 1.8 Graddiant crynodiad.

🔬 Gwaith ymarferol

Modelu trylediad

Dull

1 Rhowch tua 10 o farblis mewn grŵp ar fainc y labordy. Gofalwch eu bod nhw'n aros mewn grŵp ac nad ydyn nhw'n rholio oddi wrth ei gilydd. Mae'r rhain yn cynrychioli moleciwlau mewn crynodiad uchel. Mae'r ardaloedd o'u cwmpas nhw, heb ddim marblis, yn cynrychioli crynodiad isel.

2 Tarwch eich dyrnau'n galed ar y fainc ar y ddwy ochr i'r grŵp o farblis. Bydd hyn yn rhoi egni i'r marblis a dylen nhw symud. Arsylwch sut maen nhw'n symud.

3 Arsylwch sut maen nhw'n teithio.

4 Dylech chi weld bod y marblis yn gwasgaru oddi wrth y grŵp. Mewn geiriau eraill, maen nhw'n symud o ardal â chrynodiad uchel i ardal â chrynodiad isel.

Cwestiynau

1 Dydy'r marblis byth yn aros mewn grŵp, maen nhw'n gwasgaru bob amser. Eglurwch pam mae hyn yn digwydd.

2 Ym mha ffordd/ffyrdd **nad** yw'r model hwn yn ffordd fanwl gywir o gynrychioli symudiad moleciwlau?

Sut mae'r gellbilen yn effeithio ar drylediad?

Mae moleciwlau bach yn gallu mynd trwy'r gellbilen, ond dydy moleciwlau mawr ddim yn gallu. Yn yr arbrawf hwn, byddwch chi'n defnyddio startsh (moleciwl mawr), ïodin (moleciwl bach) a thiwbin Visking, sef math o seloffen sydd â'r un priodweddau â chellbilen. Mae ganddo fandyllau sy'n gadael moleciwlau bach yn unig drwyddynt. Mae ïodin yn staenio startsh yn ddu-las pan mae'n dod i gysylltiad ag ef.

Nodiadau diogelwch

Gwisgwch sbectol ddiogelwch.

Cyfarpar

> tiwb berwi
> hyd o diwbin Visking, wedi'i glymu yn un pen
> piped diferu
> band elastig
> ïodin mewn hydoddiant potasiwm ïodid
> hydoddiant startsh 1%
> rhesel tiwbiau profi

Dull

1 Cydosodwch y cyfarpar fel yn Ffigur 1.9. Defnyddiwch biped diferu i lenwi'r tiwbin Visking â hydoddiant startsh. Byddwch yn ofalus nad oes dim startsh yn diferu i lawr ochr allanol y tiwbin.
2 Rhowch y tiwb mewn rhesel tiwbiau profi a'i adael am tua 10 munud.
3 Arsylwch y canlyniad.
4 Eglurwch y lliwiau a welwch chi ar ôl 10 munud yn y tiwbin Visking a'r tu allan iddo.

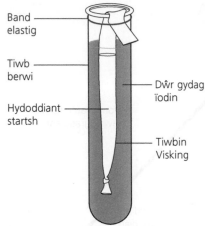

Band elastig
Tiwb berwi
Hydoddiant startsh
Dŵr gydag ïodin
Tiwbin Visking

Ffigur 1.9 Cyfarpar ar gyfer arbrawf yn ymchwilio i sut mae cellbilen yn effeithio ar drylediad.

Osmosis

Math penodol o drylediad yw osmosis, sef trylediad **moleciwlau dŵr** trwy **bilen athraidd ddetholus**. Mae trylediad unrhyw sylwedd arall trwy bilen athraidd ddetholus yn cael ei alw'n drylediad yn unig. Mae trylediad dŵr, ond *nid* trwy bilen, hefyd yn cael ei alw'n drylediad. Er mwyn cael ei galw'n osmosis, rhaid i'r broses gynnwys dŵr a philen. Mewn osmosis, rydym ni'n dweud bod dŵr yn symud o hydoddiant lle mae crynodiad isel o'r hydoddyn (mwy o ddŵr) i hydoddiant lle mae crynodiad uchel o'r hydoddyn (llai o ddŵr) trwy bilen athraidd ddetholus. Sylwch fod y sylwedd (dŵr) sy'n tryledu yn dal i fynd i lawr graddiant crynodiad. Byddai gan hydoddiant crynodedig o halen, er enghraifft, 'grynodiad' isel o ddŵr, a byddai gan hydoddiant gwanedig 'grynodiad' uchel o ddŵr. Mae'r dŵr yn symud gan fod y bilen yn athraidd i ddŵr (hynny yw, mae'n gadael i ddŵr fynd drwyddi), ond nid yw'n athraidd i'r hydoddyn. Mae Ffigur 1.10 yn dangos proses osmosis.

Mae'r holl foleciwlau ar ddwy ochr y bilen yn symud. Weithiau, bydd moleciwl yn taro 'mandwll' yn y bilen. Bydd moleciwlau dŵr yn mynd trwy'r bilen, ond ni fydd moleciwlau'r hydoddyn. Gan fod cyfran fwy o foleciwlau dŵr yn yr hydoddiant gwanedig, bydd mwy'n symud o'r hydoddiant gwanedig i'r hydoddiant crynodedig nag i'r cyfeiriad arall. Er bod rhai moleciwlau dŵr yn symud i'r ddau gyfeiriad, mae yna symudiad net o'r hydoddiant gwanedig i'r hydoddiant mwy crynodedig.

Os yw crynodiadau'r hydoddiannau yr un fath ar y ddwy ochr i'r bilen, ar y cyfan bydd yr un nifer o foleciwlau dŵr yn symud i'r ddau gyfeiriad – rydym ni'n dweud bod hydoddiannau o'r fath **mewn ecwilibriwm**.

Ffigur 1.10 Proses osmosis

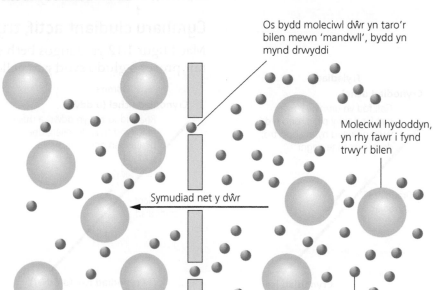

Os bydd moleciwl dŵr yn taro'r bilen mewn 'mandwll', bydd yn mynd drwyddi

Moleciwl hydoddyn, yn rhy fawr i fynd trwy'r bilen

Symudiad net y dŵr

Moleciwl dŵr, yn ddigon bach i fynd trwy'r bilen

Cellbilen

HYDODDIANT CRYNODEDIG
llai o foleciwlau dŵr

HYDODDIANT GWANEDIG
mwy o foleciwlau dŵr

Pam mae osmosis yn bwysig?

Mae osmosis yn bwysig oherwydd mae gormod neu rhy ychydig o ddŵr mewn celloedd yn gallu cael effeithiau trychinebus. Os caiff cell anifail ei rhoi mewn hydoddiant sy'n fwy gwanedig na'i chytoplasm, bydd dŵr yn mynd i mewn iddi trwy osmosis a bydd y gell yn byrstio. Os oes angen mwy o hylif ar glaf, yn aml caiff y claf ei roi ar 'ddrip halwynog'. Mae'r 'drip' hwn yn hydoddiant o halwynau ar yr un crynodiad â'r gwaed. Os dim ond dŵr fyddai'n cael ei roi, byddai'r gwaed yn gwanedu gormod a byddai osmosis yn gwneud i gelloedd y gwaed fyrstio.

Dydy rhoi celloedd planhigion mewn dŵr ddim yn eu niweidio. Maen nhw'n chwyddo wrth i ddŵr fynd i mewn iddynt, ond mae'r cellfur yn eu hatal rhag byrstio. Fodd bynnag, maen nhw'n gallu cael eu niweidio (fel celloedd anifail) wrth gael eu rhoi mewn hydoddiant crynodedig. Yn yr achos hwn, bydd dŵr yn gadael y gell trwy osmosis, a bydd y cytoplasm a'r gellbilen yn cwympo ac yn crebachu. Yng nghelloedd planhigion, mae'r cytoplasm a'r gellbilen yn tynnu oddi wrth y cellfur, sef cyflwr o'r enw **plasmolysis** (Ffigur 1.11). Mae plasmolysis yn gallu lladd y gell.

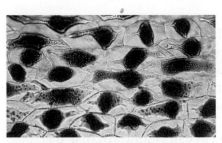

Ffigur 1.11 Mae'r celloedd hyn wedi plasmolysu. Mae dŵr wedi gadael y celloedd trwy osmosis ac mae'r cytoplasm wedi crebachu ac wedi tynnu i ffwrdd o'r cellfur.

Cludiant actif

Mae trylediad, a'r math arbennig ohono o'r enw osmosis, yn cludo sylweddau i lawr graddiant crynodiad. Dyna'r ffordd 'naturiol' i ronynnau symud. Weithiau, fodd bynnag, mae angen i gelloedd symud gronynnau i mewn i'r cytoplasm neu allan ohono yn erbyn graddiant crynodiad. Mewn geiriau eraill, rhaid iddyn nhw gael eu symud o ardal â chrynodiad is i ardal â chrynodiad uwch. Ni fydd hyn yn digwydd trwy drylediad, ac er mwyn symud y gronynnau rhaid i'r gell ddefnyddio egni i 'bwmpio' y gronynnau i'r cyfeiriad y mae angen iddynt fynd. Gan fod angen egni ar y math hwn o gludo, **cludiant actif** yw'r term sy'n cael ei ddefnyddio.

Cymharu cludiant actif, trylediad ac osmosis

Mae Ffigur 1.12 yn dangos beth sy'n debyg a beth sy'n wahanol yn y tair proses o gludo sydd gan gelloedd.

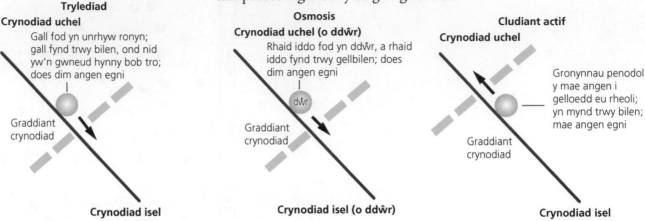

Ffigur 1.12 Cymharu trylediad, osmosis a chludiant actif

✔ Profwch eich hun

6 Pam mae trylediad yn cael ei ddisgrifio fel proses oddefol?

7 Pam mae cludiant actif yn angenrheidiol?

8 Pan mae dŵr yn anweddu, mae'n cael ei ledaenu trwy'r aer gan drylediad. Pam na allwn ni alw hyn yn osmosis?

9 Pa amodau sy'n achosi plasmolysis yng nghelloedd planhigion?

10 Pam mae'n bwysig bod crynodiad unrhyw hylif sy'n cael ei roi yn llif y gwaed yr un peth â chrynodiad y gwaed?

▶ Sut mae gweithgareddau cell yn cael eu rheoli?

Mae holl weithgareddau cell yn dibynnu ar adweithiau cemegol. Yn ôl amcangyfrifon, mae 10 miliwn o adweithiau'n digwydd mewn cell nodweddiadol bob eiliad. Caiff y rhain eu rheoli gan foleciwlau arbennig o'r enw **ensymau**. Moleciwl arall, **asid deocsiriboniwcleig (DNA)**, sy'n rheoli pa ensymau mae celloedd yn eu cynhyrchu. Mae'r DNA i'w gael yng nghnewyllyn y gell.

Ensymau

Moleciwlau protein sy'n gweithredu fel **catalyddion** yw ensymau. Rhywbeth sy'n cyflymu adwaith cemegol yw catalydd. Dydy'r catalydd ei hun ddim yn adweithio, ond mae'n cyflymu'r adwaith mae'n ei gatalyddu. Dyma rai ffeithiau pwysig am ensymau:

▶ Mae ensymau'n gweithredu fel catalyddion, gan gyflymu adweithiau cemegol.

▶ Dydy'r ensym ddim yn cael ei newid gan yr adwaith mae'n ei gatalyddu.

▶ Mae ensymau'n benodol, sy'n golygu y bydd ensym penodol yn catalyddu un adwaith neu un math o adwaith yn unig.

▶ Mae ensymau'n gweithio'n well wrth i'r tymheredd gynyddu, ond os bydd y tymheredd yn rhy uchel byddan nhw'n cael eu dinistrio (dadnatureiddio).

▶ Mae ensymau gwahanol yn cael eu dadnatureiddio ar dymereddau gwahanol.

▶ Mae ensymau'n gweithio orau ar werth pH penodol, ond mae'r 'pH optimwm' hwn yn amrywio rhwng gwahanol ensymau.

▶ **Swbstradau** yw enw'r cemegion mae ensymau'n gweithio arnynt. Er mwyn catalyddu adwaith, rhaid i'r ensym 'gloi' gyda'i swbstrad. Rhaid i siapiau'r ensym a'r swbstrad gyfateb i'w gilydd, fel eu bod nhw'n ffitio fel clo ac allwedd. Dyna pam mae ensymau'n benodol – dim ond gyda sylweddau sy'n ffitio i siâp yr ensym maen nhw'n gallu gweithio.

Mae Ffigur 1.13 yn dangos sut mae'r model 'clo ac allwedd' hwn yn gweithio.

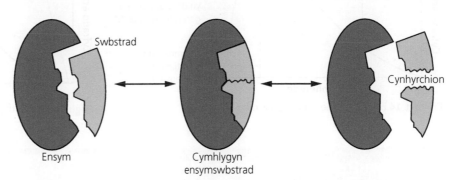

Ffigur 1.13 Model gweithredu 'clo ac allwedd' ensymau. Sylwch y bydd ensym, mewn rhai adweithiau, yn catalyddu ymddatodiad (*breakdown*) swbstrad yn ddau neu ragor o gynhyrchion. Mewn adweithiau eraill mae'r ensym yn achosi i ddau neu ragor o foleciwlau swbstrad uno i ffurfio cynnyrch un moleciwl.

Effaith tymheredd a pH ar ensymau

Mae cynhesu ensym yn gwneud iddo weithio'n gyflymach i ddechrau, oherwydd bydd moleciwlau'r ensym a'r swbstrad yn symud o gwmpas yn gyflymach ac felly'n cyfarfod ac yn uno'n amlach. Ond os bydd y tymheredd yn rhy uchel bydd yr ensym yn stopio gweithio'n gyfan gwbl.

Gallwn ni weld o'r model 'clo ac allwedd' yn Ffigur 1.13 fod siâp moleciwl yr ensym yn bwysig iddo allu gweithio. Y rheswm pam na fydd ensymau'n gweithio ar dymheredd rhy uchel neu ar y pH anghywir yw oherwydd bod eu siâp yn newid o dan y fath amodau a dydyn nhw ddim yn ffitio gyda'r swbstrad mwyach.

Enw'r rhan o ensym sy'n clymu wrth swbstrad yw'r **safle actif**, ac mae bondiau cemegol yn dal ei siâp at ei gilydd. Mae tymheredd uchel ac amodau pH anaddas yn gallu torri'r bondiau hyn. Bydd y rhain yn newid siâp y safle actif fel na fydd moleciwl y swbstrad yn ei ffitio rhagor. Ni fydd yr ensym yn gweithio, ac rydym ni'n dweud ei fod wedi **dadnatureiddio**. Mae'r union dymheredd sy'n dadnatureiddio ensymau yn wahanol mewn gwahanol ensymau. Mae rhai ensymau'n dechrau dadnatureiddio tua 40°C. Mae'r rhan fwyaf yn dadnatureiddio tua 60°C, a bydd berwi'n weddol sicr o ddadnatureiddio ensym. Mae nifer bach iawn o ensymau, mewn bacteria yn bennaf, sy'n gallu goddef tymereddau mor uchel â 110°C.

Pan fydd gwyddonwyr eisiau profi a yw sylwedd penodol yn gweithredu fel ensym, maen nhw'n cynnal arbrawf cymharu lle bydd sampl wedi'i ferwi yn cael ei gymharu â sampl heb ei ferwi. Os nad yw'r adwaith yn digwydd, maen nhw'n cymryd bod y sylwedd yn gweithredu fel ensym.

Mae Ffigur 1.14 yn dangos effaith tymheredd ar weithrediad ensym, ac mae Ffigur 1.15 yn dangos effaith pH.

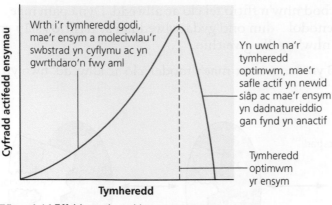

Ffigur 1.14 Effaith tymheredd ar ensymau

Wrth i'r tymheredd godi, mae'r ensym a moleciwlau'r swbstrad yn cyflymu ac yn gwrthdaro'n fwy aml

Yn uwch na'r tymheredd optimwm, mae'r safle actif yn newid siâp ac mae'r ensym yn dadnatureiddio gan fynd yn anactif

Tymheredd optimwm yr ensym

Cyfradd actifedd ensymau

Tymheredd

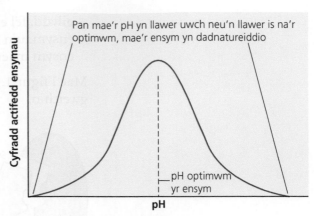

Ffigur 1.15 Effaith pH ar ensymau

Pan mae'r pH yn llawer uwch neu'n llawer is na'r optimwm, mae'r ensym yn dadnatureiddio

pH optimwm yr ensym

Cyfradd actifedd ensymau

pH

⚗️ Gwaith ymarferol penodol

Ymchwilio i ffactorau sy'n effeithio ar ensymau

Beth yw'r tymheredd gorau i olchi eich dillad?

Caiff ensymau eu defnyddio at nifer o ddibenion masnachol a diwydiannol, gan gynnwys glanedyddion (*detergents*) 'biolegol'. Prif gynnwys llawer o'r staeniau anoddaf cael gwared â nhw yw lipidau (olewau a menyn) neu brotein (gwaed a gwair). Mae cynnwys ensymau sy'n treulio lipidau (lipasau) a phroteinau (proteasau) mewn glanedyddion biolegol yn helpu i dorri'r staeniau hyn i lawr (Ffigur 1.16). Mae'r ensymau sy'n cael eu defnyddio yn well na llawer am wrthsefyll tymheredd uchel, ond maen nhw'n dal yn gallu dadnatureiddio.

Mae melynwy'n staen da i'w brofi, gan fod melynwy wedi'i wneud o brotein yn bennaf gydag ychydig bach o lipid. Cynlluniwch ac yna cynhaliwch arbrawf i brofi pa dymheredd sy'n gweithio orau gyda brand penodol o lanedydd biolegol (dim ots ym mha ffurf). Wrth gynllunio'r arbrawf, ystyriwch y canlynol:

> Sut byddwch chi'n 'mesur' pa mor llwyddiannus oedd y glanedydd?

> Sut ydych chi'n mynd i wneud y prawf yn un teg?

> Sut byddwch chi'n sicrhau eich bod chi'n mesur effaith y glanedydd, yn hytrach na dim ond tymheredd y dŵr y mae ynddo?

> Ni fydd yr arbrawf yn ddilys heblaw eich bod chi'n cadw'r glanedydd yn agos iawn at ei dymheredd dynodedig (*designated*) drwy gydol yr arbrawf.

> Rhaid i chi gynnal asesiad risg o'ch arbrawf a gofyn i'ch athro/athrawes ei wirio.

Ffigur 1.16 Mae glanedyddion biolegol yn cynnwys cymysgedd o ensymau i dorri staeniau i lawr.

Dadansoddi a gwerthuso eich arbrawf

1 Beth yw eich casgliad o'r arbrawf?

2 Pa mor gryf yw'r dystiolaeth o blaid eich casgliad? Eglurwch eich ateb.

3 Os gallech chi ailgynllunio eich arbrawf, fyddech chi'n newid unrhyw beth?

4 Pa ffactorau eraill, heblaw effeithiolrwydd cael gwared â staeniau, allai ddylanwadu ar eich penderfyniad am y tymheredd i olchi eich dillad?

5 Eglurwch pam mae ensymau'n ei gwneud hi'n bosibl golchi ar dymheredd is na glanedyddion anfiolegol.

✔ Profwch eich hun

11 Diffiniwch y term 'catalydd'.

12 Pam nad yw'n gywir i ni ddweud bod ensym yn adweithio â swbstrad?

13 Mae ensymau'n benodol – hynny yw, maen nhw'n gweithio gydag un math o swbstrad yn unig. Eglurwch hyn gan ddefnyddio'r ddamcaniaeth 'clo ac allwedd'.

14 Un ffordd o gadw bwyd yw ei biclo mewn asid, gan fod hyn yn lladd bacteria. Awgrymwch reswm pam na all y rhan fwyaf o facteria oroesi mewn pH isel.

⬇ Crynodeb o'r bennod

- Mae'r rhannau canlynol i'w gweld yng nghelloedd anifeiliaid a phlanhigion: cellbilen, cytoplasm, cnewyllyn, mitocondria; yn ogystal, mae cellfur, gwagolyn ac weithiau cloroplastau yng nghelloedd planhigion.

- Mae celloedd yn gwahaniaethu mewn organebau amlgellog i fod yn gelloedd arbenigol, wedi'u haddasu ar gyfer swyddogaethau penodol.

- Grwpiau o gelloedd tebyg sydd â swyddogaeth debyg yw meinweoedd; gall organau gynnwys nifer o feinweoedd sy'n perfformio swyddogaethau penodol; mae organau wedi eu trefnu yn systemau o organau, sy'n gweithio gyda'i gilydd mewn organebau.

- Trylediad yw symudiad goddefol unrhyw sylwedd i lawr graddiant crynodiad.

- Mae'r gellbilen yn ffurfio rhwystr athraidd ddetholus, sy'n caniatáu i rai sylweddau'n unig basio drwyddi trwy drylediad, sef ocsigen a charbon deuocsid yn bennaf.

- Gallwn ni ddefnyddio tiwbin Visking fel model o gellbilen.

- Osmosis yw trylediad dŵr trwy bilen athraidd ddetholus o ardal sydd â chrynodiad uchel o ddŵr (crynodiad hydoddyn isel) i ardal sydd â chrynodiad isel o ddŵr (crynodiad hydoddyn uchel).

- Cludiant actif yw proses actif sy'n galluogi sylweddau i fynd i mewn i gelloedd yn erbyn graddiant crynodiad.

- Mae ensymau'n rheoli'r adweithiau cemegol mewn celloedd; proteinau wedi eu gwneud gan gelloedd byw ydyn nhw, sy'n cyflymu – neu'n catalyddu – cyfradd adweithiau cemegol.

- Siâp penodol ensym sy'n ei alluogi i weithio, a siâp y safle actif sy'n ei alluogi i uno â'i swbstrad priodol.

- Er mwyn i ensymau weithio, rhaid cael gwrthdrawiadau molecwlaidd rhwng y swbstrad a safle actif yr ensym.

- Mae ensymau'n gweithio'n well wrth i'r tymheredd gynyddu, hyd at lefel optimwm. Os bydd y tymheredd yn codi'n uwch na'r lefel hwn, bydd yr ensymau'n cael eu dadnatureiddio. Mae berwi'n dadnatureiddio'r rhan fwyaf o ensymau.

- Mae gweithgaredd ensymau'n amrywio gyda pH. Gyda phob ensym, mae yna pH optimwm, sy'n amrywio ar gyfer gwahanol ensymau.

Cwestiynau adolygu'r bennod

1 a) Nodwch swyddogaeth y gellbilen. *[1]*

b) Mae'r diagramau isod yn dangos dwy gell sy'n cyflawni resbiradaeth. Mae moleciwlau ocsigen yn cael eu dangos ar y tu mewn a'r tu allan i'r ddwy gell.

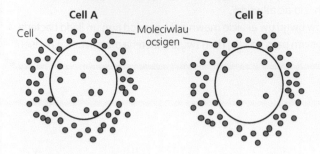

Cell A   **Cell B**

Cell   Moleciwlau ocsigen

Copïwch a chwblhewch y datganiadau canlynol drwy ddewis yr ateb cywir. *[2]*

i) Yng nghell A:
- mae'r moleciwlau ocsigen yn symud i mewn i'r gell
- mae'r moleciwlau ocsigen yn symud allan o'r gell
- dim symudiad net.

ii) Yng nghell B:
- mae'r moleciwlau ocsigen yn symud i mewn i'r gell
- mae'r moleciwlau ocsigen yn symud allan o'r gell
- dim symudiad net.

Nawr atebwch y cwestiynau canlynol. *[2]*

iii) I mewn i ba gell byddai'r symudiad net ocsigen mwyaf yn mynd? *[1]*

iv) Enwch y broses lle mae'r moleciwlau ocsigen yn symud. *[1]*

(o Bapur B2(U) CBAC, Haf 2014, cwestiwn 1)

2 Defnyddiodd myfyriwr gelloedd coch y gwaed i wneud ymchwiliad i gellbilenni. Cafodd celloedd coch y gwaed eu rhoi mewn hydoddiannau halen â thri chrynodiad gwahanol. Yna cafodd sampl o gelloedd coch y gwaed ei dynnu o bob crynodiad a'i roi ar sleid microsgop. Cafodd y celloedd eu hastudio gan ddefnyddio microsgop am gyfnod o amser. Cafodd yr arsylwadau eu cofnodi mewn tabl:

Crynodiad yr hydoddiant halen (%)	Arsylwad o gelloedd coch y gwaed
0.0	Chwyddo a byrstio
0.9	Aros yr un maint
3.0	Llai ac yn grebachlyd (shrivelled)

Eglurwch yr arsylwadau sy'n cael eu dangos yn y tabl. *[6]*

(o Bapur B2(U) CBAC, Haf 2014, cwestiwn 9)

3 Mae'r graff isod yn dangos canlyniad ymchwiliad i effaith pH ar weithrediad (*action*) dau ensym treulio sydd wedi'u labelu'n **A** a **B**.

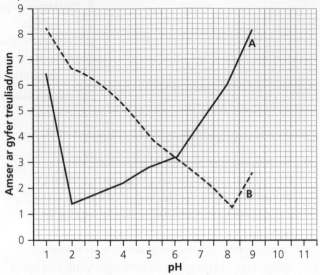

a) O'r graff, nodwch yr amser mae'n ei gymryd i ensym B gwblhau ei dreuliad ar pH 4.5. *[1]*

b) Ar ba pH mae'r gyfradd adweithio yr un peth i'r ddau ensym? *[1]*

c) O'r graff, disgrifiwch effaith pH ar ensym A. *[4]*

(o Bapur B2(U) CBAC, Ionawr 2013, cwestiwn 1)

4 Mae *Valonia ventricosa* yn organeb ungellog anarferol sy'n byw yn y môr mewn ardaloedd trofannol ac isdrofannol. Mae'n byw mewn dyfnderau bas (80 m neu lai). Mae'r gell unigol yn fawr, hyd at tua 5 cm. Mae cellfur cellwlos, gwagolyn a llawer o gnewyll a chloroplastau gan y gell. Mae'n defnyddio adeileddau tebyg i wallt, o'r enw rhisoid, i glymu wrth greigiau. Mae ei faint mawr yn ei wneud yn hawdd ei astudio ac mae gwyddonwyr wedi mesur crynodiad yr ïonau yn y gwagolyn ac yn nŵr y môr o'i amgylch. Mae'r canlyniadau ar gyfer rhai o'r ïonau yn cael eu dangos isod.

Ïon	Crynodiad	
	Gwagolyn y gell	Dŵr y môr
Potasiwm	0.5	0.01
Calsiwm	0.002	0.01
Sodiwm	0.1	0.5

a) Nodwch dair o nodweddion *Valonia* sydd i'w cael yng nghelloedd planhigion. *[3]*

b) Nodwch ddwy o nodweddion *Valonia* sy'n wahanol i gell planhigyn arferol. *[2]*

c) Edrychwch ar ddata'r crynodiad. Awgrymwch, gan roi rhesymau, sut mae pob un o'r ïonau yn mynd i mewn i'r gell (trwy drylediad neu drwy gludiant actif). *[4]*

ch) Beth yw'r gymhareb potasiwm yng ngwagolyn y gell o'i chymharu â dŵr y môr? *[1]*

2 Resbiradaeth a'r system resbiradol ddynol

 Cynnwys y fanyleb

Mae'r bennod hon yn ymdrin ag adran **1.2 Resbiradaeth a'r system resbiradol mewn bodau dynol** yn y fanyleb TGAU Bioleg ac yn y fanyleb TGAU Gwyddoniaeth (Dwyradd).

Mae'n edrych ar brosesau resbiradaeth aerobig ac anaerobig ac ar y system resbiradol, sy'n galluogi cludo'r ocsigen sy'n angenrheidiol ar gyfer resbiradu i'r meinweoedd a thynnu'r carbon deuocsid sy'n cael ei gynhyrchu.

► Pam astudio resbiradaeth?

Mae angen egni ar bob cell ym mhob organ ym mhob organeb fyw ar y blaned hon. Caiff yr egni ei gynhyrchu trwy ymddatodiad (torri i lawr) moleciwlau bwyd, sy'n storio egni cemegol. **Resbiradaeth** yw'r enw ar y broses lle mae bwyd yn cael ei dorri i lawr ac mae egni yn cael ei ryddhau. Os yw cell yn stopio resbiradu, mae'n marw. Mae angen llawer o brosesau eraill er mwyn cynnal bywyd, ond rhaid i resbiradaeth barhau am 24 awr y dydd, saith diwrnod yr wythnos, trwy gydol bywyd yr organeb.

Mae resbiradaeth yn digwydd ym mhob cell fyw. Fel rheol, glwcos yw'r moleciwl bwyd sy'n cael ei ddefnyddio wrth resbiradu (er ei bod yn bosibl defnyddio rhai eraill), ac mae'r broses yn defnyddio ocsigen os yw'r resbiradu'n **aerobig** (sef y math arferol). Mae'r broses yn cynhyrchu carbon deuocsid a dŵr fel defnyddiau gwastraff. Yr hafaliad geiriau ar gyfer resbiradaeth aerobig yw:

$$glwcos + ocsigen \rightarrow carbon\ deuocsid + dŵr + EGNI$$

Crynodeb o'r broses yw'r hafaliad hwn, ond mae'n grynodeb gor-syml. Mewn gwirionedd mae resbiradaeth aerobig yn gyfres gymhleth o adweithiau cemegol, ac mae pob un yn cael ei reoli gan ensym gwahanol. Yn raddol mae adweithiau resbiradaeth yn echdynnu'r egni cemegol mewn glwcos, ac mae'r egni hwn yn cael ei storio dros dro mewn cyfansoddyn o'r enw adenosin triffosffad, sy'n cael ei adnabod fel arfer wrth yr enw byr **ATP**. Mae'r cemegyn hwn yn rhyddhau ei egni lle bynnag mae ei angen mewn cell.

Sut gallwn ni fesur cyfradd resbiradaeth?

Rydym ni'n gallu mesur cyfradd resbiradaeth mewn nifer o ffyrdd?

> Gallwn ni fesur faint o ocsigen sy'n cael ei gymryd i mewn (posibl ond anodd).
> Gallwn ni fesur faint o garbon deuocsid sy'n cael ei gynhyrchu (mae hyn yn hawdd).
> Gallwn ni fesur yr egni sy'n cael ei ryddhau ar ffurf gwres yn ystod resbiradaeth. Egni cemegol, yn hytrach na gwres, yw'r egni defnyddiol sy'n cael ei gynhyrchu yn ystod resbiradaeth. Fodd bynnag, pryd bynnag mae newid egni'n digwydd, mae peth egni yn cael ei golli ar ffurf gwres. Bydd cysylltiad rhwng faint o wres sy'n cael ei golli a faint o resbiradaeth sy'n digwydd.

Mae'r arbrawf hwn yn mesur y gwres sy'n cael ei ryddhau gan hadau eginol. Mae hadau eginol yn tyfu'n gyflym, felly mae llawer o resbiradu'n digwydd i gynhyrchu'r egni sydd ei angen ar y celloedd i dyfu.

Cyfarpar

> 2 fflasg thermos
> ffa mwng, wedi'u mwydo mewn dŵr ymlaen llaw
> 2 thermomedr
> gwlân cotwm
> diheintydd

Dull

1 Cydosodwch y ddwy fflasg thermos fel yn Ffigur 2.1. Fflasg A yw'r fflasg arbrofol; rheolydd yw fflasg B sy'n defnyddio hadau wedi'u berwi (yn farw).
2 Cofnodwch dymheredd y ddwy fflasg.
3 Gadewch nhw am 24 awr.
4 Cofnodwch y tymereddau eto.

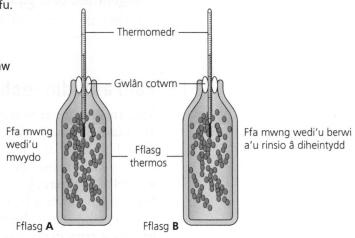

Ffigur 2.1 Cyfarpar ar gyfer arbrawf i fesur cyfradd resbiradaeth ffa mwng eginol.

Dadansoddi eich canlyniadau

1 Eglurwch ganlyniadau fflasg A.
2 Eglurwch bwrpas fflasg B.
3 Pam cafodd yr hadau yn fflasg B eu rinsio â diheintydd? (Meddyliwch beth sy'n debygol o ddigwydd i hadau sydd wedi marw.)
4 Pam na chafodd yr hadau yn fflasg A eu rinsio â diheintydd?
5 Er bod tua'r un nifer o hadau yn fflasg A a fflasg B, does dim rhaid cael yr un nifer (na'r un màs) o ffa yn y ddwy fflasg. Pam ddim?
6 Awgrymwch reswm pam na fyddai'n syniad da gadael yr hadau am lawer mwy na 24 awr cyn gwneud yr ail ddarlleniad.

▶ Ydy resbiradaeth yn gallu digwydd heb ocsigen?

Does dim cyflenwad parod o ocsigen ar gael i gelloedd drwy'r amser. Mae rhai organebau'n byw mewn mannau **anaerobig** (heb ocsigen) neu lle mae lefelau ocsigen yn isel iawn. Hyd yn oed mewn bodau dynol a mamolion eraill, mae lefelau ocsigen rhai meinweoedd yn gallu mynd yn isel iawn (e.e. meinwe cyhyrau yn ystod ymarfer corff dwys). Ac eto, mae'r celloedd hyn yn goroesi.

Ffigur 2.2 Yn ystod ras wibio, dydy celloedd cyhyrau'r athletwr ddim yn gallu cael yr holl ocsigen sydd ei angen arnynt oherwydd y galw enfawr am egni. Mae'r cyhyrau'n resbiradu'n anaerobig er mwyn i goesau'r gwibiwr allu dal i symud.

Maen nhw'n goroesi oherwydd maen nhw'n gallu resbiradu'n **anaerobig**. Hyd yn oed heb ocsigen, mae rhai celloedd yn gallu torri glwcos i lawr yn rhannol a rhyddhau rhywfaint o'r egni ohono.

Mewn resbiradaeth anaerobig mewn anifeiliaid, mae glwcos yn cael ei dorri i lawr i roi asid lactig, ac mae'r hafaliad geiriau'n syml:

$$\text{glwcos} \rightarrow \text{asid lactig} + \text{EGNI}$$

Mae resbiradaeth anaerobig yn broses lawer llai effeithlon na resbiradaeth aerobig, oherwydd dydy'r glwcos ddim yn cael ei dorri i lawr yn llawn ac felly mae llai o ATP yn cael ei ffurfio ar gyfer pob moleciwl o glwcos sy'n cael ei ddefnyddio. Am y rheswm hwnnw, mae celloedd anifeiliaid yn resbiradu'n aerobig pryd bynnag maen nhw'n gallu, ac maen nhw'n defnyddio resbiradaeth anaerobig fel rhywbeth wrth gefn yn unig pan mae ocsigen yn brin neu ddim ar gael (Ffigur 2.2).

Beth yw dyled ocsigen?

Os ydych chi'n rhedeg yn gyflym, rydych chi'n mynd yn fyr eich anadl. Pan fyddwch chi'n stopio, byddwch chi'n anadlu'n gyflymach ac yn ddyfnach am ychydig. Rydych chi'n talu eich dyled ocsigen yn ôl. Yn ystod ymarfer egnïol, dydy eich anadlu ddim yn gallu cyflenwi eich cyhyrau â'r holl ocsigen maen nhw ei angen, ac felly maen nhw'n newid i resbiradaeth anaerobig. O ganlyniad, mae asid lactig yn cronni. Dydy hyn ddim yn dda, oherwydd gall achosi poen i'ch cyhyrau, ac mae cryn dipyn o egni'n cael ei gloi ynddo (cofiwch nad yw glwcos yn torri i lawr yn llwyr mewn resbiradaeth anaerobig). Mae ocsigen yn torri asid lactig i lawr ac yn rhyddhau'r egni sydd ar ôl. Felly, pan fyddwch chi'n gorffen yr ymarfer, bydd eich corff yn parhau i anadlu'n gyflymach ac yn ddyfnach i ddarparu ocsigen ychwanegol i dorri'r asid lactig i lawr. I bob pwrpas, rydych chi'n mewnanadlu'r ocsigen roeddech chi ei angen (ond yn methu ei gael) yn ystod yr ymarfer. Rydych chi wedi adeiladu dyled ocsigen, sydd yna'n cael ei dalu'n ôl ar ôl gorffen yr ymarfer.

▶ Beth yw'r gwahaniaeth rhwng resbiradaeth ac anadlu?

Weithiau, bydd pobl yn drysu rhwng resbiradaeth ac anadlu, gan feddwl eu bod nhw'n ddau air am yr un peth. Dydy hyn ddim yn wir. Dydy'r ffaith fod yr organau a ddefnyddiwn ni i anadlu yn rhan o'r system resbiradol ddim yn helpu pethau ychwaith!

▶ **Resbiradaeth** yw'r broses sy'n digwydd ym mhob cell fyw. Mae'n rhyddhau egni o foleciwlau bwyd (glwcos fel rheol) i gyflenwi anghenion egni'r gell. Yn gyffredinol, mae angen ocsigen i wneud hyn.

▶ **Anadlu** yw'r ffordd mae rhai anifeiliaid yn cael yr ocsigen sydd ei angen arnynt i resbiradu. Dydy planhigion ddim yn anadlu ac, mewn gwirionedd, dydy llawer o anifeiliaid ddim ychwaith. Gall llawer o anifeiliaid bach amsugno ocsigen trwy arwyneb eu cyrff.

▶ Pam mae angen system resbiradol arnom ni?

Swyddogaeth y system resbiradol yw tynnu ocsigen o'r aer a'i roi yn y gwaed, lle gall deithio i'r holl gelloedd yn y corff. Mae'r system resbiradol hefyd yn cael gwared â charbon deuocsid, sy'n un o gynhyrchion gwastraff resbiradaeth. Ond pam mae angen system resbiradol arnom ni pan mae rhai anifeiliaid yn gallu byw heb un?

Mae'r anifeiliaid sydd heb system resbiradol yn rhai eithaf bach. Maen nhw'n amsugno ocsigen trwy eu croen (neu drwy bilen, yn achos anifeiliaid ungellog). O'r arwyneb, mae'r ocsigen yn tryledu i holl gelloedd yr anifail. Gan fod yr anifeiliaid hyn yn fach, does dim llawer o gelloedd i'w cyflenwi ag ocsigen, a does dim yr un ohonynt yn bell iawn o'r arwyneb. Mae trylediad yn broses araf, ond mewn anifeiliaid mor fach â hyn mae'n ddigon cyflym, oherwydd y pellter byr y bydd yr ocsigen yn teithio. Ni fyddai hyn yn gweithio mewn anifeiliaid mwy. Pe byddem ni'n amsugno ocsigen trwy ein croen, byddai'r celloedd sy'n ddwfn yn ein cyrff yn marw cyn i unrhyw ocsigen gael cyfle i'w cyrraedd.

Yn ogystal â hyn, wrth i anifeiliaid fynd yn fwy, mae eu cymhareb arwynebedd arwyneb : cyfaint yn lleihau. Gan fod arwynebedd arwyneb yn ffordd o fesur cyflenwad ocsigen a chyfaint yn ffordd o fesur galw, mae'n golygu na all y cyflenwad gwrdd â'r galw mewn anifeiliaid mwy.

Ffactor arall yw fod anifeiliaid mwy yn tueddu i fod yn fwy gweithgar – mae angen mwy o ocsigen arnyn nhw gan eu bod yn defnyddio mwy o egni.

Felly, mae gan bob anifail mawr system resbiradol o ryw fath, ac mae gan y rhain i gyd nodweddion tebyg:

▶ Mae ganddynt **arwynebedd arwyneb mawr** iawn am eu maint. Gan fod ocsigen yn mynd i mewn trwy arwyneb yr organau resbiradol, y mwyaf o arwyneb sydd, y mwyaf o ocsigen all fynd i mewn.
▶ Mae'r arwyneb resbiradol **yn denau**, fel ei bod yn hawdd i ocsigen dryledu drwyddo.
▶ Mae'r arwyneb **yn llaith**, oherwydd mae angen i'r ocsigen hydoddi i fynd drwyddo i'r gwaed. Yn y gaeaf, efallai eich bod chi wedi gweld canlyniad y lleithder hwn pan ydych chi'n anadlu allan i aer oer ac mae eich anadl yn edrych fel rhyw fath o niwl.
▶ Mae **cyflenwad da o bibellau gwaed** gan yr organau resbiradol, oherwydd y gwaed sy'n cludo'r ocsigen sydd wedi'i amsugno i'r meinweoedd.

▶ Beth sydd yn system resbiradol bodau dynol?

Mae Ffigur 2.3 yn dangos system resbiradol bod dynol.

Ffigur 2.3 System resbiradol bodau dynol.

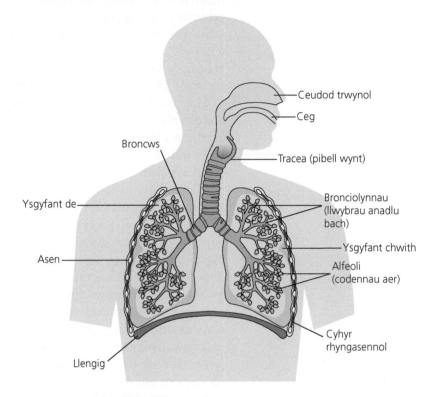

Mae aer yn mynd i mewn i'r corff wrth i ni anadlu i mewn trwy'r trwyn a'r geg. Mae'n mynd i'r ysgyfaint trwy'r **tracea**, sy'n rhannu'n ddau froncws (lluosog: bronci), un yn mynd i bob ysgyfant. Mae'r ddau **froncws** yn rhannu'n nifer o diwbiau llai, y **bronciolynnau**, sydd yn y pen draw'n arwain at alfeoli (unigol: **alfeolws**) (Ffigur 2.4). Mae'r asennau'n amddiffyn y system resbiradol. Rydym ni'n enchwythu (llenwi) ac yn dadchwythu (gwagio) yr ysgyfaint gan ddefnyddio cyhyrau – y cyhyrau rhyngasennol a'r llengig.

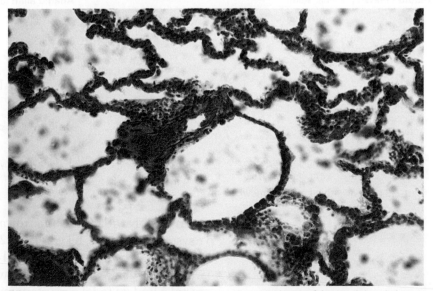

Ffigur 2.4 Trawstoriad microsgop o feinwe ysgyfant. Mae'r ysgyfaint yn debyg i sbwng – maen nhw'n cynnwys aer yn bennaf.

► Sut rydym ni'n anadlu?

Pan mae'r ysgyfaint yn ehangu, maen nhw'n sugno aer i mewn; pan maen nhw'n cyfangu, maen nhw'n gwthio aer allan eto. Does dim cyhyrau yn yr ysgyfaint, fodd bynnag, felly dydyn nhw ddim yn gallu symud ar eu pennau eu hunain. Mae mecanwaith anadlu'n dibynnu ar y **llengig**, sef llen o gyhyr o dan y cawell asennau, ac ar y cawell asennau ei hun, sy'n cael ei symud gan y **cyhyrau rhyngasennol** rhwng yr asennau. Hefyd, mae'n bwysig deall bod yr ysgyfaint yn **elastig**.

Mae anadlu allan yn eithaf hawdd ei ddeall. Pan ydym ni'n anadlu allan, mae'r cyhyrau rhyngasennol yn symud y cawell asennau **i lawr ac i mewn**, ac mae'r llengig yn symud **i fyny**. Mae hyn yn lleihau cyfaint y thoracs ac yn gwasgu ar yr ysgyfaint, fel bod yr aer sydd ynddynt yn cael ei 'wthio' allan.

Mae anadlu i mewn yn broses sy'n groes i hyn. Caiff y cawell asennau ei symud **i fyny ac allan**, ac mae'r llengig yn mynd yn **wastad**. Mae hyn yn cynyddu cyfaint y thoracs, a bydd yr ysgyfaint, gan eu bod nhw'n elastig, yn ehangu'n naturiol. Mae ehangu'r ysgyfaint yn sugno aer i mewn trwy'r tracea.

Mae symudiad aer i mewn ac allan o'r ysgyfaint yn ganlyniad i'r gwahaniaethau mewn gwasgedd rhwng yr aer sydd y tu mewn i'r ysgyfaint a'r aer sydd y tu allan. Mae nwyon bob amser yn symud o ardaloedd o wasgedd uwch i ardaloedd o wasgedd is. Mae'r mecanwaith anadlu yn creu gwasgedd isel y tu mewn i'r ysgyfaint (yn is na'r aer tu allan) wrth anadlu i mewn, a gwasgedd sy'n uwch na'r aer tu allan wrth anadlu allan.

Mae crynodeb o'r mecanwaith anadlu yn Ffigur 2.5. Sylwch, yn ystod **mewnanadliad** (anadlu i mewn), fod y cyhyrau rhyngasennol a'r llengig yn cyfangu, ac yn ystod **allanadliad** (anadlu allan) mae'r holl gyhyrau yn llaesu.

Mae elastigedd yr ysgyfaint o help wrth i ni allanadlu (*expire*). Pan nad ydyn nhw'n cael eu hestyn gan aer yn llifo i mewn, maen nhw'n adlamu'n naturiol i helpu i wthio aer allan.

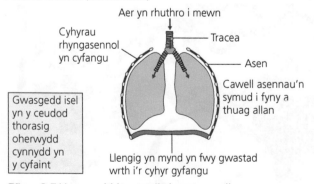

Anadlu i mewn (mewnanadlu)

Aer yn rhuthro i mewn

Cyhyrau rhyngasennol yn cyfangu

Tracea

Asen

Cawell asennau'n symud i fyny a thuag allan

Gwasgedd isel yn y ceudod thorasig oherwydd cynnydd yn y cyfaint

Llengig yn mynd yn fwy gwastad wrth i'r cyhyr gyfangu

Anadlu allan (allanadlu)

Aer yn cael ei wthio allan

Cyhyrau rhyngasennol yn llaesu

Cawell asennau'n symud i lawr a thuag i mewn

Gwasgedd uchel yn y ceudod thorasig oherwydd lleihad yn y cyfaint

Llengig yn mynd i siâp cromen wrth i'r cyhyr laesu

Ffigur 2.5 Mecanweithiau anadlu i mewn ac allan.

Mae'n bosibl arddangos y mecanwaith hwn gan ddefnyddio model o'r system resbiradol, fel yn Ffigur 2.6. Mae'r ysgyfaint yn cael eu cynrychioli gan y balwnau, y gawell asennau gan y glochen, a'r llengig gan y llen rwber. Mae hwn, i bob pwrpas, yn ddau fodel mewn un. Yn ogystal â bod yn fodel o'r system resbiradol, mae hefyd yn fodel o'r mecanwaith resbiradol.

Ffigur 2.6 Model clochen o'r mecanwaith resbiradol.

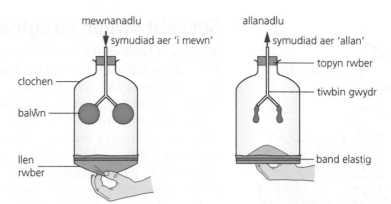

▶ Sut mae'r ysgyfaint yn cael eu diogelu rhag haint?

Ble bynnag mae tu mewn y corff yn agored i'r awyr, mae yna bob amser bosibilrwydd o gael heintiau gan ficrobau yn yr atmosffer. Mae angen rhyw fath o ddull diogelu ar agoriadau'r corff ac, yn yr ysgyfaint, y tracea a'r bronci sy'n gwneud hyn. Mae'r celloedd sy'n leinio'r tiwbiau hyn yn cynhyrchu **mwcws**, sy'n sylwedd gludiog sy'n dal llwch a microbau wrth i'r aer basio trwy'r tiwbiau. Fodd bynnag, dydy hyn ddim yn ddigon ar ei ben ei hun. Gallai'r mwcws suddo i'r ysgyfaint a gallai'r llwch a'r microbau sydd wedi'u dal achosi llid a haint o hyd. Mae hyn yn cael ei rwystro gan y **cilia** ar y celloedd sy'n leinio'r tiwbiau anadlu. Mae cilia yn ffurfiadau bach tebyg i wallt, ac maen nhw'n symud drwy'r amser, gan wthio'r mwcws i fyny tuag at ben y tracea, lle gall gael ei lyncu ac (yn y pen draw) ei ysgarthu o'r corff trwy'r system dreulio. Mae Ffigur 2.7 yn dangos y cilia hyn.

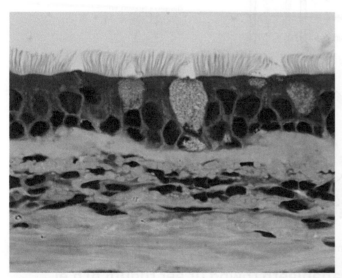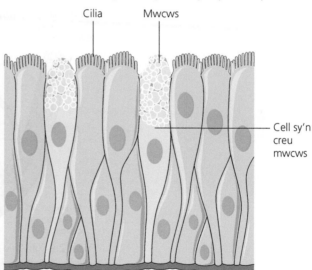

Ffigur 2.7 Ffotomicrograff a diagram yn dangos y celloedd sy'n leinio'r tracea a'r bronci.

✔ | Profwch eich hun

5 Eglurwch pam nad oes angen systemau resbiradol mewn organebau bach iawn.
6 Rhowch y ffurfiadau hyn yn y drefn gywir, o ran y ffordd mae'r aer yn pasio drwyddyn nhw: bronciolyn, tracea, alfeolws, broncws.
7 Ym mha gyfeiriad mae'r llengig yn symud pan rydym ni'n anadlu i mewn?
8 Pam mae'n bwysig bod yr arwyneb cyfnewid nwyon yn cael cyflenwad gwaed digonol?
9 Pam mae aer yn cael ei dynnu i mewn i'r ysgyfaint pan mae'r ysgyfaint yn ehangu?

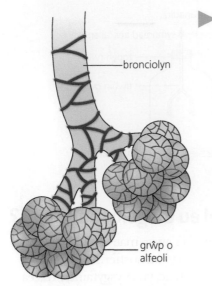

bronciolyn

grŵp o
alfeoli

Ffigur 2.8 Clwstwr o alfeoli ar ddiwedd bronciolyn. Mae'r miliynau o alfeoli bach iawn yn rhoi arwynebedd arwyneb enfawr i'r ysgyfaint ar gyfer cyfnewid nwyon.

Sut caiff nwyon eu cyfnewid yn yr ysgyfaint?

Wrth i chi fynd yn ddyfnach i'r ysgyfaint, mae'r tiwbiau'n mynd yn fwy cul a'u waliau'n fwy tenau. Mae diamedr cymharol fawr gan y tracea a'r bronci, ac felly mae angen cylchoedd o gartilag i'w cynnal. Mae'r tiwbiau llai, y bronciolynnau, yn gul a does dim angen y cynhaliad hwn arnynt. Mae pob bronciolyn yn diweddu mewn grŵp o godennau â waliau tenau, neu alfeoli (unigol: alfeolws). Yn yr alfeoli, a dim ond yn yr alfeoli, mae nwyon yn cael eu cyfnewid – mae ocsigen yn mynd allan o'r alfeoli ac i mewn i'r gwaed, ac mae carbon deuocsid yn mynd i mewn i'r alfeoli.

Mae alfeoli'n ddelfrydol ar gyfer cyfnewid nwyon. Mae cyfanswm eu harwynebedd arwyneb yn enfawr (mae arwynebedd arwyneb ysgyfaint dynol tua'r un maint â chwrt tennis), mae ganddynt waliau llaith tenau iawn ac maen nhw wedi'u hamgylchynu gan gapilarïau gwaed (Ffigur 2.8).

Mae cyfnewid nwyon yn digwydd trwy wal yr alfeolws trwy gyfrwng trylediad. Mae ocsigen yn tryledu o'r aer (lle mae'n fwy crynodedig) i'r gwaed (lle mae'n llai crynodedig). Yr enw ar y gwahaniaeth hwn mewn crynodiadau yw graddiant crynodiad. Mae'r gwaed yn cludo'r ocsigen o'r alfeolws, ac mae cynnwys aer yr alfeolws yn cael ei adnewyddu gyda phob anadl, felly mae'r graddiant crynodiad yn cael ei gynnal drwy'r amser. Y gwrthwyneb sy'n digwydd i garbon deuocsid, sy'n symud o'r gwaed i'r alfeolws (Ffigur 2.9).

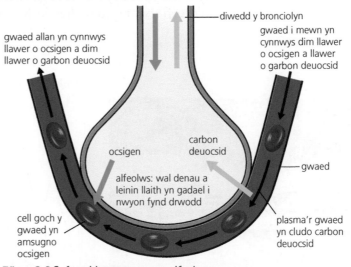

diwedd y bronciolyn

gwaed allan yn cynnwys llawer o ocsigen a dim llawer o garbon deuocsid

gwaed i mewn yn cynnwys dim llawer o ocsigen a llawer o garbon deuocsid

carbon deuocsid

ocsigen

gwaed

alfeolws: wal denau a leinin llaith yn gadael i nwyon fynd drwodd

cell goch y gwaed yn amsugno ocsigen

plasma'r gwaed yn cludo carbon deuocsid

Ffigur 2.9 Cyfnewid nwyon mewn alfeolws.

Beth yw'r gwahaniaeth rhwng yr aer rydym ni'n ei anadlu i mewn a'r aer rydym ni'n ei anadlu allan?

Dydy hi ddim yn wir dweud ein bod ni'n anadlu ocsigen i mewn ac yn anadlu carbon deuocsid allan. Rydym ni'n anadlu aer i mewn, ac yn anadlu aer allan, ond mae cyfansoddiad yr aer hwnnw'n wahanol. Mae Tabl 2.1 yn rhoi'r ffigurau bras.

Tabl 2.1 Cyfansoddiad bras aer sy'n cael ei fewnanadlu a'i allanadlu.

Nwy	% mewn aer sy'n cael ei fewnanadlu	% mewn aer sy'n cael ei allanadlu
Ocsigen	21	16
Carbon deuocsid	0.04	4
Nitrogen	79	79

Gallwch chi weld bod hyd yn oed aer sy'n cael ei allanadlu yn cynnwys cryn dipyn o ocsigen, ond mae'r canran yn is na'r hyn sydd mewn aer sy'n cael ei fewnanadlu oherwydd mae peth ocsigen yn cael ei amsugno yn yr alfeoli ac mae carbon deuocsid yn cymryd ei le. Mae canran y nitrogen yn aros yr un peth gan nad yw'r corff yn defnyddio'r nwy hwnnw.

Yn ogystal, mae'r aer sy'n cael ei allanadlu yn cynnwys mwy o anwedd dŵr nag aer sy'n cael ei fewnanadlu, gan fod arwynebau'r alfeoli'n llaith ac mae'r aer yn amsugno peth anwedd dŵr yn yr alfeoli. Gan fod tymheredd mewnol y corff (fel arfer) yn uwch na thymheredd yr aer o'i amgylch, 37°C, mae'r aer sy'n cael ei allanadlu hefyd yn tueddu i fod yn fwy cynnes na'r aer sy'n cael ei fewnanadlu.

⚗ Gwaith ymarferol

Cymharu'r carbon deuocsid sydd mewn aer sy'n cael ei fewnandalu ac aer sy'n cael ei allanadlu

Mae'r cyfarpar yn Ffigur 2.10 yn eich galluogi i anadlu i mewn trwy un o'r tiwbiau (A) ac allan trwy'r llall (B). Rhoddir dŵr calch yn y ddau diwb i brofi am garbon deuocsid. Mae carbon deuocsid yn troi dŵr calch yn llaethog, ond dydy'r prawf ddim yn sensitif i symiau bach o garbon deuocsid.

Nodiadau diogelwch

Mae dŵr calch (calsiwm hydrocsid) yn niweidiol os caiff ei lyncu.

Dull

1 Rhowch y ddau ddarn o diwbin rwber yn eich ceg ac anadlwch i mewn ac allan yn ysgafn trwy eich ceg. Pan fyddwch chi'n anadlu i mewn, fe welwch chi swigod yn nhiwb A. Pan fyddwch chi'n anadlu allan, fe welwch chi swigod yn nhiwb B.
2 Daliwch i anadlu i mewn ac allan yn ofalus ac arsylwch y dŵr calch i weld pryd mae'n troi'n llaethog.

Dadansoddi eich canlyniadau

1 Beth yw eich casgliadau o'r arbrawf hwn?
2 Cyflwynodd un myfyriwr y rhagdybiaeth 'Mae carbon deuocsid mewn aer sy'n cael ei allanadlu ond does dim carbon deuocsid mewn aer sy'n cael ei fewnanadlu'.
   a) Eglurwch pam nad yw tystiolaeth yr arbrawf hwn yn gallu ategu'r rhagdybiaeth hon.
   b) Awgrymwch sut gallech chi addasu'r dull i brofi'r rhagdybiaeth hon.

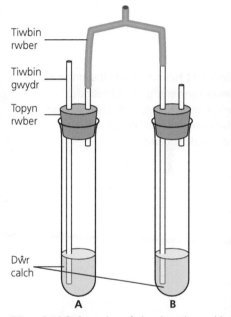

Tiwbin rwber
Tiwbin gwydr
Topyn rwber
Dŵr calch
A   B

Ffigur 2.10 Cyfarpar i ganfod carbon deuocsid mewn aer sy'n cael ei fewnanadlu ac aer sy'n cael ei allanadlu.

Pwynt trafod

Pam mae aer sy'n cael ei fewnanadlu'n dod i mewn trwy diwb A ac aer sy'n cael ei allanadlu'n mynd allan trwy diwb B?

► Sut mae ysmygu'n niweidio'r ysgyfaint?

Ysmygu yw'r peth gwaethaf y gallwch chi ei wneud i'ch system resbiradol. Pan fydd rhywun yn ymysgu, bydd yn mewnanadlu cymysgedd o dros 4,000 o gemegion o'r tybaco, ac mae llawer o'r rhain yn niweidiol. Maen nhw'n cynnwys:

▸ 43 o gemegion rydym ni'n gwybod eu bod nhw'n achosi canser (**carsinogenau**)
▸ **tar**, sylwedd gludiog sy'n tagu'r llwybrau aer bach a'r alfeoli yn yr ysgyfaint

- **nicotin**, sy'n niweidio'r corff mewn sawl ffordd ac sy'n sylwedd hynod o gaethiwus – nicotin yw'r hyn sy'n gwneud ysmygwyr yn 'gaeth'
- **carbon monocsid**, nwy gwenwynig sy'n ei gwneud yn anoddach i gelloedd coch y gwaed gludo ocsigen
- amrywiaeth o sylweddau niweidiol eraill, gan gynnwys amonia, fformaldehyd, hydrogen cyanid ac arsenig.

Mae ysmygu'n gysylltiedig â rhai o glefydau'r system resbiradol, er enghraifft:

- **Canser yr ysgyfaint** – Rydym ni'n meddwl bod ysmygu'n achosi 90% o'r achosion o ganser yr ysgyfaint. Mae un o bob deg ysmygwr cymedrol, ac un o bob pump o ysmygwyr trwm, yn marw o'r clefyd.
- **Emffysema** – Mae'r cemegion mewn mwg tybaco yn niweidio waliau'r alfeoli, ac yn y pen draw maen nhw'n chwalu. Mae hyn yn golygu nad yw'r alfeoli yn gallu cael eu defnyddio i gyfnewid nwyon rhagor, ac mae'r corff yn dioddef o lefelau ocsigen isel. Mae hyn yn achosi anawsterau anadlu ac mae'n gallu arwain at farwolaeth (Ffigur 2.11).

Ffigur 2.11 Meinwe ysgyfant sydd wedi'i niweidio gan emffysema. Ceudodau yw'r smotiau tywyll, wedi'u hachosi gan alfeoli'n byrstio. Mae eu lliw'n dywyll oherwydd dyddodion tar.

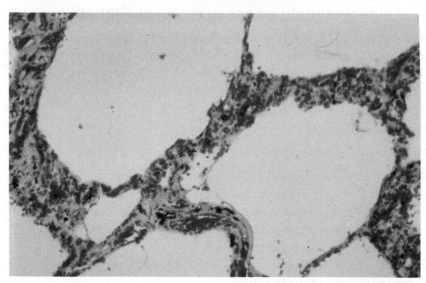

Yn ogystal ag achosi clefydau, mae'r cemegion yn y mwg yn atal mecanweithiau amddiffyn y system resbiradol rhag gweithio. Fel y gwelon ni'n gynharach, mae'r tracea a'r bronci wedi'u leinio â mwcws, sy'n eu cadw'n llaith ac yn dal unrhyw ronynnau, fel llwch. Er mwyn rhwystro'r mwcws rhag suddo'n raddol i mewn i'r ysgyfaint, mae'r mwcws yn cael ei symud i fyny'n gyson (i gael ei lyncu i'r oesoffagws yn y pen draw) gan y cilia ar arwyneb y celloedd sy'n leinio'r tiwbiau. (Ffigur 2.12) Mae'r cilia yn cael eu parlysu

Ffigur 2.12 Cilia ar arwyneb y celloedd sy'n leinio'r tiwbiau resbiradol.

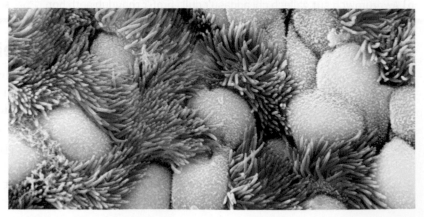

Y dystiolaeth sy'n cysylltu ysmygu a chanser yr ysgyfaint

Mae tystiolaeth am y cysylltiadau rhwng ysmygu a chanser yr ysgyfaint wedi cael ei chasglu dros y 60 mlynedd diwethaf. Rydym ni'n gwybod bod canser yr ysgyfaint yn llawer mwy cyffredin ymysg ysmygwyr, ac y gall ysmygwyr leihau eu risg o ganser yr ysgyfaint trwy roi'r gorau i ysmygu (Ffigur 2.13).

Cwestiynau

Defnyddiwch Ffigur 2.13 i gymharu rhywun sydd ddim yn ysmygu â rhywun sy'n rhoi'r gorau iddi yn 30 oed.

1 Tua faint yn fwy tebygol yw'r ysmygwr o ddatblygu canser yr ysgyfaint cyn bod yn 75 oed?

2 Awgrymwch reswm pam, os ydych chi'n ysmygu, mae'n well rhoi'r gorau iddi cyn cyrraedd 40 oed.

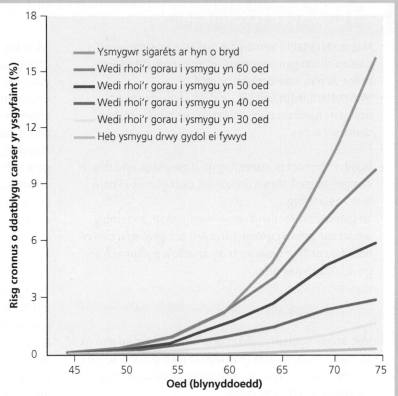

Ffigur 2.13 Effeithiau rhoi'r gorau i ysmygu ar wahanol oedrannau ar y risg cronnus (%) o ddatblygu canser yr ysgyfaint erbyn 75 oed (i ddynion).

gan y cemegion ym mwg sigaréts. Mae'r parlys hwn yn golygu bod sylweddau niweidiol, gan gynnwys tar o fwg tybaco, nawr yn gallu mynd i'r bronciolynnau llai a'r alfeoli. Mecanwaith amddiffyn arall yw pesychu i geisio 'chwythu'r' sylweddau llidus allan o'r ysgyfaint, a dyma pam mae ysmygwyr yn pesychu. Fodd bynnag, mae pesychu hefyd yn gallu niweidio'r alfeoli. Mae'r cilia'n cael eu parlysu am ryw 20 munud, ac os caiff sigaréts eu hysmygu mor aml â hyn dros gyfnod hir, bydd y cilia'n aros wedi'u parlysu, ac yn y pen draw byddan nhw'n marw. Bydd rhaid i'r ysmygwr roi'r gorau i ysmygu er mwyn iddynt atffurfio *(regenerate)*.

Mae ysmygu yn cael ei gysylltu â nifer mawr o glefydau eraill hefyd, gan gynnwys sawl un nad ydynt yn gysylltiedig â'r system resbiradol, fel clefyd y galon, strôc a chanser y geg, y bledren, yr oesoffagws, yr aren a'r pancreas.

 Pwynt trafod

Ar y cyfan, mae ysmygwyr tua 15 gwaith yn fwy tebygol o gael canser yr ysgyfaint na phobl sydd ddim yn ysmygu. Fodd bynnag, dydy hynny ynddo'i hun ddim yn profi bod ysmygu'n *achosi* canser yr ysgyfaint. Pam ddim, a pha dystiolaeth ychwanegol sydd ei hangen i ddangos cysylltiad achosol *(causal)*?

✔ Profwch eich hun

10 Pam nad yw nwyon yn cael eu cyfnewid yn y bronciolynnau?

11 Nodwch ddwy ffordd mae'r system resbiradol yn cynnal graddiant crynodiad ocsigen rhwng yr alfeoli a'r gwaed.

12 Pam nad yw'n wir i ni ddweud ein bod yn anadlu ocsigen i mewn a charbon deuocsid allan?

13 Nodwch dri chlefyd mae ysmygu tybaco'n gallu eu hachosi.

14 Eglurwch pam mae parlys y cilia a achosir gan ysmygu'n gallu bod yn niweidiol i'r corff.

- Mae resbiradaeth aerobig yn gyfres o adweithiau sy'n cael eu rheoli gan ensymau, ac sy'n digwydd mewn celloedd pan mae ocsigen ar gael.
- Mae resbiradaeth aerobig yn defnyddio glwcos ac ocsigen i ryddhau egni, ac mae'n cynhyrchu carbon deuocsid a dŵr.
- Caiff egni ei ryddhau ar ffurf ATP.
- Bydd resbiradaeth anaerobig yn digwydd os nad oes ocsigen ar gael. Mewn anifeiliaid, caiff glwcos ei dorri i lawr i asid lactig.
- Yn ystod ymarfer dwys, mae resbiradaeth anaerobig mewn cyhyrau'n cynhyrchu dyled ocsigen, sy'n cael ei had-dalu ar ôl yr ymarfer trwy anadlu'n gyflymach ac yn ddyfnach nag arfer.
- Mae resbiradaeth anaerobig yn llai effeithlon na resbiradaeth aerobig, ac mae'n cynhyrchu llai o ATP am bob moleciwl o glwcos.
- Mae angen system resbiradol ar anifeiliaid mwy gan na all trylediad syml dros yr arwyneb roi digon o ocsigen i gyfaint mwy yr organeb, ac mae'r trylediad yn rhy araf i gyrraedd canol yr organeb.
- Mae system resbiradol bodau dynol yn cynnwys y ffurfiadau canlynol: ceudod trwynol, tracea, bronci, bronciolynnau, alfeoli, ysgyfaint, llengig, asennau a chyhyrau rhyngasennol.
- Mae'r leinin mwcws yn y system resbiradol yn dal llwch a microbau. Mae'r cilia ar gelloedd y tiwbiau anadlu'n symud y mwcws i fyny i dop y tracea, lle mae'n gallu cael ei lyncu.
- Mae mwg tybaco'n parlysu'r cilia, fel bod y mwcws yn suddo i mewn i'r ysgyfaint, gan gario'r llwch a'r microbau gydag ef.
- Symudiadau'r asennau a'r llengig sy'n achosi anadlu i mewn (mewnanadlu) ac anadlu allan (allanadlu).
- Mae'r aer yn symud oherwydd newid yn y gwasgedd rhwng yr ysgyfaint a thu allan y corff.
- Gallwn ni ddefnyddio model clochen i ddangos sut mae mewnanadlu ac allanadlu yn gweithio, ond mae yna gyfyngiadau i'r model.
- Caiff nwyon eu cyfnewid yn yr alfeoli, sydd â waliau tenau, leinin llaith a chyflenwad da o waed.
- Mae aer sy'n cael ei allanadlu'n cynnwys mwy o garbon deuocsid a llai o ocsigen nag aer sy'n cael ei fewnanadlu.
- Mae ysmygu'n un o'r prif ffactorau sy'n cyfrannu at ganser yr ysgyfaint ac emffysema.

▶ Cwestiynau adolygu'r bennod

1 a) Pan fydd athletwraig yn cychwyn rhedeg ras, mae resbiradaeth aerobig yn digwydd yng nghelloedd ei chyhyrau. Ysgrifennwch yr hafaliad geiriau (peidiwch â defnyddio symbolau cemegol) i ddangos y broses yma. [1]

b) Tuag at ddiwedd y ras mae resbiradaeth anaerobig yn digwydd yng nghelloedd ei chyhyrau. Ysgrifennwch hafaliad geiriau (peidiwch â defnyddio symbolau cemegol) i ddangos y broses yma. [1]

c) Eglurwch pam mae resbiradaeth aerobig yn fwy effeithlon na resbiradaeth anaerobig. [1]

(o Bapur B2(U) CBAC, Haf 2011, cwestiwn 7)

2 Mae'r diagram isod yn dangos y system resbiradol ddynol.

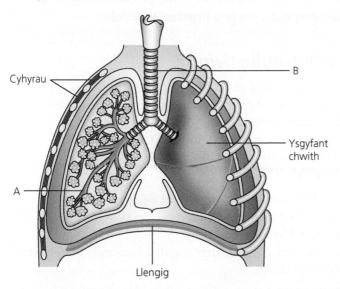

a) Enwch ffurfiadau (*structures*) **A** a **B** ar y diagram. [2]

b) Mae cyfradd anadlu person yn cael ei fesur ar sbiromedr am 120 eiliad.

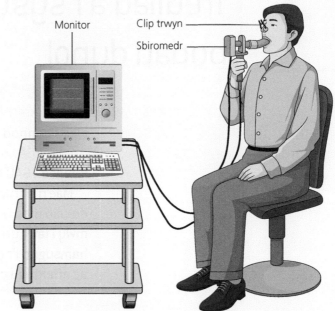

Mae'r person yn anadlu'n normal, yna mae'n anadlu'n ddwfn sawl gwaith cyn anadlu'n normal unwaith eto. Mae graff o'r patrwm anadlu yma yn cael ei argraffu, ac mae'n cael ei ddangos isod.

Defnyddiwch y graff i:

i) cyfrifo cyfradd anadlu normal y person hwn, [1]

ii) cyfrifo'r gwahaniaeth rhwng cyfaint yr aer sy'n cael ei fewnanadlu yn ystod un anadliad normal a'r *ail* anadliad dwfn mae'n ei wneud. [2]

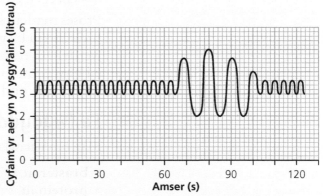

(o Bapur B2(U) CBAC, Haf 2015, cwestiwn 3)

27

3 Treuliad a'r system dreulio mewn bodau dynol

 Cynnwys y fanyleb

Mae'r bennod hon yn ymdrin ag adran 1.3 Treuliad a'r system dreulio mewn bodau dynol yn y fanyleb TGAU Bioleg ac yn y fanyleb TGAU Gwyddoniaeth (Dwyradd).

Mae'n edrych ar yr angen am dreuliad, adeiledd y system dreulio mewn bodau dynol a mecanweithiau torri moleciwlau mwy i lawr yn foleciwlau llai, hydawdd sy'n gallu cael eu hamsugno i'r gwaed. Rhoddir ystyriaeth hefyd i ddeiet cytbwys ac effeithiau cael gormod o siwgr a braster yn y deiet.

▶ Pam rydym ni'n treulio bwyd?

Mae bodau dynol ac anifeiliaid yn cael eu hegni o fwyd. Pan ydym ni'n bwyta bwyd, mae'n mynd i'r coludd, sef tiwb sy'n mynd trwy'r corff. I fod yn ddefnyddiol, rhaid i'r bwyd hwnnw fynd allan o'r coludd ac i'r system waed, sy'n gallu ei gludo i unrhyw ran o'r corff. Rhaid i'r rhan fwyaf o'r bwyd rydym ni'n ei fwyta gael ei newid mewn dwy ffordd er mwyn iddo allu mynd o'r coludd ac i'r system waed.

1 Rhaid i'r moleciwlau mawr yn y bwyd gael eu torri i lawr i greu moleciwlau bach, sy'n gallu cael eu hamsugno trwy wal y coludd.
2 Rhaid troi'r moleciwlau anhydawdd yn y bwyd yn rhai sy'n hydawdd mewn dŵr, fel eu bod nhw'n gallu hydoddi yn y gwaed a chael eu cludo o gwmpas.

Proses treuliad sy'n gwneud y newidiadau hyn, gan dorri moleciwlau bwyd cymhleth i lawr i greu rhai bach, hydawdd. Mae'n werth nodi nad oes angen treulio rhai o'r moleciwlau rydym ni'n eu bwyta – maen nhw'n fach ac yn hydawdd yn barod (e.e. glwcos a fitaminau), ond eithriadau yw'r rhain.

▶ Pa fwydydd sydd angen eu treulio?

Mae'r moleciwlau bwyd cymhleth yn ein deiet mewn tri chategori:

- ▶ **brasterau**, sy'n cael eu torri i lawr i roi glyserol ac asidau brasterog.
- ▶ **proteinau**, sy'n cael eu torri i lawr i roi asidau amino.
- ▶ rhai **carbohydradau**. Y prif un o'r rhain yw startsh, sy'n cael ei dorri i lawr i ffurfio'r siwgr syml glwcos.

Mae glyserol, asidau brasterog, asidau amino a glwcos i gyd yn hawdd eu hamsugno i'r gwaed. Fodd bynnag, dydy'r holl gynhyrchion terfynol hyn ddim yn cael eu defnyddio ar gyfer egni. Caiff egni ei ddarparu gan glwcos, glyserol ac asidau brasterog, ond dydy asidau amino ddim yn cael eu resbiradu fel arfer. Yn lle hynny, maen nhw'n cael eu defnyddio fel defnyddiau crai i wneud proteinau newydd; mae angen y rhain ar gyfer twf.

Gwaith ymarferol

Sut rydym ni'n gwybod beth sydd yn ein bwyd?

Mae profion cemegol am nifer o'r gwahanol grwpiau bwyd, gan gynnwys proteinau a charbohydradau (gyda phrofion penodol am startsh ac am glwcos).

> **Prawf am brotein** – Caiff cyfaint bach o hydoddiant sodiwm hydrocsid gwanedig ei ychwanegu at yr hydoddiant prawf, yna caiff cyfaint tua'r un maint o hydoddiant copr sylffad ei ychwanegu. Os oes protein yn bresennol, bydd lliw porffor yn ymddangos. Enw'r prawf hwn yw'r **prawf Biuret**. Weithiau mae'r sodiwm hydrocsid a'r copr sylffad yn cael eu cyfuno mewn un hydoddiant, o'r enw hydoddiant Biuret.

> **Prawf am startsh** – Pan gaiff hydoddiant ïodin ei ychwanegu at startsh, mae lliw brown yr ïodin yn troi'n ddu-las.

> **Prawf am glwcos** – Pan gaiff hydoddiant sy'n cynnwys glwcos ei wresogi â hydoddiant Benedict glas, mae gwaddod oren-goch yn ffurfio. **Prawf Benedict** yw'r enw ar hyn. Y mwyaf o glwcos sy'n bresennol, y mwyaf o waddod sy'n ffurfio. Wrth i fwy a mwy o waddod ffurfio, mae'r lliw glas yn troi'n wyrdd i ddechrau, yna'n oren, yna'n lliw brics coch. Mae rhai profion yn cael eu galw yn ansoddol, gan eu bod dim ond yn dweud wrthych a yw sylwedd yn bresennol neu beidio. Mae eraill yn brofion meintiol, gan eu bod yn mesur maint y sylwedd sy'n bresennol. Rydym ni'n galw'r prawf hwn yn un lled-feintiol, gan ei fod yn rhoi syniad (ond nid mesur trachywir) o faint o glwcos sy'n bresennol.

Ymchwilio i brawf Benedict am siwgr

Mae cyfarwyddiadau llawn prawf Benedict isod. Byddai'n ddefnyddiol i chi fod wedi gwneud, neu wedi gweld, y prawf Benedict cyn ateb y cwestiynau sy'n dilyn.

Cyfarpar

> bicer 250 cm³
> tiwb berwi
> trybedd
> rhwyllen
> llosgydd Bunsen

> daliwr tiwb profi
> mat gwrth-wres
> hydoddiant prawf
> hydoddiant Benedict

Nodiadau diogelwch

Gwisgwch sbectol ddiogelwch.

Dull

1 Rhowch ychydig o'r hydoddiant prawf yn y tiwb berwi. Gofalwch fod y tiwb yn llai na hanner llawn.

2 Ychwanegwch ddigon o hydoddiant Benedict i roi lliw glas amlwg.

3 Llenwch y bicer at hanner ffordd â dwr, a defnyddiwch y llosgydd Bunsen (Ffigur 3.1) i'w wresogi nes ei fod yn berwi. Neu gallwch chi ddefnyddio baddon dŵr ar dymheredd o 80 °C.

4 Defnyddiwch y daliwr tiwb profi i roi'r tiwb berwi yn y bicer.

5 Berwch am 5 munud, ac arsylwch y newidiadau lliw.

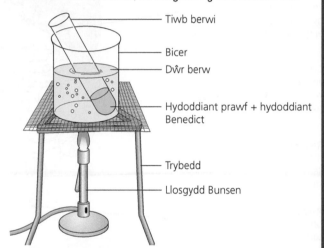

Tiwb berwi
Bicer
Dŵr berw
Hydoddiant prawf + hydoddiant Benedict
Trybedd
Llosgydd Bunsen

Ffigur 3.1 Prawf Benedict.

Cwestiynau

1 Y mwyaf o glwcos sydd yn yr hydoddiant, y mwyaf y bydd yr hydoddiant Benedict yn newid lliw. Mae hyn yn rhoi syniad, ond nid mesur, o faint o glwcos sydd yn yr hydoddiant. Awgrymwch sut gallech chi ddefnyddio prawf Benedict i gael mesur gwirioneddol o grynodiad y glwcos mewn hydoddiant.

2 Pa mor fanwl gywir ydych chi'n meddwl y byddai eich mesur (o gwestiwn 1)? Rhowch resymau dros eich ateb.

► Ble yn y corff mae bwyd yn cael ei dreulio?

Caiff bwyd ei dreulio yn y system dreulio. Yn fras, tiwb (y **coludd**) sy'n mynd trwy'r corff yw hon. Wrth i fwyd symud trwy'r system dreulio mae'r cynhyrchion defnyddiol yn cael eu hamsugno i'r gwaed. Mae pob cynnyrch sydd heb ei dreulio yn cael eu carthu, gan ddod allan

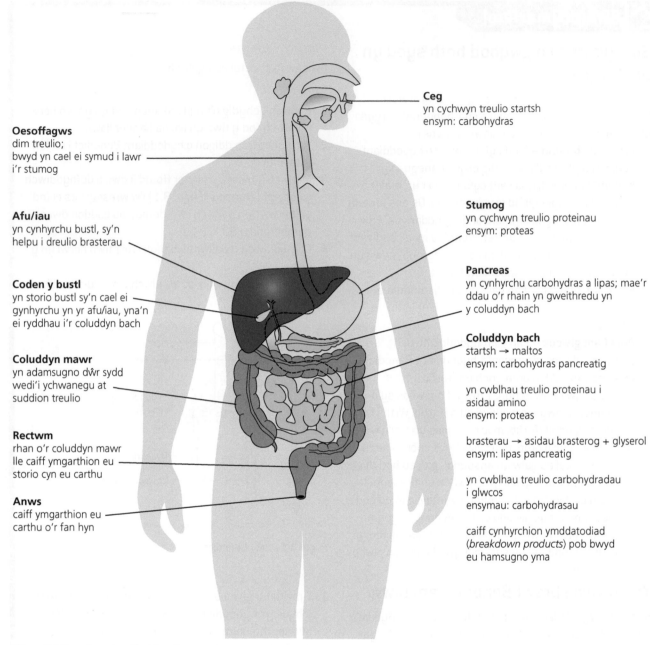

Ceg
yn cychwyn treulio startsh
ensym: carbohydras

Oesoffagws
dim treulio;
bwyd yn cael ei symud i lawr
i'r stumog

Stumog
yn cychwyn treulio proteinau
ensym: proteas

Afu/iau
yn cynhyrchu bustl, sy'n
helpu i dreulio brasterau

Pancreas
yn cynhyrchu carbohydras a lipas; mae'r
ddau o'r rhain yn gweithredu yn
y coluddyn bach

Coden y bustl
yn storio bustl sy'n cael ei
gynhyrchu yn yr afu/iau, yna'n
ei ryddhau i'r coluddyn bach

Coluddyn bach
startsh → maltos
ensym: carbohydras pancreatig

yn cwblhau treulio proteinau i
asidau amino
ensym: proteas

Coluddyn mawr
yn adamsugno dŵr sydd
wedi'i ychwanegu at
suddion treulio

brasterau → asidau brasterog + glyserol
ensym: lipas pancreatig

yn cwblhau treulio carbohydradau
i glwcos
ensymau: carbohydrasau

Rectwm
rhan o'r coluddyn mawr
lle caiff ymgarthion eu
storio cyn eu carthu

caiff cynhyrchion ymddatodiad
(*breakdown products*) pob bwyd
eu hamsugno yma

Anws
caiff ymgarthion eu
carthu o'r fan hyn

Ffigur 3.2 Y system dreulio ddynol.

o ben arall y tiwb. Mae rhannau gwahanol o'r coludd yn arbenigo mewn swyddogaethau penodol. Mae Ffigur 3.2 yn dangos y system dreulio a swyddogaethau'r gwahanol rannau. Yn ogystal â'r coludd, mae'r system dreulio hefyd yn cynnwys rhai organau cysylltiedig (yr afu/iau, coden y bustl a'r pancreas). Mae tri cham yn y broses dreulio, ac mae'r rhain yn digwydd mewn rhannau gwahanol o'r system:

1 **treulio** – yn bennaf yn y geg, y stumog a'r coluddyn bach
2 **amsugno** – yn bennaf yn y coluddyn bach (bwyd) a'r coluddyn mawr (dŵr)
3 **carthu** – yn y rectwm a'r anws.

Mae **bustl** yn sudd treulio sy'n cael ei gynhyrchu gan yr afu ac yn cael ei storio yng **nghoden y bustl**, ac o'r fan honno, mae'n cael ei ryddhau pan fo angen. Cawn weld beth mae'n ei wneud ymhellach ymlaen yn y bennod hon Erbyn i'r bwyd gyrraedd ail hanner y coluddyn bach, mae treulio wedi'i gwblhau. Mae'r cynhyrchion sydd ar ôl i gyd yn foleciwlau bach, hydawdd a all gael eu hamsugno i'r gwaed. I helpu hyn, mae waliau'r coluddyn bach wedi eu gorchuddio ag ymestyniadau bach tebyg i fysedd o'r enw **filysau**, sy'n creu arwynebedd arwyneb llawer mwy ar gyfer amsugno bwyd (Ffigur 3.3).

Erbyn i gynnwys y coludd gyrraedd y coluddyn mawr, mae'r holl gynhyrchion defnyddiol wedi'u hamsugno i'r gwaed. Y cyfan sydd ar ôl yw'r defnydd nad oedd yn bosibl ei dreulio, ac yn y pen draw caiff hyn ei waredu o'r corff fel ymgarthion. Fodd bynnag, mae'r defnydd gwastraff hwn yn cyrraedd y coluddyn mawr ar ffurf hylif, oherwydd y suddion treulio sydd wedi'u hychwanegu wrth iddo deithio i lawr y coludd. Pe bai'r hylif hwn yn cael ei waredu gyda'r ymgarthion, byddai'r corff yn dadhydradu'n eithaf cyflym. Gwaith y coluddyn mawr yw adamsugno dŵr o'r gwastraff, a fydd yn ymsolido wrth fynd i lawr y coluddyn mawr. Caiff yr ymgarthion sydd bellach yn solet eu storio dros dro yn y rectwm cyn cael eu carthu trwy'r anws.

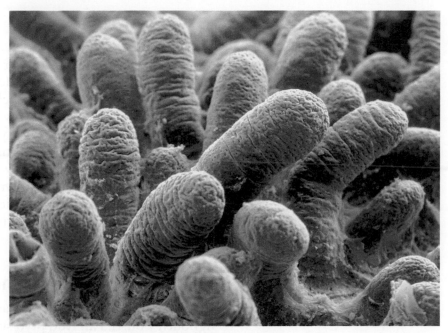

Ffigur 3.3 Arwyneb y coluddyn bach, yn dangos y filysau.

✔ Profwch eich hun

1 Pam nad oes angen i'r corff dreulio fitaminau?
2 Ydy'r prawf ïodin am startsh yn un ansoddol neu'n un meintiol?
3 Enwch y cemegion sy'n cael eu ffurfio wrth dreulio proteinau.
4 Ym mha ran o'r system dreulio mae protein yn cael ei dreulio?
5 Pa ran o'r system dreulio sy'n adamsugno dŵr sydd wedi ei ychwanegu at y coludd yn y suddion treulio?

Sut mae bwyd yn symud trwy eich coludd?

Er mwyn symud bwyd trwy eich system dreulio, mae tonnau o gyfangiadau cyhyrau'n symud ar hyd y coludd yn gyson. **Peristalsis** yw'r enw ar y tonnau hyn (Ffigur 3.4).

Pan mae'r cyhyrau crwn yn cyfangu ychydig y tu ôl i lle mae'r bwyd, caiff y bwyd ei wthio ymlaen, yn debyg i wasgu past dannedd allan o diwb.

Ffigur 3.4 Peristalsis yn y coludd.

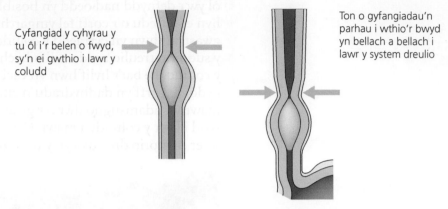

Cyfangiad y cyhyrau y tu ôl i'r belen o fwyd, sy'n ei gwthio i lawr y coludd

Ton o gyfangiadau'n parhau i wthio'r bwyd yn bellach a bellach i lawr y system dreulio

Mae peristalsis yn digwydd trwy'r coludd i gyd, gan gynnwys yn eich stumog. Dim ond yma y byddwch chi weithiau'n ymwybodol o'r broses. Mae gan y stumog gylchoedd o gyhyrau sy'n cyfangu i gau'r agoriadau ar ei thop a'i gwaelod, fel na all y bwyd symud allan o'r stumog. Mae peristalsis yn corddi'r bwyd, gan ei gymysgu â suddion treulio sy'n cynnwys ensymau. Os yw eich stumog yn llawn, mae peristalsis yn symud y bwyd o gwmpas heb wneud sŵn. Ond os yw eich stumog yn wag, yr unig beth sy'n gallu cael ei wasgu gan beristalsis yw'r aer tu mewn iddi. Mae symud aer o gwmpas y stumog yn creu sŵn byrlymu –'stumog yn rymblan' sy'n gysylltiedig â bod eisiau bwyd.

Beth mae bustl yn ei wneud?

Mae bustl yn cael ei gynhyrchu gan yr afu/iau a'i storio yng nghoden y bustl. Pan fydd pryd sy'n cynnwys braster yn cael ei dreulio, mae coden y bustl yn rhyddhau bustl i lawr **dwythell y bustl** i'r coluddyn bach. Dydy bustl ddim yn ensym, ond ei swydd yw helpu'r ensym lipas yn y coluddyn bach i dreulio brasterau. Mae bustl yn **emwlsio** braster, gan ei hollti'n ddefnynnau bach sy'n rhoi arwyneb arwynebedd mwy i'r ensym lipas weithio arno (Ffigur 3.5).

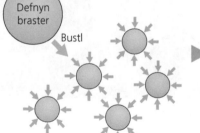

Defnyn braster

Bustl

Defnynnau llai ag arwynebedd arwyneb mwy i ensymau

Ffigur 3.5 Effaith bustl ar frasterau

Sut mae maetholion yn gadael y coludd ac yn mynd i mewn i'ch corff?

Unwaith mae sylweddau bwyd wedi cael eu treulio'n gemegion hydawdd, bach, maen nhw'n gallu treiddio trwy wal y coludd ac i mewn i lif eich gwaed, lle maen nhw'n cael eu cario o gwmpas

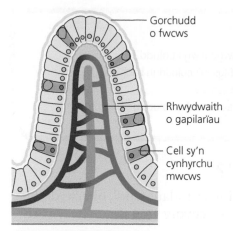

Gorchudd o fwcws

Rhwydwaith o gapilarïau

Cell sy'n cynhyrchu mwcws

Ffigur 3.6 Adeiledd filws

y corff. Mae hwn yn digwydd yn y coluddyn bach, ac mae'n cael ei helpu gan y ffaith fod y coluddyn bach wedi'i leinio ag ymestyniadau o'r enw filysau, a ddisgrifiwyd yn gynharach (Ffigur 3.3). Mae'r filysau'n cynyddu arwynebedd yr arwyneb lle gall bwyd gael ei amsugno yn sylweddol. Cofiwch fod bwyd yn symud trwy'r coluddyn drwy'r amser, felly mae'n bwysig ei fod yn cael ei amsugno'n weddol gyflym (er bod y coluddyn bach yn hir – tua 7m mewn oedolyn). Mae adeiledd y filws yn cael ei ddangos yn Ffigur 3.6.

⚗ Gwaith ymarferol

Beth yw'r amodau delfrydol ar gyfer ensymau lipas?

Yn yr arbrawf hwn, byddwch chi'n ychwanegu glanedydd hylif i efelychu gweithgarwch bustl. Fel bustl, mae glanedydd yn emwlsydd. Gallech chi ddefnyddio halwynau bustl yn lle'r glanedydd hylif os ydyn nhw ar gael.

Nodiadau diogelwch

Gwnewch yn sicr nad ydych yn cael dangosydd ffenolffthalein ar eich croen neu yn eich llygaid.

Cyfarpar

> llaeth cyflawn neu hufen sengl
> dangosydd ffenolffthalein
> hydoddiant lipas 5%
> hydoddiant sodiwm carbonad, 0.05 mol/dm³
> glanedydd hylif
> baddonau dŵr wedi'u gosod ar 30°C, 40°C, 50°C a 60°C
> rhew
> rhesel tiwbiau profi
> 2 × silindr mesur 10 cm³
> 2 × bicer 100 cm³
> 2 × bicer 250 cm³
> 6 thermomedr
> 12 tiwb profi
> rhoden wydr
> chwistrell 2 cm³
> stopgloc neu stopwatsh

Dull

Bydd rhaid i chi osod y baddonau dŵr ymlaen llaw. Gallwch chi ddefnyddio baddonau dŵr electronig ar gyfer y tymereddau sy'n uwch na thymheredd ystafell. Defnyddiwch y biceri 250 cm³ i wneud baddonau dŵr 10°C (dŵr oer + rhew) a 20°C (dŵr claear). Dylech chi roi bicer o hydoddiant lipas ym mhob un o'r baddonau

dŵr, fel bod lipas ar gael ar bob un o dymereddau'r prawf.

1 Rhowch 5 diferyn o ddangosydd ffenolffthalein mewn dau diwb profi, ar gyfer y tymheredd cyntaf.
2 Ychwanegwch 5 cm³ o laeth at y ddau diwb profi.
3 Ychwanegwch 7 cm³ o hydoddiant sodiwm carbonad at y tiwbiau profi; dylai droi'r ffenolffthalein yn binc. Pwrpas y sodiwm carbonad yw sicrhau bod y pH ar ddechrau'r arbrawf yn ddigon alcalïaidd i'r ffenolffthalein droi yn binc.
4 Ychwanegwch 1 diferyn o lanedydd hylif at **un** o'r tiwbiau profi.
5 Rhowch y ddau diwb profi yn y baddon dŵr priodol. Profwch y tymheredd â'r thermomedr a gadewch y tiwbiau nes i'r cynnwys gyrraedd y tymheredd arbrofol.
6 Ychwanegwch 1 cm³ o lipas at y ddau diwb a dechreuwch y stopwatsh.
7 Trowch y tiwbiau'n ysgafn, gan aros i'r dangosydd golli ei liw pinc.
8 Cofnodwch yr amser mae'r newid lliw'n ei gymryd (mewn eiliadau).
9 Ailadroddwch gamau 1 i 8 ar gyfer y tymereddau eraill.
10 Cofnodwch eich canlyniadau i gyd mewn tabl.
11 Plotiwch graff o dymheredd yn erbyn yr amser mae'n ei gymryd i'r lliw newid. Dylai fod dwy linell ar y graff, un i'r ensym gyda glanedydd hylif ac un i'r ensym hebddo.

Dadansoddi eich canlyniadau

1 Beth oedd effaith tymheredd ar weithgarwch yr ensym?
2 Beth oedd effaith y glanedydd hylif ar weithgarwch yr ensym?
3 O edrych ar y canlyniadau, ydych chi'n meddwl eu bod nhw'n fanwl gywir? Rhowch reswm dros eich ateb.
4 Awgrymwch un ffynhonnell bosibl o ddiffyg manwl gywirdeb yn yr arbrawf hwn.

Profwch eich hun

6 Beth yw enw'r broses sy'n symud bwyd trwy'r coludd?
7 Beth yw swyddogaeth y lactealau yn filysau'r coluddyn bach?
8 Sut mae bustl yn helpu i dreulio brasterau?
9 Beth yw'r fantais i'r corff o gael filysau ar wal y coluddyn bach?

▶ ## Beth yw 'deiet cytbwys'?

Mae angen amrywiaeth o faetholion ar fodau dynol, oherwydd bod pob math yn cyflawni swyddogaeth ychydig yn wahanol yn y corff.

Gwaith ymarferol

Defnyddio tiwbin Visking fel model coludd

Gallwn ni ddefnyddio tiwbin Visking i fodelu'r coludd. Mae hyn oherwydd ei fod yn gadael i foleciwlau bach fynd drwyddo ac yn atal rhai mwy rhag gwneud hynny, yn union fel mae'r coludd yn ei wneud. Serch hynny, mae cyfyngiadau i'r model. Mae tiwbin Visking yn anfyw ac mae'n gadael i foleciwlau bach fynd trwy fandyllau microsgopig. Does dim mandyllau yn y coludd, a rhaid i faetholion fynd trwy gellbilenni a chytoplasm i gyrraedd y capilarïau. Mae cludiant moleciwlau trwy wal y coludd felly'n llawer mwy cymhleth na chludiant trwy diwbin Visking.

Cyfarpar

> tiwb berwi
> tiwbin Visking, wedi'i glymu yn un pen
> pibed diferu
> band elastig
> ïodin mewn hydoddiant potasiwm ïodid
> hydoddiant startsh 1%
> hydoddiant glwcos 1%
> rhesel tiwbiau profi
> hydoddiant Benedict neu Clinistix (os ydych yn defnyddio hydoddiant Benedict, bydd angen cyfarpar i gynnal prawf Benedict fel a ddisgrifiwyd yn gynharach yn y bennod hon, yn 'Ymchwilio i brawf Benedict am siwgr').

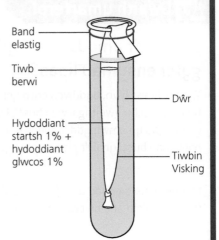

Ffigur 3.7 Cyfarpar sy'n cael ei ddefnyddio i fodelu amsugniad yn y coludd.

Nodiadau diogelwch

Gwisgwch sbectol ddiogelwch.

Dull

1 Cydosodwch y cyfarpar fel yn Ffigur 3.7. Dylai cyfeintiau'r hydoddiannau startsh a glwcos yn y tiwbin Visking fod tua'r un peth, ond nid yw'r union gyfeintiau'n bwysig. Gadewch y cyfarpar am o leiaf 30 munud.
2 Profwch yr hylif yn y tiwb profi ar gyfer startsh trwy ychwanegu ïodin mewn hydoddiant potasiwm ïodid. Mae lliw du-las yn dynodi startsh.
3 Profwch yr hylif yn y tiwb profi ar gyfer glwcos trwy ddefnyddio prawf Benedict neu Clinistix (sy'n newid lliw os yw glwcos yn bresennol).

Cwestiwn

Eglurwch sut mae'r arbrawf hwn yn modelu gweithrediad y coludd.

▶ **Glwcos** yw prif ddarparwr egni yn y corff. Mae'n cael ei ffurfio pan fydd carbohydradau yn cael eu torri i lawr. Yna bydd glwcos yn cael ei dorri i lawr gan resbiradaeth yn y celloedd.

▶ Mae **asidau brasterog a glyserol** o frasterau'n cyflenwi egni hefyd. Mewn gwirionedd, mae brasterau'n cynnwys mwy o egni y gram na glwcos, ond rhaid i'r egni gael ei ryddhau yn araf. Am y rheswm hwn, mae brasterau'n ddefnyddiol i storio egni.

▶ Mae **asidau amino** o broteinau yn cael eu rhoi at ei gilydd yn y corff i wneud proteinau newydd, i ffurfio llawer o gynhyrchion defnyddiol neu i gael eu defnyddio i wneud celloedd newydd yn ystod twf.

Ar wahân i'r cemegion sy'n cael eu ffurfio gan dreuliad bwyd, mae rhai sylweddau defnyddiol eraill yn y deiet sy'n gallu cael eu hamsugno'n uniongyrchol oherwydd eu bod yn foleciwlau bach.

▶ Mae gan **fwynau** nifer o swyddogaethau – er enghraifft, mae angen haearn i wneud haemoglobin, y pigment gwaed sy'n cludo gwaed o gwmpas y corff.

▶ Mae **fitaminau** hefyd yn gwneud sawl peth, ac yn aml, mae eu hangen ar gyfer adweithiau cemegol pwysig. Mae gan fitamin C, er enghraifft, nifer o fanteision, gan gynnwys helpu'r system imiwnedd i weithio'n iawn, a chyfrannu at iechyd y dannedd a'r deintgig.

▶ Mae **dŵr** yn bwysig gan ei fod yn brif gyfansoddyn celloedd, ac mae'r holl adweithiau cemegol yn y corff yn cynnwys cemegion sy'n gorfod cael eu hydoddi mewn dŵr. Yn ogystal ag yfed dŵr, mae bodau dynol yn cael dŵr trwy fwyta, gan fod llawer o fwydydd yn cynnwys cryn dipyn ohono.

Yn olaf, mae manteision iechyd o gael cryn dipyn o **ffibr** yn y deiet. Mae ffibr yn garbohydrad anhydraul (yn methu cael ei dreulio), felly dydy e byth yn mynd i mewn i lif y gwaed. Fodd bynnag, mae'n darparu swmp i'r coludd ei ddefnyddio yn ystod peristalsis, ac felly mae'n helpu i fwyd symud yn effeithlon trwy'r coludd.

▶ Cydbwyso'r deiet

Mae'r Gwasanaeth Iechyd Gwladol wedi cyhoeddi 'lefelau a argymhellir' – hynny yw argymelliadau am faint o bob math o fwyd y dylem ei fwyta bob dydd. Mae'r rhain yn seiliedig ar fenyw o faint cyfartalog sy'n gwneud maint cyfartalog o ymarfer:

▶ **egni** – 8400 kJ neu 2000 kcal
▶ **braster** – 70g (dim mwy nag 20g o fraster dirlawn)
▶ **carbohydradau** – 260g, dim mwy na 90g ar ffurf siwgr
▶ **protein** – 50g
▶ **halen** – 6g

Sut mae deiet yn effeithio ar fy iechyd?

Er mwyn i ni oroesi a chadw'n weithgar mae angen i ni gael egni. Mae pob proses byw yn defnyddio egni, a'r mwyaf gweithgar y byddwn ni yna'r mwyaf o egni a ddefnyddiwn. Mae gwahanol fwydydd yn cynnwys gwahanol symiau o egni, ond **glwcos** yw prif ffynhonnell egni'r corff. Mae glwcos yn fath o siwgr a gawn ni trwy fwyta **carbohydrad**. Os ydym ni'n bwyta mwy o garbohydrad nag sydd ei angen arnom ar y pryd, mae'r corff yn ei storio yn yr afu/iau ar ffurf **glycogen**, yn barod

Ffigur 3.8 Er mwyn cael deiet iach, mae'n rhaid cael cydbwysedd cywir rhwng yr holl faetholion sydd eu hangen arnom. Er bod pob un yn llesol, mae'n bosibl cael gormod o rai grwpiau bwyd – er enghraifft carbohydradau, brasterau a rhai mwynau.

i'w ddefnyddio yn nes ymlaen. Os ydym ni'n dal i fwyta mwy nag sydd ei angen, bydd y stôr hwn yn mynd yn llawn. Yna mae'r corff yn newid y carbohydrad yn **fraster**, sy'n cael ei storio o dan y croen ac o amgylch yr organau mewnol. Mewn geiriau eraill byddwn ni'n 'mynd yn dew'. Bydd y storau hyn o fraster hefyd yn cynyddu ar unwaith os byddwn ni'n bwyta gormod o fraster. Os byddwn ni'n bwyta llai ac yn ymarfer mwy bydd y storau hyn yn cael eu defnyddio, ond gall hyn gymryd peth amser gan fod y corff yn defnyddio ei stôr o glycogen cyn defnyddio'r braster.

Os yw rhywun dros bwysau, mae'n golygu eu bod nhw wedi bod yn cymryd i mewn fwy o egni nag sydd ei angen arnynt, a hynny ers peth amser yn ôl pob tebyg. Er mwyn colli pwysau, fel rheol bydd angen cymryd llai o egni i mewn a hefyd gwneud mwy o ymarfer corff er mwyn defnyddio mwy o egni. I gadw'r pwysau i lawr, rhaid dilyn patrwm newydd o fwyta'n iach ac o ymarfer corff am byth.

Gall fod dros eich pwysau neu'n ordew gynyddu'r tebygolrwydd o gael clefyd y galon, strôc, canser a diabetes math 2.

Un broblem yw fod llawer o'r bwydydd wedi'u prosesu y gallwch eu prynu yn cynnwys lefelau uchel o siwgr a braster (gan gynnwys brasterau dirlawn, sy'n arbennig o ddrwg i chi). Mae siwgr yn cael ei ddefnyddio fel cyffeithydd (*preservative*), ac felly mae'n cael ei ychwanegu at fwydydd lle na fyddech chi'n disgwyl ei weld – er enghraifft, mewn sawsiau, prydau parod a chreision. Mae'n fwy amlwg bod bwydydd eraill – fel siocled, bisgedi, cacennau, pwdinau sy'n cynnwys cynnyrch llaeth a diodydd byrlymus – yn cynnwys llawer o siwgr.

Mae bwydydd sy'n uchel mewn braster yn cynnwys caws a chynhyrchion llaeth eraill, cig, bwyd wedi'i ffrio, creision, bisgedi a chacennau. Mae olewau llysiau, er eu bod yn cynnwys llawer o galorïau, yn llai niweidiol na brasterau anifeiliaid gan nad ydyn nhw'n cyfrannu at fraster sy'n cronni ar furiau'r pibellau gwaed, a all arwain at drawiad ar y galon a strôc.

Mae'r colofnau hyn yn dangos faint sydd ym mhob 100g a faint sydd ym mhob bisged.

Mae'r colofnau hyn yn ddefnyddiol am eu bod nhw'n rhoi amcan o faint dylech chi ei fwyta. *GDA = Guideline Daily Amount* (Canllaw Meintiau Dyddiol).

Mae'r gwerthoedd egni mewn kJ a kcal yn dangos cyfanswm yr egni. Maen nhw'n ddefnyddiol i bobl sy'n dilyn deiet.

Siwgr yw'r math mwyaf 'afiach' o garbohydrad, ac felly ni ddylech chi fwyta gormod ohono.

Mae bwyta gormod o fraster yn gallu arwain at broblemau iechyd. Brasterau dirlawn yw'r gwaethaf.

Mae bwyta gormod o halen yn gallu achosi problemau iechyd fel pwysedd gwaed uchel.

Yn yr achos hwn, mae un fisged yn darparu bron un rhan o bump (18%) o'r cymeriant dyddiol argymelledig o fraster dirlawn. Trwy fwyta chwech o'r bisgedi hyn mewn diwrnod, byddech chi dros eich lwfans am y diwrnod cyfan!

GWYBODAETH MAETH			CANLLAWIAU MEINTIAU DYDDIOL	
Gwerthoedd Nodweddiadol	pob 100g	Pob Bisged	Oedolyn	GDA %
Egni KJ	2125	548	Cyfartalog	Pob Bisged
kcal (Calorïau)	506	130	2000	7
Protein	6.2	1.6	45g	4
Carbohydrad	61	15.8	230g	7
ar ffurf siwgr	40.6	10.5	90g	12
Braster	26.3	6.8	70g	10
sy'n ddirlawn	13.8	3.6	20g	18
Ffibr	2.6	0.7	24g	3
Sodiwm	0.26	0.07	2.4g	3
Cywerth fel halen	0.65	0.17	6g	3

Ffigur 3.9 Mae gan y rhan fwyaf o fwyd wedi'i brosesu dabl maetholion ar y pecyn. Gall hwn fod yn ddefnyddiol wrth benderfynu faint ohono i'w gynnwys yn y deiet.

Mae ychwanegion bwyd yn peri pryder hefyd. Y brif broblem yw halen, sy'n cael ei ychwanegu at nifer mawr o fwydydd i ychwanegu blas ac fel cyffeithydd. Mae gormodedd o halen yn y deiet yn gallu arwain at bwysedd gwaed uchel ac yn gallu cynyddu'r risg o drawiad ar y galon a strôc.

Faint o egni sydd mewn bwyd?

Mae pobl yn gallu gweld faint o egni sydd mewn bwyd wedi'i becynnu trwy edrych ar dabl maetholion, ond sut mae'r ffigurau hyn yn cael eu mesur? Mae gwyddonwyr bwyd yn cael y ffigurau trwy losgi'r bwyd fel bod yr egni'n cael ei ryddhau ar ffurf gwres. Maen nhw'n mesur y gwres sy'n cael ei ryddhau i weld faint o egni y bydd màs penodol o fwyd yn ei gynhyrchu.

I wneud hyn, maen nhw'n defnyddio cyfarpar arbennig o'r enw calorimedr bwyd (neu 'galorimedr bom'). Mae Ffigur 3.10 yn dangos enghraifft.

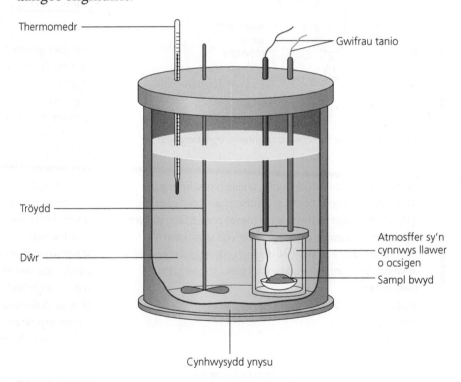

Ffigur 3.10 Calorimedr bom.

Mae'n bwysig iawn llosgi'r bwyd yn llwyr (er mwyn cael yr holl egni ohono), ac felly caiff y sampl ei losgi mewn atmosffer sy'n cynnwys llawer o ocsigen. Mae'r gwres sy'n cael ei ryddhau'n cael ei fesur yn ôl y cynnydd yn nhymheredd y dŵr. Mae'r tröydd yn sicrhau bod y gwres yn cael ei wasgaru'n wastad ac mae'r cynhwysydd wedi'i ynysu fel nad oes dim gwres yn cael ei golli i'r atmosffer.

O'r grwpiau bwyd yn ein deiet, braster sydd â'r cynnwys egni uchaf. Mae cynnwys egni tebyg gan garbohydradau a phroteinau, ond dydy ein cyrff ni ddim yn tueddu i ddefnyddio protein fel ffynhonnell egni. Does dim ffordd o storio protein yn y corff, felly yr unig ffordd o gael protein fel ffynhonnell egni fyddai torri ein celloedd ein hunain i lawr. Ni fyddai hwn yn syniad da (er ei fod yn gallu digwydd wrth newynu).

Gwaith ymarferol penodol

Ymchwilio i faint o egni sydd mewn bwydydd

Pan mae bwyd yn cael ei losgi, mae'r egni cemegol yn y bwyd yn cael ei ryddhau ar ffurf gwres. Trwy fesur y gwres sy'n cael ei ryddhau, gallwn weld faint o egni sydd yn y bwyd.

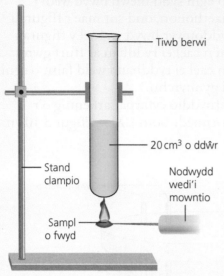

Ffigur 3.11 Cyfarpar i ymchwilio i gynnwys egni bwydydd.

Cyfarpar

> samplau o fwyd – er enghraifft, creision neu fyrbrydau tatws eraill, bisgedi, pasta, grawnfwydydd brecwast (Dylech ddefnyddio bwyd sydd mewn paced, fel y gallwch gymharu'r cynnwys egni a gawsoch yn yr arbrawf â'r gwerth a roddir ar y label. Ni ddylech ddefnyddio cnau, er mwyn osgoi'r posibilrwydd o gael adwaith alergaidd.)
> tiwb berwi
> stand clampio â chlamp
> llosgydd Bunsen
> mat gwrth-wres
> silindr mesur, 50 cm³
> nodwydd wedi'i mowntio, gyda dolen bren
> gefel
> thermomedr

Nodiadau diogelwch

Gwisgwch sbectol ddiogelwch.

Dull

1 Cydosodwch y cyfarpar fel yn Ffigur 3.11.
2 Mesurwch 20 cm³ o ddŵr i'r tiwb berwi.
3 Mesurwch a chofnodwch dymheredd y dŵr gyda'r thermomedr.
4 Pwyswch sampl o fwyd a chofnodwch y màs.
5 Yn ofalus, trywanwch y sampl bwyd â'r nodwydd wedi'i mowntio. Os nad yw hyn yn bosibl, codwch ef gan ddefnyddio'r gefel.
6 Defnyddiwch y llosgydd Bunsen i roi'r bwyd ar dân.

7 Pan fydd y bwyd yn dechrau llosgi, rhowch ef o dan y tiwb berwi.
8 Cadwch y bwyd yn ei le nes ei fod wedi llosgi'n llwyr. Os yw'r fflam yn diffodd, ceisiwch ei chynnau unwaith eto. Os na fydd y fflam yn ailgynnau, gallwch gymryd yn ganiataol bod yr holl egni posibl wedi cael ei echdynnu.
9 Pan fydd y bwyd wedi llosgi'n llwyr, mesurwch a chofnodwch dymheredd y dŵr unwaith eto.
10 Ailadroddwch y dull o leiaf ddwywaith eto gyda'r un bwyd, gan newid y dŵr bob tro.
11 Cofnodwch y cynnydd yn y tymheredd bob amser.
12 Cyfrifwch faint o egni sy'n cael ei ryddhau o bob sampl bwyd drwy ddefnyddio'r fformiwla hon.

$$\text{egni sy'n cael ei ryddhau o'r bwyd, fesul gram (J)} = \frac{\text{màs y dŵr (g)} \times \text{cynnydd yn y tymheredd (°C)} \times 4.2}{\text{màs y sampl bwyd (g)}}$$

4.2 yw cynhwysedd gwres sbesiffig dŵr, mewn jouleau fesul gram fesul °C – hynny yw, nifer y jouleau sydd eu hangen i weld cynnydd o 1°C yn nhymheredd 1 g o ddŵr. 1 g yw màs 1 cm³ o ddŵr.

13 Cyfrifwch werth cymedrig ar gyfer cynnwys egni'r bwyd, mewn jouleau am bob gram.
14 Cymharwch y gwerth cymedrig a gawsoch chi â'r cynnwys egni fesul gram a nodir ar y paced. (Mae'n debyg y bydd wedi ei roi fel egni am bob 100 g ar y paced.)
15 Os oes gennych amser, gwnewch yr arbrawf eto gan ddefnyddio math gwahanol o fwyd.
16 Cymharwch eich canlyniadau chi â chanlyniadau grwpiau eraill er mwyn cael gwell syniad o ailadroddadwyedd y dechneg. Asesu ailadroddadwyedd nid atgynyrchadwyedd yw'r bwriad (efallai eu bod nhw wedi defnyddio bwydydd eraill), felly dylech chi ganolbwyntio ar ba mor debyg oedd y canlyniadau a gafodd eu hailadrodd, nid yr union ffigurau.

Cwestiynau

Dydy'r gwerthoedd a gewch chi gyda'r dechneg hon ddim yn fanwl gywir fel arfer. Dyma rai o'r ffynonellau cyfeiliornad (*error*) posibl o gymharu'r dull uchod â defnyddio calorimedr:

> Mae'r bwyd yn llosgi mewn aer yn hytrach nag mewn ocsigen, gallai hyn olygu nad yw'r bwyd yn llosgi'n llwyr.
> Dydy'r dŵr ddim yn cael ei droi.
> Dydy'r cyfarpar ddim wedi ei ynysu.
> Mae bwlb y thermomedr yn agos iawn at y gwres.
> Mae llawer o wres yn dianc i'r aer o amgylch y cyfarpar

1 Yn eich barn chi, pa mor ddifrifol yw'r gwall sy'n cael ei achosi gan bob un o'r ffactorau uchod yn eich arbrawf?
2 Ydy hi'n bosibl addasu'r cyfarpar i leihau rhai o'r gwallau hyn?
3 Sut gallech chi ddarganfod pa mor 'anghywir' (*inaccurate*) yw'r gwerth a gyfrifwyd gennych?

Profwch eich hun

10 Pam mae bwyta gormod o garbohydradau'n gallu arwain at gario gormod o bwysau?

11 Pam mae proteinau'n arbennig o bwysig yn neiet plant ifanc?

12 Pam mae siwgr yn aml yn cael ei ychwanegu at brydau parod sy'n cynnwys cig?

13 Pa broblemau sy'n gallu codi os ydych chi'n cael gormod o halen yn eich deiet?

14 Pa unedau sy'n cael eu defnyddio i fesur cynnwys egni bwydydd?

 ## Crynodeb o'r bennod

- Mae angen i foleciwlau bwyd cymhleth, anhydawdd gael eu torri i lawr yn foleciwlau bach hydawdd sy'n gallu mynd i'r system waed.
- Treuliad yw'r enw ar y torri lawr (ymddatodiad) hwn yn y system dreulio.
- Mae ensymau'n helpu treuliad.
- Mae tiwbin Visking yn gweithio mewn modd tebyg i wal y coludd, a gallwn ni ei ddefnyddio fel 'model coludd'.
- Caiff brasterau eu treulio i roi asidau brasterog a glyserol.
- Caiff proteinau eu treulio i roi asidau amino.
- Caiff startsh ei dreulio i roi glwcos.
- Mae'r prawf am startsh yn defnyddio ïodin mewn hydoddiant potasiwm iodid, sy'n troi'n ddu-las.
- Y prawf am glwcos yw prawf Benedict. Caiff y sampl brawf ei berwi gyda hydoddiant Benedict (glas) ac, os oes glwcos yn bresennol, caiff gwaddod coch-oren ei ffurfio.
- Enw'r prawf am brotein yw prawf Biuret. Caiff copr sylffad a sodiwm hydrocsid eu hychwanegu at yr hydoddiant prawf. Os oes protein yn bresennol, bydd lliw porffor yn ymddangos.
- Mae'r system dreulio'n cynnwys y geg, yr oesoffagws, y stumog, y coluddyn bach, y coluddyn mawr, yr anws, yr afu/iau, coden y bustl a'r pancreas.
- Mae'r geg yn cynnwys carbohydras, sy'n treulio startsh.
- Mae'r stumog yn cynnwys proteas, sy'n treulio proteinau.
- Mae'r coluddyn bach yn cynnwys amrywiaeth o ensymau sy'n cwblhau'r broses o dreulio carbohydradau, proteinau a brasterau.

- Mae'r afu/iau'n cynhyrchu bustl, sy'n cael ei storio yng nghoden y bustl, a'i ryddhau oddi yno.
- Mae bustl yn emwlsio brasterau, sy'n helpu i'w treulio.
- Caiff bwyd ei symud ar hyd y system dreulio trwy gyfrwng peristalsis.
- Mae glwcos o garbohydradau, ac asidau brasterog a glyserol o frasterau, yn darparu egni i'r corff.
- Mae asidau amino o broteinau'n ffurfio blociau adeiladu ar gyfer proteinau newydd sydd eu hangen ar gyfer twf ac ar gyfer atgyweirio meinweoedd ac organau.
- Er mwyn bod mor iach â phosibl, mae angen i ni fwyta deiet cytbwys, gyda lefelau addas o garbohydradau, brasterau, proteinau, mwynau, fitaminau, dŵr a ffibr.
- Mae carbohydradau, brasterau a phroteinau i gyd yn cynnwys egni. Brasterau sy'n cynnwys y mwyaf o egni, ac mae llai mewn carbohydradau a phroteinau (tua'r un faint â'i gilydd).
- Mae ein cyrff yn defnyddio carbohydradau a brasterau ar gyfer egni. Os ydym ni'n bwyta gormod o frasterau neu garbohydradau, mae'r egni sydd dros ben yn cael ei storio fel braster.
- Gall deiet sy'n rhy uchel mewn siwgr neu fraster arwain at broblemau iechyd.
- Mae nifer o wahanol ychwanegion yn cael eu rhoi yn ein bwyd. Mae halen yn un cyffredin, ac mae bwyta gormod o halen yn gallu arwain at bwysedd gwaed uchel a phroblemau iechyd cysylltiedig.

► Cwestiynau adolygu'r bennod

1 Mae'r diagram yn dangos y system dreulio ddynol.

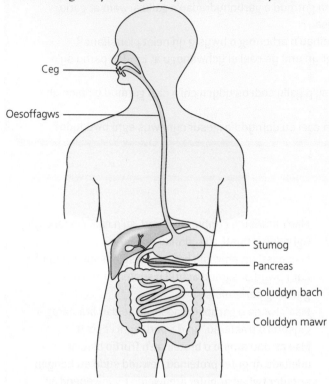

Ceg

Oesoffagws

Stumog

Pancreas

Coluddyn bach

Coluddyn mawr

a) Ysgrifennwch enw'r organ o'r diagram sy'n ffitio pob disgrifiad isod orau.

i) Organ sy'n secretu lipasau, proteasau a charbohydrasau. [1]

ii) Yr organ lle mae braster yn cael ei dreulio i asidau brasterog a glyserol. [1]

iii) Yr organ lle mae treuliad startsh yn dechrau. [1]

b) Mae'r diagram isod yn cynrychioli darn byr o foleciwl startsh.

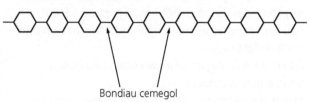

Bondiau cemegol

i) Enwch y math o ensym sy'n treulio'r bondiau cemegol yn y moleciwl startsh. [1]

ii) Enwch gynnyrch terfynol (*end product*) treuliad startsh. [1]

(O Bapur B2(U) CBAC, Ionawr 2012, cwestiwn 1)

2 Mae'r gosodiad canlynol yn cyfeirio at broses sy'n digwydd yn y system dreulio.

'Mae'r cyhyrau o flaen y bwyd yn llaesu (relax) *tra bo'r cyhyrau y tu ôl i'r bwyd yn cyfangu* (contract).'

a) Enwch y broses sy'n cael ei disgrifio. [1]

b) Mae'r graff yn dangos canlyniadau ymchwiliad i actifedd ensym ar lefelau pH amrywiol. Roedd yr ensym yn gweithredu ar sylwedd bwyd. Cafodd màs y sylwedd bwyd oedd heb ei dreulio ar bob un o'r lefelau pH, ei gofnodi.

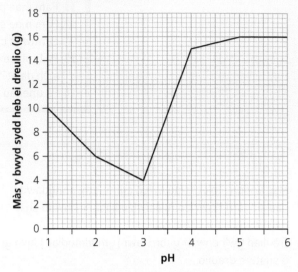

i) Nodwch beth sy'n digwydd i fàs y bwyd sydd heb ei dreulio o pH3 i pH6. [2]

ii) Nodwch pH optimwm yr ensym hwn. [1]

iii) Enwch yr organ yn y corff dynol lle mae'r ensym hwn i'w gael, ac enwch y dosbarth bwyd mae'n gweithredu arno. [2]

(O Bapur B2(U) CBAC, Haf 2015, cwestiwn 5)

3 Mae John yn ddyn 27 oed sy'n ddifrifol o ordew. Mae e'n pwyso 31 stôn a dydy e ddim yn gwneud unrhyw ymarfer corff. Yn ôl ei daldra, dylai John bwyso tua 14 stôn. Mae cinio arferol John yn cynnwys:

- 2 fyrgyr cig eidion caws dwbl (*double cheeseburgers*)
- potel 2 litr o ddiod cola.

Mae'r tabl isod yn dangos y ffeithiau maetheg ar gyfer un byrgyr cig eidion caws dwbl ac un litr o ddiod cola. Mae hefyd yn dangos y Canllaw Swm Dyddiol (*GDA*) ar gyfer dyn sy'n oedolyn.

	Canllaw Swm Dyddiol (*GDA*)	Byrgyr cig eidion caws dwbl (cyfran 220g)	Cola (y litr)
Egni (kcal)	2500.0	1120.0	400.0
Carbohydrad (g)	300.0	47.0	108.0
sy'n siwgrau (g)	70.0	8.0	108.0
Braster (g)	95.0	105.6	0.0
Protein (g)	55.0	25.0	0.4
Sodiwm – o halen (g)	2.4	2.0	0.12

Gan ddefnyddio'r wybodaeth a'r data uchod, a'ch gwybodaeth eich hun, disgrifiwch y ffyrdd gallai ffordd o fyw a deiet John arwain at broblemau iechyd. [6]

(O Bapur B1(U) CBAC, Haf 2015, cwestiwn 4)

3 Treuliad a'r system dreulio mewn bodau dynol

40

4 Y system cylchrediad mewn bodau dynol

 | **Cynnwys y fanyleb**

Mae'r bennod hon yn ymdrin ag adran **1.4 System cylchrediad mewn bodau dynol** yn y fanyleb TGAU Bioleg ac yn y fanyleb TGAU Gwyddoniaeth (Dwyradd).

Mae'n edrych ar adeiledd a swyddogaeth gwaed a'r system cylchrediad mewn bodau dynol. Mae hefyd yn ystyried y gwahaniaethau rhwng gwahanol fathau o bibellau gwaed, ynghyd â gwerthuso'r gwahanol driniaethau ar gyfer clefyd cardiofasgwlar.

▶ Pam mae system cylchrediad gennym ni?

Mae bodau dynol a mamolion eraill yn organebau cymhleth, ac mae ganddyn nhw lawer o organau arbenigol mewn rhannau gwahanol o'u cyrff. Mae angen i'r organau hyn weithio gyda'i gilydd, ac felly mae'n rhaid iddyn nhw allu cyfathrebu â'i gilydd. Un ffordd o gyfathrebu yw defnyddio negeswyr cemegol (hormonau), sy'n cael eu gwneud mewn rhai organau ac yna'n cael eu cludo i rai eraill lle maen nhw'n achosi effeithiau penodol. Mae angen i'r corff gludo sylweddau eraill o un lle i'r llall hefyd. Er enghraifft, mae'n rhaid i foleciwlau bwyd sy'n cael eu hamsugno o'r coludd ac ocsigen sy'n mynd i mewn i'r corff yn yr ysgyfaint gael eu cludo i bob cell sy'n resbiradu. Mae'n rhaid i gynhyrchion gwastraff gael eu cludo i'r ysgyfaint (yn achos carbon deuocsid) ac i'r arennau (yn achos wrea) er mwyn cael gwared arnyn nhw trwy ysgarthiad. Mae'r sylweddau hyn i gyd yn symud o gwmpas y corff yn y **system cylchrediad**. Maen nhw'n cael eu cludo yn y gwaed trwy rwydwaith gymhleth o bibellau gwaed sy'n cyrraedd pob rhan o'r corff.

Mae cludiant yn un o swyddogaethau pwysig y gwaed, ond gan fod y system gwaed yn cyrraedd pob rhan o'r corff mae hi hefyd yn gallu chwarae rôl bwysig yn y system imiwnedd, sy'n amddiffyn y corff rhag heintiau. Dydy **pathogenau** ddim yn gallu eu lleoli eu hunain yn unrhyw le sy'n bell o'r system gwaed. Mae imiwnedd felly yn ail swyddogaeth bwysig gan y system cylchrediad.

Mae'r gwaed yn cael ei symud o gwmpas y system cylchrediad gan y galon, sef pwmp wedi'i wneud o gyhyr sy'n cyfangu drosodd a throsodd er mwyn gwthio'r gwaed trwy'r pibellau gwaed.

▶ Beth sydd mewn gwaed?

Hylif yw gwaed, ac mae hyn yn caniatáu iddo symud o gwmpas y corff yn hawdd. Mae'n cynnwys celloedd hefyd, ac mae'r celloedd a rhan hylif y gwaed fel ei gilydd yn chwarae rolau hanfodol yn ei swyddogaeth. Dyma gydrannau gwaed:

▶ **Plasma** – rhan hylif y gwaed, sy'n cludo sylweddau sy'n hydawdd mewn dŵr, gan gynnwys bwyd wedi'i dreulio, carbon deuocsid, wrea, halwynau a hormonau.

Term allweddol

Pathogen Organeb sy'n achosi clefyd (o unrhyw fath).

▶ **Celloedd coch y gwaed** – mae'r celloedd hyn yn cludo ocsigen wedi'u cysylltu â'r pigment coch **haemoglobin**, o gwmpas y corff.

▶ **Celloedd gwyn y gwaed** – mae sawl math gwahanol o gelloedd gwyn y gwaed, gan gynnwys **ffagocytau**, sy'n amlyncu ac yn dinistrio bacteria. Mae celloedd gwyn y gwaed eraill yn creu gwrthgyrff, sy'n dinistrio pathogenau mewn ffyrdd gwahanol. Prif gyfrifoldeb celloedd gwyn y gwaed yw bod yn gyfrifol am swyddogaeth imiwnedd y gwaed.

▶ **Platennau gwaed** – darnau o gelloedd yw'r rhain sy'n helpu'r gwaed i geulo. Mae ceulo'n plygio clwyfau ac felly'n helpu atal heintiau.

Mae Ffigur 4.1 yn dangos ymddangosiad yr adeileddau hyn o dan y microsgop.

Ffigur 4.1 'Iriad' gwaed fel mae'n cael ei weld o dan ficrosgop golau.

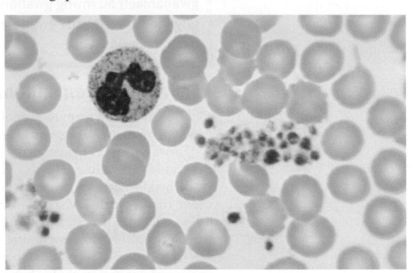

Ochr

Arwyneb

Ffigur 4.2 Adeiledd cell goch y gwaed.

Mae Ffigur 4.2 yn dangos adeiledd celloedd coch y gwaed. Disgiau deugeugrwm ydynt – yn grwn ac yn wastad gyda phantiad yn eu canol. Mae eu siâp gwastad deugeugrwm yn cynyddu arwynebedd yr arwyneb ar gyfer amsugno ocsigen, o'i gymharu â siâp crwn. Maen nhw'n goch oherwydd maen nhw'n cynnwys haemoglobin, pigment coch y gwaed, sy'n amsugno ocsigen. Mae celloedd coch aeddfed y gwaed yn anarferol oherwydd maen nhw wedi colli eu cnewyllyn, ac mae hyn yn gadael i fwy o haemoglobin gael ei bacio i mewn i'w cytoplasm.

Mae Ffigur 4.3 yn dangos adeiledd ffagocyt. Mae'r celloedd hyn yn amlyncu bacteria.

Gall celloedd gwyn y gwaed newid siâp a symud hefyd. Mae hyn yn eu galluogi i wasgu trwy fylchau bach ym muriau'r capilarïau a mynd i mewn i'r hylif meinweol i ymladd yn erbyn haint mewn meinweoedd.

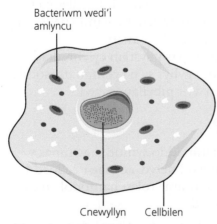

Bacteriwm wedi'i amlyncu

Cnewyllyn   Cellbilen

Ffigur 4.3 Adeiledd ffagocyt (math o gell wen y gwaed).

✓ | **Profwch eich hun**

1 Beth yw dwy brif swyddogaeth y gwaed?
2 Beth yw swyddogaeth y platennau?
3 Pa sylwedd sy'n cael ei gludo yn y gwaed, ond nid yn y plasma?
4 Nodwch ddwy ffordd mae celloedd coch y gwaed yn cael eu haddasu ar gyfer eu swyddogaeth.
5 Does dim digon o gelloedd coch y gwaed (cyflwr o'r enw anaemia) gan rai pobl. Un symptom yw teimlo'n flinedig drwy'r amser. Awgrymwch reswm am hyn.

▶ Sut mae gwaed yn cylchredeg o gwmpas y corff?

Mae'r gwaed yn cael ei bwmpio gan y galon, ac mae'n symud o gwmpas y corff mewn pibellau gwaed o'r enw **rhydwelïau**, **gwythiennau** a **chapilarïau**. Pan fydd y gwaed yn gadael y galon, bydd e'n teithio i'r organau trwy rydwelïau. Mae'r rhydwelïau'n canghennu i ffurfio nifer mawr o gapilarïau bach, sy'n cludo'r gwaed trwy'r organau. Yna, mae'r capilarïau'n uno i ffurfio gwythiennau, sy'n cludo'r gwaed yn ôl i'r galon. Mae Ffigur 4.4 yn dangos adeiledd system cylchrediad mamolyn. Sylwch fod y diagram wedi'i symleiddio. Mewn gwirionedd, mae'r **aorta** yn canghennu i sawl rhydweli gwahanol, ac mae pob un o'r rhain yn mynd i organ penodol. Yna, mae'r gwaed yn cael ei gludo allan o'r organau gan wythiennau gwahanol, sy'n uno i ffurfio'r **fena cafa**.

Ffigur 4.4 Adeiledd system cylchrediad mamolyn. Mae'r saethau yn dangos cyfeiriad llif y gwaed.

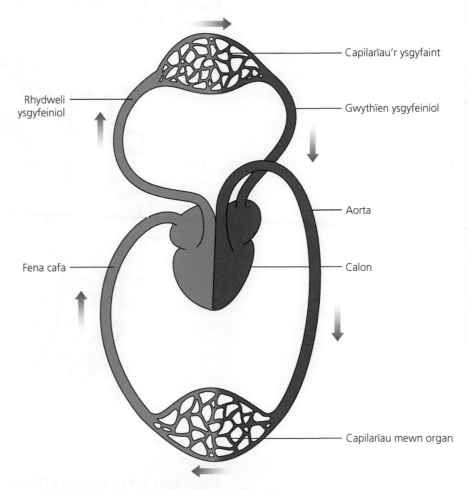

Capilarïau'r ysgyfaint

Rhydweli ysgyfeiniol

Gwythïen ysgyfeiniol

Aorta

Fena cafa

Calon

Capilarïau mewn organ

Gallwch weld bod y galon wedi'i rhannu'n ddau hanner mewn mamolion. Mae'r hanner ar y chwith yn derbyn gwaed o'r ysgyfaint ac yn ei bwmpio i weddill y corff. Mae'r hanner ar y dde yn derbyn gwaed o'r corff ac yn ei bwmpio i'r ysgyfaint. Felly, mae'r gwaed yn teithio o gwmpas y corff mewn dwy gylchdaith ar wahân (yn y **cylchrediad pwlmonaidd/ysgyfeiniol** i'r ysgyfaint ac o'r ysgyfaint, ac yn y **cylchrediad systemig** i weddill y corff ac yn ôl), ac am y rheswm hwnnw rydym ni'n cyfeirio at y system cylchrediad fel **cylchrediad dwbl**. Wrth wneud cylchdaith gyfan trwy'r corff, mae'r gwaed yn teithio trwy'r galon ddwywaith.

Sut mae'r galon yn gweithio?

Mae gwaed yn cael ei symud o gwmpas y corff wrth i'r galon bwmpio. Mae'r galon yn gallu gweithio fel pwmp gan ei bod wedi'i gwneud o gyhyr, sydd wrth gyfangu yn rhoi grym ar y gwaed ac yn ei wthio allan i'r rhydwelïau. Math arbennig o gyhyr yw cyhyr y galon – does dim cyhyr tebyg mewn unrhyw le arall yn y corff. Mae'n gallu cyfangu ar ei ben ei hun, heb gael ei ysgogi gan nerfau, a dydy e ddim yn blino, sy'n beth da oherwydd os byddwch chi'n byw nes eich bod yn 80 bydd eich calon wedi curo yn ddi-stop tua 3 biliwn o weithiau!

Mae Ffigur 4.5 yn dangos tu allan y galon. Gallwch weld fod gan tu allan y galon ei gyflenwad gwaed ei hun, trwy'r **rhydweli goronaidd**. Er bod y galon yn llawn gwaed, mae'r waliau cyhyrol mor drwchus fel bod angen cyflenwad gwaed ar wahân ar y tu allan. Mae'r gwaed yn cyflenwi'r maetholion a'r ocsigen y mae'r galon eu hangen i barhau i guro.

Ffigur 4.5 Golwg allanol ar y galon ddynol.

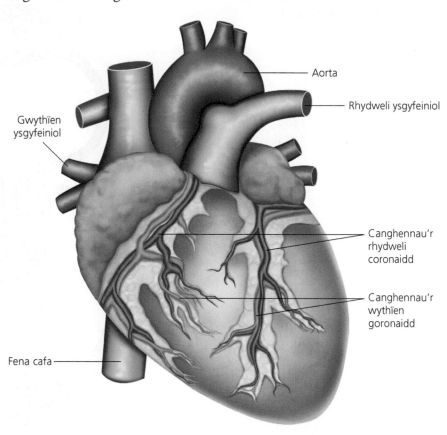

- Aorta
- Rhydweli ysgyfeiniol
- Gwythïen ysgyfeiniol
- Canghennau'r rhydweli coronaidd
- Canghennau'r wythïen goronaidd
- Fena cafa

Mae Ffigur 4.6 yn dangos y ffordd mae'r gwaed yn llifo trwy'r galon. I bob pwrpas, dau bwmp ochr yn ochr yw'r galon. Mae'r ochr dde yn trin **gwaed dadocsigenedig** ac mae'r ochr chwith yn trin **gwaed ocsigenedig**. Mae'r mecanweithiau ar ddwy ochr y galon yr un peth, er bod enwau'r rhannau yn wahanol. Gwahaniaeth arall yw fod mur y fentrigl chwith yn llawer mwy trwchus na mur y fentrigl dde, gan fod rhaid iddo bwmpio gwaed o gwmpas y corff i gyd. Dim ond i'r ysgyfaint (sy'n agos iawn at y galon) mae'n rhaid i'r fentrigl dde bwmpio gwaed. Sylwch fod ochr dde ac ochr chwith y galon yn cyfeirio at dde a chwith y person sy'n berchen ar y galon, nid de a chwith y person sy'n edrych ar y galon.

Term allweddol

Gwaed dadocsigenedig Gwaed â'r rhan fwyaf o'r ocsigen wedi ei dynnu ohono. Y gwrthwyneb i waed ocsigenedig, sy'n cynnwys llawer o ocsigen.

Ffigur 4.6 Llif y gwaed trwy'r galon.

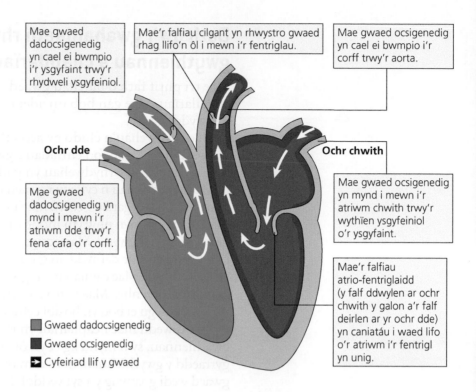

Mae gwaed dadocsigenedig yn cael ei bwmpio i'r ysgyfaint trwy'r rhydweli ysgyfeiniol.

Mae'r falfiau cilgant yn rhwystro gwaed rhag llifo'n ôl i mewn i'r fentriglau.

Mae gwaed ocsigenedig yn cael ei bwmpio i'r corff trwy'r aorta.

Ochr dde

Ochr chwith

Mae gwaed dadocsigenedig yn mynd i mewn i'r atriwm dde trwy'r fena cafa o'r corff.

Mae gwaed ocsigenedig yn mynd i mewn i'r atriwm chwith trwy'r wythïen ysgyfeiniol o'r ysgyfaint.

Mae'r falfiau atrio-fentriglaidd (y falf ddwylen ar ochr chwith y galon a'r falf deirlen ar yr ochr dde) yn caniatáu i waed lifo o'r atriwm i'r fentrigl yn unig.

■ Gwaed dadocsigenedig
■ Gwaed ocsigenedig
➡ Cyfeiriad llif y gwaed

Mae'n rhaid i'r gwaed lifo trwy'r galon i un cyfeiriad yn unig, o'r **atria** i'r **fentriglau** ac yna allan o'r rhydwelïau ar y top. Swydd y **falfiau** yw sicrhau llif unffordd. Mae'r falfiau atrio-fentriglaidd (dwylen a theirlen) rhwng yr atria a'r fentriglau yn atal ôl-lifiad o'r fentriglau i'r atria, ac mae'r falfiau cilgant ar ddechrau'r aorta a'r rhydweli ysgyfeiniol yn gwneud yn sicr nad yw'r gwaed sydd wedi gadael y galon yn cael ei sugno'n ôl pan fydd y galon yn ymlacio.

Dyma lif y gwaed drwy ochr chwith y galon.

1 Mae gwaed ocsigenedig yn llifo i'r atriwm chwith trwy'r wythïen ysgyfeiniol o'r ysgyfaint.
2 Mae'r atriwm chwith yn cyfangu, ac yn gorfodi'r falf ddwylen i agor fel bod y gwaed yn mynd i mewn i'r fentrigl chwith.
3 Mae'r fentrigl chwith yn cyfangu, sy'n gorfodi'r falf ddwylen i gau ond sy'n agor y falf gilgant.
4 Mae gwaed yn llifo allan o'r galon trwy'r aorta.

✔ **Profwch eich hun**

6 Gan gychwyn o'r galon, ym mha drefn mae'r gwaed yn llifo trwy'r capilarïau, y rhydwelïau a'r gwythiennau?
7 Beth yw cylchrediad dwbl?
8 Beth yw enw'r bibell waed sy'n cyflenwi gwaed i du allan y galon?
9 Beth yw swyddogaeth y falfiau cilgant yn y galon?
10 Mae'r pwysedd gwaed yn y fentrigl chwith yn cyrraedd lefelau llawer uwch nag yn y fentrigl dde. Awgrymwch reswm am hyn.

▶ Beth yw'r gwahaniaeth rhwng rhydwelïau, gwythiennau a chapilarïau?

Mae tri phrif fath o bibellau gwaed – rhydwelïau, gwythiennau a chapilarïau. Mae gan bob un adeiledd gwahanol, sy'n gysylltiedig â'i swyddogaeth.

Mae rhydwelïau'n cludo gwaed i ffwrdd o'r galon. Mae'r gwaed ar wasgedd uchel, gan fod curiadau'r galon yn rhoi pwysau ar y gwaed. Mae'n rhaid bod y rhydwelïau yn gallu gwrthsefyll y wasgedd honno.

Mae'r rhydwelïau'n cyflenwi gwaed i'r capilarïau, sy'n cludo'r gwaed trwy bob un o organau'r corff. Mae'r capilarïau yn fach iawn ac mae nifer mawr ohonyn nhw ym mhob organ. Yn y capilarïau mae cyfnewid defnyddiau'n digwydd. Mae ocsigen a maetholion yn cael eu rhyddhau i'r celloedd ac mae defnyddiau gwastraff (gan gynnwys carbon deuocsid) yn cael eu codi. Mae capilarïau yn gul iawn ac felly mae'r gwaed yn llifo'n araf drwyddyn nhw. Mae hyn, yn ogystal â'r ffaith bod cynifer ohonyn nhw, yn golygu ei bod yn bosibl cyfnewid llawer o ddefnyddiau.

Yn y diwedd mae'r capilarïau yn rhyddhau eu gwaed i'r gwythiennau, sy'n mynd ag ef yn ôl i'r galon. Erbyn i'r gwaed gyrraedd y gwythiennau, does dim pwls rhagor, a bydd y pwysedd gwaed wedi gostwng yn sylweddol. Mae'n bwysig bod y gwaed yn cael ei ddychwelyd i'r galon ar yr un gyfradd ag y mae'n gadael, ond eto does dim pwls gan wythiennau. Mae gwaed yn cael ei symud yn y gwythiennau gan y cyhyrau y mae'r gwythiennau yn rhedeg rhyngddyn nhw. Mae cyfangiad y cyhyrau hyn, wrth iddyn nhw gyflawni eu swyddogaeth, yn gwasgu muriau tenau'r gwythiennau ac felly'n symud y gwaed, er nad mewn unrhyw gyfeiriad arbennig. Mae'r cyfeiriad yn cael ei reoli gan y falfiau, sy'n rhwystro'r gwaed rhag llifo'n ôl tuag at y capilarïau. Does dim angen falfiau ar rydwelïau oherwydd bod y pwls yn sicrhau bod y gwaed yn llifo i'r cyfeiriad cywir.

Tabl 4.1 Adeiledd a swyddogaeth pibellau gwaed

Pibell	Nodwedd adeileddol	Cyswllt â swyddogaeth
Rhydweli	Mur cyhyrol trwchus	Yn gwrthsefyll pwysedd gwaed uchel
	Pwls	Yn gwthio gwaed trwy'r bibell
Gwythïen	Mur yn fwy tenau na rhydweli	Dim angen gwrthsefyll pwysedd gwaed uchel – mae'n caniatáu i'r cyhyrau o amgylch y bibell wasgu'r gwaed ac achosi iddo symud
	Falfiau	Yn sicrhau symudiad y gwaed tuag at y galon yn unig
	Lwmen mawr (bwlch yng nghanol y bibell)	Yn cynyddu cyfradd llif y gwaed
Capilari	Mur trwch cell yn unig	Yn caniatáu i ddefnyddiau symud i mewn ac allan yn hawdd trwy drylediad
	Llif y gwaed yn araf iawn	Yn rhoi amser i ddefnyddiau gael eu cyfnewid
	Rhwydweithiau eang ym mhob organ	Mae pob cell yn agos at gapilari – mae mwy o ddefnyddiau yn gallu cael eu cyfnewid

Mae Tabl 4.1 yn dangos nodweddion y gwahanol bibellau gwaed, a sut mae eu hadeiledd yn gysylltiedig â'u swyddogaeth. Mae adeiledd y pibellau yn cael ei ddangos yn Ffigur 4.7 hefyd.

Ffigur 4.7 Adeiledd rhydweli, capilari a gwythïen (nid yw'r lluniadau wrth raddfa).

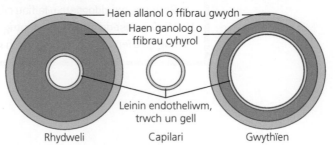

Haen allanol o ffibrau gwydn
Haen ganolog o ffibrau cyhyrol
Leinin endotheliwm, trwch un gell
Rhydweli   Capilari   Gwythïen

Gwaith ymarferol

Arsylwi falfiau mewn gwythiennau

Mae yna falfiau mewn gwythiennau, sy'n caniatáu i'r gwaed lifo tuag at y galon yn unig. Rydym ni'n gallu gweld hyn mewn pobl sydd â gwythiennau amlwg. Mae gwythiennau dynion yn tueddu i fod yn fwy amlwg na rhai merched, ac mae gwythiennau oedolion yn fwy amlwg na rhai pobl yn eu harddegau. Mewn person ifanc, y mannau gorau i weld gwythiennau amlwg yw ar gefn y llaw neu ar dop y droed.

Dull

1 Rhowch ddau fys ar wythïen amlwg ar gefn y llaw neu ar dop y droed a gwasgwch arni.
2 Symudwch y bys sydd bellaf oddi wrth galon y person ond cadwch y bys arall yn ei le, gan wasgu'r wythïen drwy'r amser (Ffigur 4.8). Bydd yr wythïen yn mynd yn fflat.

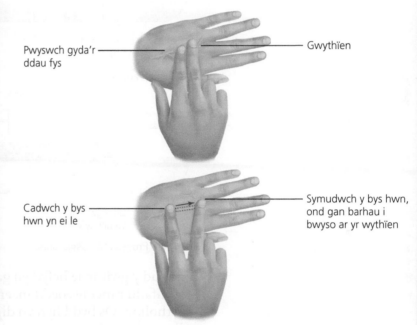

Pwyswch gyda'r ddau fys

Gwythïen

Cadwch y bys hwn yn ei le

Symudwch y bys hwn, ond gan barhau i bwyso ar yr wythïen

Ffigur 4.8 Arsylwi falfiau.

3 Codwch y bys y gwnaethoch ei symud. Dylai'r wythïen ail-lenwi â gwaed.
4 Gwnewch yr un peth eto ond, y tro hwn, symudwch y bys sydd agosaf at galon y person.
5 Pan fyddwch yn codi'r bys sy'n symud, dim ond yn rhannol y bydd yr wythïen yn llenwi â gwaed. Mae'r gwaed yn cyrraedd lleoliad falf yn yr wythïen.

Gallwch weld y dechneg yn Ffigur 4.8.

Cwestiwn

Eglurwch beth rydych newydd ei weld o ran llif y gwaed a sut mae falfiau'n gweithio.

▶ Beth sy'n achosi clefyd cardiofasgwlar?

Mae **clefyd cardiofasgwlar** (*cardiovascular disease*: *CVD*) yn achos marwolaeth cyffredin. Mae *CVD* yn cynnwys holl glefydau'r galon a'r system cylchrediad, gan gynnwys clefyd coronaidd y galon, trawiad ar y galon, angina a strôc. Fel arfer, mae *CVD* yn cael ei gysylltu â phroses o'r enw **atherosglerosis** (Ffigur 4.9). Mae hyn yn digwydd pan fydd sylwedd o'r enw **plac** yn casglu ym muriau'r rhydwelïau. Mae gan atherosglerosis nifer o effeithiau. Mae'n ei gwneud hi'n fwy anodd i waed lifo trwy'r rhydwelïau, sy'n golygu bod yn rhaid i'r galon weithio'n fwy caled i gludo'r gwaed o gwmpas.

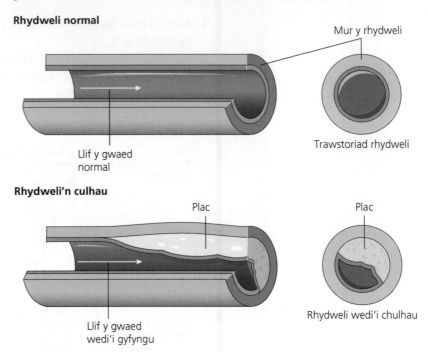

Rhydweli normal

Mur y rhydweli

Trawstoriad rhydweli

Llif y gwaed normal

Rhydweli'n culhau

Plac

Plac

Llif y gwaed wedi'i gyfyngu

Rhydweli wedi'i chulhau

Ffigur 4.9 Proses atherosglerosis.

A dweud y gwir mae hefyd yn gallu blocio rhydwelïau llai, gan amddifadu'r meinweoedd maen nhw'n eu cyflenwi o ocsigen a maetholion. Os bydd hyn yn digwydd yn y rhydweli goronaidd, gall arwain at **drawiad ar y galon**. Hyd yn oed os nad yw'r rhwystr (*blockage*) yn achosi trawiad ar y galon, yn aml gall olygu y bydd rhywun yn dioddef o boen yn y frest, cyflwr sy'n cael ei alw'n **angina**. Mae llif arafach y gwaed hefyd yn golygu ei bod hi'n fwy tebygol y bydd tolchen (*clot*) yn ffurfio. Gall hon hefyd rwystro llif y gwaed yn y pibellau gan arwain at drawiad ar y galon. Os bydd y rhwystr yn digwydd yn yr ymennydd, gall achosi **strôc**.

Sut y gallwn ni leihau'r risg o gael glefyd cardiofasgwlar?

Mae nifer o ffactorau sy'n cynyddu risg rhywun o ddatblygu *CVD* yn gyfarwydd, ac yn cael eu rhestru isod. Gallwch chi osgoi rhai, ond ddim eraill.

▶ **Pwysedd gwaed uchel** – Os oes gennych bwysedd gwaed uchel, mae'n arwydd bod eich calon yn gorfod gweithio'n galetach nag sy'n ddelfrydol, ac mae hyn yn rhoi straen ar eich calon a'ch pibellau gwaed. Un rheswm am bwysedd gwaed uchel yw deiet sy'n cynnwys gormod o halen.

- **Ysmygu** – Mae mwg tybaco yn cynnwys carbon monocsid, sy'n cyfyngu ar faint o ocsigen mae'r gwaed yn gallu ei amsugno. Er mwyn i'r meinweoedd gael y maint cywir o ocsigen, mae'n rhaid i'r galon weithio'n galetach. Gall ysmygu hefyd arwain at golesterol gwaed uchel (gweler y pwynt nesaf).
- **Colesterol gwaed uchel** – Un ffurf ar golesterol yw'r sylwedd sy'n ffurfio placiau ar waliau'r rhydweliäu, felly gall deiet sy'n uchel mewn colesterol gynyddu'r tebygolrwydd o gael atherosglerosis. Mae deiet sy'n uchel mewn colesterol yn un sy'n cynnwys gormod o fraster dirlawn (mae'r corff yn troi hwn yn golesterol).
- **Diabetes** – Mae diabetes math 1 a math 2 yn cynyddu'r risg o gael *CVD*.
- **Bod dros eich pwysau neu'n ordew** – Mae pwyso gormod yn cael ei gysylltu â braster yn ymgasglu o amgylch yr organau gan gynnwys y galon, ac mae'n rhaid i'r galon weithio'n galetach i ddarparu'r egni sydd ei angen i symud y pwysau ychwanegol o gwmpas.
- **Diffyg ymarfer corff** – Mae ymarfer corff yn gwella cyflwr y galon ac yn ein helpu ni i beidio â mynd dros ein pwysau neu yn ordew.
- **Hanes teuluol o glefyd y galon** – Mae colli perthnasau agos o glefyd y galon yn cynyddu'r risg o gael *CVD*. Mae hyn yn awgrymu y gall genynnau person gynyddu neu leihau eu siawns o gael clefyd y galon.
- **Cefndir ethnig** – Yn ystadegol, mae gan bobl o ethnigedd De Asia neu Affro-Caribeaidd risg uwch o *CVD* na phobl o gefndiroedd ethnig gwahanol.

Yn amlwg, ni all unigolion newid eu hanes teuluol na'u hethnigedd, ac mae'n anodd osgoi diabetes math 1. Mae pobl sydd yn cael eu heffeithio gan y ffactorau hyn yn gallu lleihau eu risg o gael *CVD* yn fawr, fodd bynnag, trwy osgoi'r ffactorau eraill.

Sut mae clefyd cardiofasgwlar yn cael ei drin?

Mae pobl sy'n cael diagnosis o glefyd cardiofasgwlar yn gallu cael sawl math o driniaeth i helpu eu cyflwr. Mae rhai o'r triniaethau yn cael eu rhestru isod.

- **Newidiadau ffordd o fyw o ran deiet ac ymarfer corff** – Mae pobl sy'n dioddef o *CVD* yn cael cyngor i ymarfer yn rheolaidd ac i ddilyn deiet iach, ac felly'n lleihau eu ffactorau risg. Mae hyn yn hynod o effeithiol os yw'r claf dros ei bwysau neu os oedd y ffactorau hyn wedi cyfrannu at ddatblygiad eu cyflwr. Mae peryglon llawfeddygaeth a sgil effeithiau cyffuriau yn cael eu hosgoi, ond mae'r rhaglen newydd yn gofyn i'r claf fod yn benderfynol.
- **Cymryd statinau** – Mae grŵp o gyffuriau o'r enw statinau yn effeithiol iawn yn gostwng colesterol y gwaed, ac felly'n lleihau'r risg o gael clefyd cardiofasgwlar. Maen nhw'n cael eu cymryd ar ffurf tabledi, ac felly mae'r driniaeth yn un hawdd iawn. Mae ganddyn nhw gofnod diogelwch da iawn, ond gall gymryd unrhyw fath o gyffur achosi sgil effeithiau. Yn achos statinau, mae'r sgil effeithiau hyn wedi bod yn brin ac yn ysgafn (pennau tost/cur pen er enghraifft), ac mae'r *British Heart Foundation* yn dweud bod y risg o ddioddef o unrhyw sgil effeithiau peryglus yn isel iawn (1 mewn 10 000 o gleifion). Dydy statinau ddim yn rhwystro clefyd cardiofasgwlar na'i wella'n llwyr, ond maen nhw'n lleihau un o'r prif ffactorau risg.

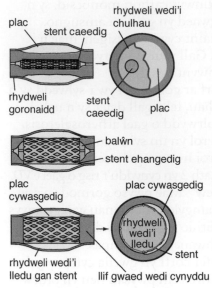

plac

stent caeedig

rhydweli wedi'i chulhau

rhydweli goronaidd

stent caeedig

plac

balŵn

stent ehangedig

plac cywasgedig

plac cywasgedig

rhydweli wedi'i lledu

stent

rhydweli wedi'i lledu gan stent

llif gwaed wedi cynyddu

Ffigur 4.10 Mae'r stent hwn yn gadael i'r gwaed lifo'n rhydd eto.

Angioplasti – Gall rhydwelïau wedi'u culhau gael eu lledu trwy angioplasti coronaidd. Yn ystod y llawdriniaeth hon, mae tiwb byr wedi'i wneud o rwyll wifrog, o'r enw stent, yn cael ei osod yn y rhydweli broblemus. Mae balŵn bach yn cael ei roi ar flaen y stent, ac mae'n cael ei lenwi â gwynt i ledu'r rhydweli. Mae'r stent yn ehangu ac yn dal y rhydweli sydd wedi'i lledu ar agor. Yna mae'r gwynt yn cael ei adael allan o'r balŵn ac mae'r balŵn yn cael ei symud. Mae'r stent yn aros yn ei le yn barhaol. Mae'r llawdriniaeth yn un eithaf syml, er bod peth risg i bob llawdriniaeth. Mae gan y driniaeth hon gofnod diogelwch tymor hir da, ond os nad yw'r claf yn mynd i'r afael â'r ffactorau risg eraill, gall yr atherosglerosis ddod yn ei ôl.

Profwch eich hun

11 Pam mae muriau rhydwelïau'n llawer mwy trwchus na muriau gwythiennau?

12 Pam mae falfiau mewn gwythiennau, ond nid mewn rhydwelïau?

13 Pam mae lefel uchel o golesterol yn y gwaed yn ffactor risg ar gyfer clefyd cardiofasgwlar?

14 Awgrymwch ddwy ffordd y gallai claf sydd â chlefyd cardiofasgwlar orfod addasu neu edrych ar ei ddeiet. Rhowch resymau dros eich atebion.

Crynodeb o'r bennod

- Mae gan y gwaed ddwy swyddogaeth yn y corff – cludo ac imiwnedd.
- Mae'r gwaed yn cynnwys plasma, celloedd coch, celloedd gwyn a phlatennau.
- Y celloedd coch sy'n gyfrifol am gludo ocsigen, wedi eu cysylltu â'r pigment coch haemoglobin.
- Y plasma sy'n cludo maetholion, hormonau, carbon deuocsid, halwynau ac wrea.
- Mae'r celloedd gwyn yn brwydro yn erbyn heintiau. Mae un math, o'r enw ffagocytau, yn amlyncu a dinistrio bacteria.
- Mae'r platennau'n helpu'r gwaed i geulo.
- Mae'r galon yn pwmpio gwaed o gwmpas y corff, oherwydd y cyfangiadau yn ei waliau cyhyrol.
- Mae'r rhydweli goronaidd yn cyflenwi gwaed i gyhyr y galon.
- Mae'r system cylchrediad mewn mamolion yn gylchrediad dwbl, lle mae gwaed yn teithio trwy'r galon ddwywaith ym mhob cylchdaith o'r corff.
- Mae'r gwaed yn gadael y galon trwy rydwelïau, yn llifo drwy gapilarïau yn yr organau, yna yn ôl i'r galon trwy wythiennau.

- Mae gwaed yn teithio trwy'r galon trwy fynd i mewn i'r atria, pasio drwodd at y fentriglau, ac yna cael ei bwmpio allan i'r aorta neu'r rhydweli ysgyfeiniol.
- Mae dau hanner i'r galon. Yr ochr dde sy'n ymdrin â gwaed dadocsigenedig a'r ochr chwith sy'n ymdrin â gwaed ocsigenedig.
- Y prif bibellau gwaed sy'n mynd i mewn ac allan o'r galon yw'r rhydweli ysgyfeiniol, yr aorta, yr wythïen ysgyfeiniol a'r fena cafa.
- Mae'r falfiau yn y galon yn sicrhau mai dim ond un ffordd y gall y gwaed lifo trwy'r galon, yn y cyfeiriad cywir.
- Mae defnyddiau'n mynd i mewn ac allan o'r gwaed trwy'r capilarïau sydd â waliau tenau.
- Mae'r rhydwelïau, y capilarïau a'r gwythiennau i gyd wedi eu haddasu mewn nifer o ffyrdd er mwyn cyflawni eu swyddogaeth.
- Gall rhai ffactorau sy'n gysylltiedig â ffordd o fyw a geneteg effeithio ar eich risg o gael clefyd cardiofasgwlar.
- Gellir trin clefyd cardiofasgwlar trwy wneud ymarfer corff a newid deiet, defnyddio cyffuriau statin, neu drwy lawdriniaeth (angioplasti).

► ## Cwestiynau adolygu'r bennod

1 a) Copïwch a chwblhewch y tabl isod am rannau gwahanol y gwaed. [4]

Rhan	Swyddogaeth
Cell goch	
	Cludo glwcos
Ffagocyt	
	Helpu ceulo'r gwaed

b) Eglurwch pam mae canol cell goch y gwaed yn ymddangos yn fwy gwelw na'r cytoplasm sy'n ei amgylchynu o dan microsgop golau. [2]

(o Bapur B3(U) CBAC, Haf 2014, cwestiwn 2)

2 Mae'r diagram yn dangos y system cylchrediad ddynol.

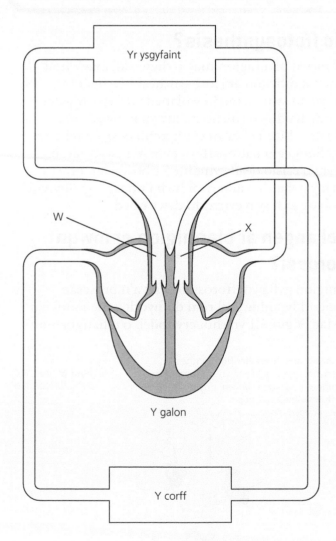

a) i) Enwch y pibellau gwaed sydd wedi'u labelu'n: **W** ac **X**. [2]

ii) Nodwch ddau wahaniaeth rhwng y gwaed ym mhibellau gwaed **W** ac **X**. [2]

b) Gan ddefnyddio'r diagram yn unig, nodwch a yw'r fentriglau yn cyfangu *(contracting)* neu yn llaesu/ymlacio *(relaxing)*. Eglurwch eich ateb. [2]

(O Bapur B3(U) CBAC, Haf 2011, cwestiwn 4)

3 Mae gwythiennau glas *(varicose veins)* yn gyflwr sy'n cael ei achosi pan fydd muriau'r gwythiennau yn gwanhau ac yn estyn. Mae hwn yn gwanhau'r falfiau sydd yn yr wythïen ac maen nhw'n dod yn llai effeithlon. Mae'r gwythiennau'n troi'n chwyddedig ac yn helaethach, ac maen nhw'n ymddangos yn las neu'n borffor tywyll. Maen nhw'n tueddu i fod yn fwyaf amlwg yn y coesau. Mae symptomau'n cynnwys traed a fferau/pigyrnau chwyddedig, a choesau sy'n boenus ac yn teimlo'n drwm ac yn anghyfforddus. Mae'r symptomau yn tueddu i fod yn waeth mewn tywydd poeth, neu ar ôl i berson fod yn sefyll am amser hir.

a) Beth yw swyddogaeth y falfiau yn y gwythiennau? [1]

b) Pam nad oes angen falfiau mewn rhydwelïau? [1]

c) Awgrymwch pam mae gwythiennau glas yn waeth ar ôl cyfnod o sefyll am amser hir. [2]

ch) Awgrymwch pam mae coesau person â gwythiennau glas yn teimlo'n drwm. [1]

d) Mae ymarfer corff yn un ffordd o drin gwythiennau glas. Dewiswch y rheswm mwyaf tebygol am y driniaeth hon o'r awgrymiadau isod. [1]

i) Bydd y cyhyrau sy'n gweithio yn gwasgu'r gwythiennau ac yn helpu symud y gwaed i fyny at y galon.

ii) Mae ymarfer corff yn gwella'ch iechyd mewn nifer o ffyrdd.

iii) Bydd y gwres sy'n cael ei gynhyrchu yn y cyhyrau yn achosi i'r gwaed symud yn gyflymach.

iv) Mae'n golygu nad ydych chi'n treulio gormod o amser yn sefyll yn llonydd.

5 Planhigion a ffotosynthesis

 Cynnwys y fanyleb

Mae'r bennod hon yn ymdrin ag adran 1.5 Planhigion a ffotosynthesis yn y fanyleb TGAU Bioleg ac yn y fanyleb TGAU Gwyddoniaeth (Dwyradd).

Mae'n edrych ar broses ffotosynthesis a ffactorau sy'n effeithio ar ei gyfradd. Mae hefyd yn ymdrin â systemau cludo mewn planhigion, ynghyd â thrydarthiad a ffactorau sy'n effeithio arno.

▶ Pam astudio ffotosynthesis?

Er mai dim ond mewn planhigion mae'n digwydd, mae'r holl fywyd ar y Ddaear yn dibynnu ar ffotosynthesis. Dyma'r broses sy'n trawsnewid egni golau sy'n cyrraedd y blaned yn fwyd ar gyfer y planhigion a'r anifeiliaid sy'n ffurfio'r cadwynau bwyd sy'n deillio o'r planhigion hynny. Mae hefyd yn cynhyrchu ocsigen fel cynnyrch gwastraff, sy'n galluogi ein hatmosffer i gynnal bywyd aerobig. Mae gwyddonwyr yn ceisio deall cymaint â phosibl am broses ffotosynthesis, yn y gobaith o allu rhoi hwb i'r dasg o gynhyrchu bwyd ar gyfer poblogaeth sy'n cynyddu drwy'r byd.

▶ Beth sydd ei angen ar blanhigion er mwyn iddyn nhw oroesi?

Er mwyn i blanhigion gyflawni ffotosynthesis a'u prosesau bywyd eraill, rhaid iddyn nhw gael rhai defnyddiau penodol o'u hamgylchedd. Mae Ffigur 5.1 yn rhoi crynodeb o'u hanghenion.

Ffigur 5.1 Anghenion planhigion.

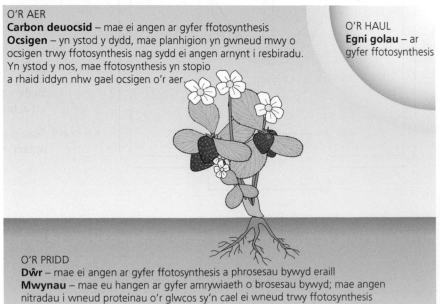

O'R AER
Carbon deuocsid – mae ei angen ar gyfer ffotosynthesis
Ocsigen – yn ystod y dydd, mae planhigion yn gwneud mwy o ocsigen trwy ffotosynthesis nag sydd ei angen arnynt i resbiradu. Yn ystod y nos, mae ffotosynthesis yn stopio a rhaid iddyn nhw gael ocsigen o'r aer.

O'R HAUL
Egni golau – ar gyfer ffotosynthesis

O'R PRIDD
Dŵr – mae ei angen ar gyfer ffotosynthesis a phrosesau bywyd eraill
Mwynau – mae eu hangen ar gyfer amrywiaeth o brosesau bywyd; mae angen nitradau i wneud proteinau o'r glwcos sy'n cael ei wneud trwy ffotosynthesis

► Sut mae ffotosynthesis yn gweithio?

Mae ffotosynthesis yn gyfres gymhleth o adweithiau cemegol yng nghloroplastau celloedd planhigion, ond gallwn ni ei grynhoi â'r hafaliad geiriau canlynol:

$$\text{carbon deuocsid} + \text{dŵr} \rightarrow \text{glwcos} + \text{ocsigen}$$

Mae angen pedwar peth er mwyn i'r broses weithio:

► **Carbon deuocsid** – Mae glwcos wedi'i wneud o garbon, hydrogen ac ocsigen. Carbon deuocsid sy'n darparu'r carbon a'r ocsigen.
► **Dŵr** – Mae dŵr yn darparu'r hydrogen sydd ei angen i wneud glwcos. Does dim angen yr ocsigen sydd yn y moleciwlau dŵr, a chaiff hwn ei ryddhau fel cynnyrch gwastraff.
► **Golau** – Mae golau'n darparu'r egni ar gyfer adweithiau cemegol ffotosynthesis.
► **Cloroffyl** – Cloroffyl yw'r pigment gwyrdd mewn cloroplastau, ac mae'n amsugno'r golau i roi'r egni ar gyfer ffotosynthesis.

Mae holl adweithiau cemegol ffotosynthesis yn cael eu rheoli gan ensymau, sydd ar gael yng nghloroplastau'r celloedd sy'n cymryd rhan ym mhroses ffotosynthesis.

Gwaith ymarferol penodol

Ymchwilio i ffactorau sy'n cael effaith ar ffotosynthesis

Yn yr arbrofion canlynol, byddwn ni'n profi a yw ffotosynthesis wedi digwydd mewn planhigyn trwy brofi ei ddail am startsh. Ar ôl i glwcos gael ei gynhyrchu mewn deilen, gall gael ei ddefnyddio, ei gludo i rannau eraill o'r planhigyn, neu ei storio ar ffurf startsh. Am y rheswm hwnnw, mae'n well chwilio am startsh yn hytrach na glwcos mewn deilen wrth brofi am ffotosynthesis.

Mae hydoddiant ïodin yn staenio startsh yn ddu-las, ond mae'r lliwiau gwyrdd mewn deilen yn gallu ei gwneud yn anodd gweld y staen, felly rhaid i ni gael gwared â'r cloroffyl yn gyntaf trwy ddefnyddio ethanol berw.

Profi deilen am startsh

Cyfarpar

> deilen
> tiwb berwi
> bicer 250 cm³
> gefel fain
> teilsen wen

> ethanol
> ïodin mewn hydoddiant potasiwm ïodid

Nodiadau diogelwch

Gwisgwch sbectol ddiogelwch.

Dull

1 Llenwch tua hanner bicer 250 cm³ â dwr o degell sydd newydd ei ferwi.
2 Defnyddiwch yr efel fain i ddipio'r ddeilen yn y dŵr berw am hyd at ddwy funud. Bydd hyn yn lladd y ddeilen ac yn ei gwneud yn athraidd i'r cemegion y byddwn ni'n eu defnyddio'n nes ymlaen.
3 Rhowch y ddeilen yn y tiwb berwi a'i gorchuddio ag ethanol.
4 Rhowch y tiwb berwi yn y bicer o ddŵr poeth a'i adael am 5 munud (Ffigur 5.2). Dylai'r ethanol ferwi, a bydd y ddeilen yn colli ei lliw'n raddol, gan droi'r ethanol yn wyrdd.

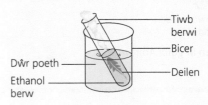

Ffigur 5.2 Cael gwared â chloroffyl o ddeilen.

5 Gan ddefnyddio daliwr tiwbiau profi, tynnwch y tiwb berwi o'r baddon dŵr ac arllwys yr ethanol i ffwrdd.

6 Tynnwch y ddeilen o'r tiwb berwi. Ffordd hawdd o wneud hyn yw llenwi'r tiwb â dŵr fel y bydd y ddeilen yn arnofio i'r top.

7 Lledaenwch y ddeilen ar y deilsen a gorchuddiwch hi ag ïodin. Gadewch hi am tua munud.

8 Rinsiwch yr hydoddiant ïodin mewn potasiwm ïodid i ffwrdd yn ysgafn. Bydd y rhannau sy'n cynnwys startsh wedi'u staenio'n ddu-las.

Nawr, byddwn ni'n defnyddio'r dechneg hon i ymchwilio i'r ffactorau amrywiol sydd eu hangen ar gyfer ffotosynthesis. Wrth gynnal yr arbrofion hyn, mae'n bwysig sicrhau bod unrhyw startsh sy'n cael ei ganfod wedi cael ei wneud yn ystod yr arbrawf, ac nad oedd yno eisoes. I wneud hyn, mae'r planhigion sy'n cael eu defnyddio (heblaw'r planhigyn brith sy'n cael ei ddefnyddio yn yr arbrawf cloroffyl) yn cael eu cadw yn y tywyllwch am 48 awr cyn yr arbrawf. Does dim ffotosynthesis yn gallu digwydd yn y tywyllwch, felly mae'r planhigyn yn cael ei orfodi i ddefnyddio'r startsh y mae wedi'i storio i gael bwyd.

Arbrawf 1 – Golau

Caiff deilen o blanhigyn wedi'i ddadstartsio ei gorchuddio'n rhannol â ffoil alwminiwm i atal golau rhag cyrraedd yr arwyneb (Ffigur 5.3). Yna, caiff y planhigyn ei adael mewn golau am o leiaf 24 awr cyn i'r ddeilen gael ei phrofi am startsh.

Bydd y rhan o'r ddeilen a gafodd ei gorchuddio'n aros yn frown, a bydd y gweddill yn cynnwys startsh ac felly'n troi'n ddu-las.

Deilen wedi'i dadstartsio

Stribed o ffoil alwminiwm wedi'i osod yn dynn wrth y ddeilen

Ffigur 5.3 Trin y ddeilen ar gyfer Arbrawf 1.

Arbrawf 2 – Cloroffyl

Caiff deilen frith (gwyrdd a gwyn) mynawyd y bugail (*geranium*) ei phrofi am startsh. Rhaid cadw'r planhigyn mewn man wedi'i oleuo'n dda cyn yr arbrawf. Dim ond yn y rhannau gwyrdd, sy'n cynnwys cloroffyl, mae'r startsh yn bresennol (Ffigur 5.4).

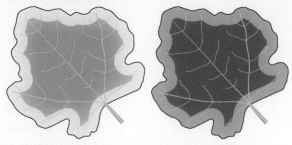

Ffigur 5.4 Deilen cyn ac ar ôl y driniaeth yn Arbrawf 2.

Arbrawf 3 – Carbon deuocsid

Caiff planhigyn wedi'i ddadstartsio ei osod yn y golau am 48 awr, fel yn Ffigur 5.5. Mae'r hydoddiant sodiwm hydrocsid yn amsugno carbon deuocsid, felly mae deilen A yn cael carbon deuocsid, ond dydy deilen B ddim yn ei gael.

Ar ôl 48 awr, caiff y ddwy ddeilen eu profi am startsh. Bydd deilen A yn cynnwys startsh, ond ni fydd deilen B.

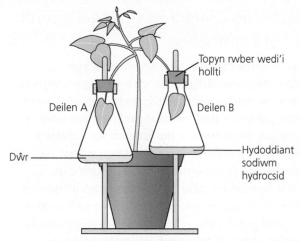

Topyn rwber wedi'i hollti

Deilen A

Deilen B

Dŵr

Hydoddiant sodiwm hydrocsid

Ffigur 5.5 Cyfarpar i archwilio a oes angen carbon deuocsid ar ffotosynthesis.

Cwestiynau

1 Pam nad oedd angen dadstartsio'r dail yn Arbrawf 2?

2 Yn Arbrawf 3, pam cafodd deilen A ei rhoi mewn fflasg yn cynnwys dŵr?

▶ Beth sy'n effeithio ar gyfradd ffotosynthesis?

Mae ffotosynthesis yn gwneud bwyd. Y mwyaf o ffotosynthesis sy'n digwydd mewn planhigyn, y mwyaf o fwyd mae'n ei wneud. Mae tyfwyr planhigion masnachol yn amlwg eisiau i ffotosynthesis ddigwydd mor gyflym â phosibl yn eu planhigion, oherwydd bydd hynny'n golygu y bydd eu planhigion yn tyfu'n gynt, neu'n tyfu'n fwy neu'n iachach. Trwy dyfu planhigion mewn tai gwydr, gallwn ni reoli'r amodau amgylcheddol er mwyn cael cymaint â phosibl o ffotosynthesis. Rydym ni'n gwybod mai'r ffactorau allanol sydd eu hangen ar gyfer ffotosynthesis yw golau, carbon deuocsid, dŵr a thymheredd addas. Felly, mae'n ymddangos yn rhesymegol hawlio bod rhoi mwy o'r rhain i blanhigyn yn golygu y bydd mwy o ffotosynthesis yn digwydd. Fodd bynnag, mae pethau ychydig yn fwy cymhleth na hynny.

Golau

Mae'n wir bod cynyddu arddwysedd golau'n cyflymu cyfradd ffotosynthesis, ond dim ond i raddau. Dydy hi ddim yn bosibl newid faint o gloroffyl sydd mewn planhigyn. Os yw arddwysedd y golau'n fwy na'r hyn y gall y cloroffyl ei amsugno, ni fydd cynnydd pellach yn cael unrhyw effaith.

Carbon deuocsid

Fel yn achos golau, bydd cynyddu lefelau carbon deuocsid yn cynyddu cyfradd ffotosynthesis hyd at lefel benodol, ond ni fydd cynnydd pellach yn cael unrhyw effaith. Mae'r un ddadl yn wir ag ar gyfer golau – pan fydd gan y cloroplastau'r holl garbon deuocsid sydd ei angen arnynt, does dim budd yn dod o'i gynyddu.

Dŵr

Er bod angen dŵr ar gyfer ffotosynthesis, dydy cynyddu faint o ddŵr mae planhigyn yn ei gael *ddim* yn cynyddu cyfradd ffotosynthesis. Mae angen dŵr ar gyfer llawer mwy na ffotosynthesis mewn planhigion, ac os oes digon o ddŵr i gadw'r planhigyn yn fyw, bydd hynny'n ddigon i ffotosynthesis. Mae gormod o ddŵr yn gallu lladd planhigion, gan ei fod yn lleihau'r ocsigen sydd yn y pridd ac yn achosi i'r gwreiddiau farw.

Tymheredd

Mae adweithiau cemegol ffotosynthesis i gyd yn cael eu rheoli gan ensymau, ac mae effaith tymheredd ar gyfradd ffotosynthesis yn cael ei hachosi gan effaith tymheredd ar yr ensymau hynny. Mae'n fuddiol codi'r tymheredd i tua 40°C, ar yr amod na fyddwch chi'n dadhydradu'r planhigyn yn y broses. Wrth i'r tymheredd fynd yn uwch na hyn, fodd bynnag, bydd yn dinistrio (dadnatureiddio) yr ensymau a bydd ffotosynthesis yn stopio.

Ffactorau cyfyngol

Ym mhob set o amgylchiadau, bydd un ffactor yn bwysicach na'r lleill o ran pennu cyfradd ffotosynthesis. Rydym ni'n galw'r ffactor hon yn **ffactor gyfyngol**. O dan amodau gwahanol, gall unrhyw un o'r ffactorau sydd wedi'u rhestru uchod – golau, carbon deuocsid neu dymheredd – fod yn ffactor gyfyngol. Gallwch chi weld os yw ffactor yn gyfyngol trwy ei gynyddu. Os ydy'r gyfradd ffotosynthesis yn cynyddu hefyd, yna roedd y ffactor yn gyfyngol.

💬 **Pwynt trafod**

Dydy planhigion ddim yn gallu ffotosyntheseiddio mewn golau gwyrdd. Pam?

Beth yw effaith cynyddu arddwysedd golau ar gyfradd ffotosynthesis?

Mae'r arbrawf hwn yn defnyddio disgiau dail – cylchoedd bach wedi'u torri o ddeilen. Cawsant eu rhoi mewn chwistrell yn cynnwys hydoddiant sodiwm bicarbonad (sy'n darparu'r carbon deuocsid sydd ei angen ar gyfer ffotosynthesis). Pan mae ffotosynthesis yn digwydd, mae ocsigen yn ffurfio yn y disgiau dail. Mae hyn yn cynyddu eu hynofedd ac mae'r disgiau'n codi i'r arwyneb. Cafodd y cyfarpar ei osod mewn amgylchedd tywyll, a chafodd lamp ei rhoi ar bellteroedd gwahanol oddi wrtho (gweler Ffigur 5.6). Cafodd yr amser a gymerodd i 50% o'r disgiau godi i'r arwyneb ei gofnodi ar gyfer pob pellter. Cafodd hwn ei ddefnyddio fel mesur o gyfradd ffotosynthesis.

Mae Tabl 5.1 a Ffigur 5.7 yn dangos y canlyniadau a gafwyd.

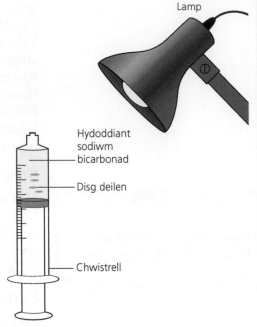

Ffigur 5.6 Cyfarpar disgiau dail.

Tabl 5.1 Canlyniadau arbrawf i brofi effaith cynyddu arddwysedd golau ar gyfradd ffotosynthesis.

Pellter y lamp (cm)	Amser a gymerir i 50% o'r disgiau arnofio (eiliadau)			
	Arbrawf 1	Arbrawf 2	Arbrawf 3	Cymedr
20	580	530	544	551
25	594	588	521	568
30	602	628	640	623
35	737	788	794	773
40	848	1029	748	875

Cwestiynau

1. Pam rydych chi'n meddwl eich bod wedi mesur yr amser i 50% o'r disgiau arnofio mewn eiliadau ac nid mewn munudau ac eiliadau?
2. Y syniad oedd y byddai mesur yr amser i 50% o'r disgiau deilen arnofio yn rhoi mesur mwy manwl gywir o ffotosynthesis nag aros i'r disgiau i gyd arnofio. Pam hynny, yn eich barn chi?
3. Ydych chi'n meddwl bod yr amrywiad yn y canlyniadau'n dderbyniol i allu llunio casgliad ohono? Eglurwch eich ateb.
4. Ydych chi'n meddwl bod ailadrodd yr arbrawf hwn i gael tri chanlyniad yn ddigon? Eglurwch eich ateb.
5. Ydych chi'n meddwl bod y gwahaniaeth rhwng canlyniadau'r gwahanol belltcroedd yn arwyddocaol? Eglurwch eich ateb.
6. Beth fyddai eich casgliad chi o'r canlyniadau hyn?

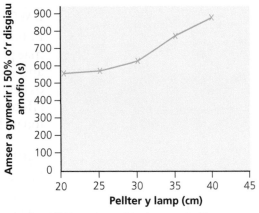

Ffigur 5.7 Effaith arddwysedd golau ar gyfradd ffotosynthesis – graff o'r canlyniadau.

▶ Beth sy'n digwydd i'r glwcos sy'n cael ei greu gan ffotosynthesis?

Yn union fel anifeiliaid, mae ar blanhigion angen 'deiet' cytbwys sy'n cynnwys amrywiaeth o faetholion. Y gwahaniaeth yw fod rhaid iddyn nhw wneud y maetholion eu hunain, heblaw am fwynau sy'n cael eu hamsugno o'r pridd. Mae angen amrywiaeth o garbohydradau a phroteinau arnynt. Mae angen llai o lipidau arnynt, er bod rhai hadau'n defnyddio olewau fel stôr bwyd. Mae'n bosibl gwneud carbohydradau a lipidau o glwcos, gan eu bod nhw'n cynnwys yr un elfennau cemegol (carbon, hydrogen ac ocsigen). Mae angen nitrogen ar blanhigion hefyd, ond caiff hwnnw ei amsugno o'r pridd ar ffurf nitradau.

Mae Ffigur 5.8 yn dangos y prif ffyrdd y caiff glwcos ei ddefnyddio mewn planhigion ar ôl cael ei ffurfio mewn dail.

Ffigur 5.8 Beth sy'n digwydd i'r glwcos sy'n cael ei greu mewn ffotosynthesis.

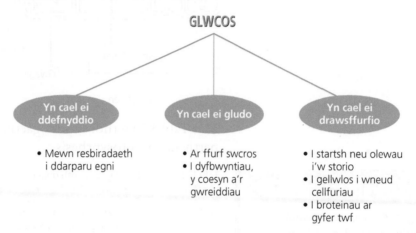

GLWCOS

Yn cael ei ddefnyddio
- Mewn resbiradaeth i ddarparu egni

Yn cael ei gludo
- Ar ffurf swcros
- I dyfbwyntiau, y coesyn a'r gwreiddiau

Yn cael ei drawsffurfio
- I startsh neu olewau i'w storio
- I gellwlos i wneud cellfuriau
- I broteinau ar gyfer twf

✔ Profwch eich hun

1 Enwch y pedair ffactor sydd eu hangen ar gyfer ffotosynthesis.

2 Dywedodd un myfyriwr fod planhigion yn ffotosyntheseiddio yn ystod y dydd, ond yn resbiradu yn y nos. Pam mae'r datganiad hwn yn anghywir?

3 Os ydych yn cynyddu arddwysedd y golau sy'n disgleirio ar blanhigyn, beth fydd yn digwydd i gyfradd y ffotosynthesis?

4 Penderfynodd garddwraig gynyddu lefel y carbon deuocsid yn ei thŷ gwydr trwy osod llosgydd y tu allan a pheipio'r carbon deuocsid a gynhyrchwyd i mewn i'r tŷ gwydr. Cynyddodd nifer y planhigion a oedd yn tyfu yn y tŷ gwydr. Pa gasgliadau byddech chi'n eu llunio o'r wybodaeth hon?

5 Ni all ffotosynthesis ar ei ben ei hun gyflenwi protein i'r planhigyn. Beth arall sydd ei angen?

▶ Beth sydd y tu mewn i ddeilen?

Mae deilen yn organ cymhleth, ac mae ganddi nodweddion sy'n golygu ei bod yn addas iawn i gyflawni ffotosynthesis. Mae golau'n cael ei amsugno gan gloroffyl gwyrdd, sy'n cael ei storio mewn **cloroplastau** yng nghelloedd y ddeilen. Mae adeiledd y ddeilen yn sicrhau bod y celloedd sy'n cynnwys y cloroplastau yn cael y dŵr a'r carbon deuocsid sydd eu hangen arnynt ar gyfer ffotosynthesis. Mae adeiledd mewnol deilen yn cael ei ddangos yn Ffigur 5.9 ar y dudalen nesaf.

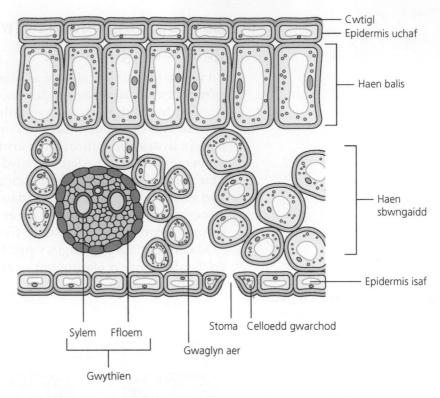

Ffigur 5.9 Adeiledd mewnol deilen.

Cwtigl
Epidermis uchaf
Haen balis
Haen sbwngaidd
Epidermis isaf
Sylem Ffloem
Stoma Celloedd gwarchod
Gwaglyn aer
Gwythïen

Mae Tabl 5.2 yn rhoi swyddogaethau pob un o'r adeileddau mewn perthynas â ffotosynthesis.

Tabl 5.2 Adeiledd a swyddogaeth deilen.

Adeiledd	Swyddogaeth
Cwtigl	Haen gwyraidd, wrth-ddŵr sy'n lleihau'r dŵr sy'n cael ei golli – mae'n dryloyw, ac felly'n gadael golau i mewn i haenau is y celloedd, sy'n cynnwys cloroplastau
Haen balis	Mae'r celloedd yn llawn cloroplastau ar gyfer ffotosynthesis
Haen sbwngaidd	Yn cynnwys gwaglynnau aer mawr, sy'n caniatáu i garbon deuocsid gyrraedd yr haen balis ar gyfer ffotosynthesis, ond mae'r celloedd yma hefyd yn cynnwys cloroplastau ar gyfer ffotosynthesis
Gwythïen	Yn cynnwys **sylem** (sy'n dod â dŵr i'r ddeilen) a **ffloem** (sy'n cludo siwgr i ffwrdd)
Celloedd gwarchod	Yn agor ac yn cau'r stomata, gan adael carbon deuocsid i mewn neu'n atal colli dŵr

💬 **Pwynt trafod**

Yn gyffredinol, mae stomata planhigion i gyd, neu'r rhan fwyaf, ar yr epidermis isaf, i ffwrdd o olau uniongyrchol yr haul er mwyn lleihau'r tebygolrwydd o sychu allan. Mae stomata dail sy'n arnofio, fel lili'r dŵr, ar yr arwyneb uchaf. Awgrymwch resymau am hyn.

Er mwyn gadael y carbon deuocsid i mewn ar gyfer ffotosynthesis, mae gan y ddeilen fandyllau o'r enw **stomata** (unigol: stoma) sydd ar agor i'r atmosffer. Mae hi'n amhosibl gadael carbon deuocsid i mewn heb adael i ddŵr ddianc hefyd, ac mae dŵr yn adnodd gwerthfawr. Yn ystod y dydd, mae'n anorfod y bydd dŵr yn cael ei golli, ond yn y nos, pan na all ffotosynthesis ddigwydd, byddai colli dŵr yn wastraff llwyr. Er mwyn lleihau'r dŵr sy'n cael ei golli, mae'r celloedd gwarchod o gwmpas pob stoma yn gallu newid siâp ac achosi i'r stomata gau (Ffigur 5.10).

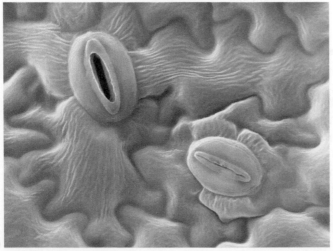

Ffigur 5.10 Micrograffau o stomata ar agor (chwith) ac ar gau (dde)

▶ Pam mae dŵr mor bwysig i blanhigion?

Yn yr adran flaenorol, cafodd dŵr ei ddisgrifio fel adnodd gwerthfawr i blanhigion. Mae ei angen ar gyfer ffotosynthesis, ond mae rhesymau eraill pam mae dŵr yn bwysig.

▶ Mae celloedd yn cynnwys dŵr yn bennaf, ac mae'n rhaid i'r cemegion sydd ynddynt gael eu hydoddi mewn dŵr er mwyn cynnal yr adweithiau sy'n rhan o fywyd.

▶ Mae angen mwynau ar bob cell mewn planhigyn, ac maen nhw'n mynd i mewn i'r planhigyn trwy'r gwreiddiau. Dŵr yw'r cyfrwng sy'n cludo'r mwynau i fyny'r planhigyn. Mae hefyd yn cludo siwgr sydd wedi'i hydoddi i ffwrdd o'r dail.

▶ Mewn planhigion nad ydynt yn brennaidd, mae dŵr yn helpu i gynnal y planhigyn. Os ydy'r celloedd yn chwydd-dynn – hynny yw, yn llawn dŵr – maen nhw'n anhyblyg ac yn cadw'r planhigyn yn unionsyth. Os nad yw planhigion yn cael digon o ddŵr, maen nhw'n dechrau cwympo, ffenomen o'r enw **gwywo** (Ffigur 5.11).

Ffigur 5.11 Gwywo – effaith diffyg dŵr.

▶ Sut mae planhigion yn amsugno dŵr a mwynau?

Mae planhigion yn amsugno'r dŵr a'r mwynau sydd eu hangen arnynt trwy arwyneb eu gwreiddiau. Mewn pethau byw, fel arfer, mae gan arwynebau sy'n amsugno defnyddiau nodweddion i gynyddu eu harwynebedd arwyneb, a dydy gwreiddiau ddim yn eithriad. Mae amsugno'n digwydd mewn ardal ychydig y tu ôl i flaen y gwreiddyn, ac mae'r ardal hon wedi'i gorchuddio â **gwreiddflew** (Ffigur 5.12). Mae pob 'blewyn' yn ymestyniad o gellfur cell epidermaidd.

Ym Mhennod 1, rydym ni wedi gweld bod dŵr yn teithio i mewn ac allan o gelloedd trwy osmosis. Mae Ffigur 5.13 (ar y dudalen nesaf) yn dangos sut mae hwn yn gweithio mewn gwreiddyn. Mae dŵr sy'n mynd i mewn i gell y gwreiddflewyn yn gwanedu'r cellnodd, fel ei fod yn fwy gwanedig na'r hyn sydd yn y gell nesaf ato. Mae'r graddiant crynodiad hwn yn golygu bod dŵr yn symud i mewn i'r gell nesaf trwy osmosis. Mae'r broses yn mynd yn ei flaen, gan fynd â dŵr ar draws y gwreiddyn.

Mae cludo dŵr yn gweithio oherwydd bod dŵr y pridd bron bob tro yn fwy gwanedig na'r cellnodd. Fodd bynnag, rhaid i'r mwynau symud yn erbyn graddiant crynodiad wrth gael eu hamsugno, gan fod eu crynodiad yn nŵr y pridd, ar y cyfan, yn isel. Felly, mae mwynau'n cael eu hamsugno trwy gludiant actif, sy'n defnyddio egni i bwmpio'r defnyddiau o grynodiad is i grynodiad uwch.

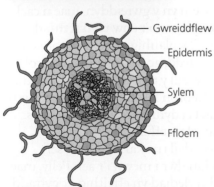

— Gwreiddflew

— Epidermis

— Sylem

— Ffloem

Ffigur 5.12 Yn ogystal â chynyddu'r arwynebedd arwyneb sydd ar gael ar gyfer amsugno, mae gwreiddflew hefyd yn treiddio ychydig i mewn i'r pridd.

Ffigur 5.13 Y mecanwaith lle mae dŵr yn symud o gell i gell ar draws gwreiddyn.

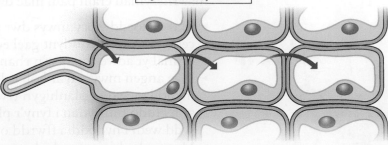

Mae dŵr y pridd yn fwy gwanedig na chellnodd gwreiddflew. Mae dŵr yn symud i mewn trwy osmosis.

Mae cellnodd gwreiddflew yn cael ei wanedu gan ddŵr, ac felly mae'n mynd yn fwy gwanedig na'r gell nesaf. Mae dŵr yn symud i'r gell nesaf trwy osmosis.

Mae'r broses yn cael ei hailadrodd ac mae dŵr yn symud yn bellach i mewn i'r gwreiddyn trwy osmosis.

✓ **Profwch eich hun**

6 Pam mae'n ddefnyddiol i'r planhigyn gael gwaglynnau aer yn haen sbwngaidd y ddeilen?

7 Pam mae'n bwysig i'r stomata fod ar gau yn y nos?

8 Pam mae planhigyn yn y tŷ yn gwywo os nad ydych yn rhoi dŵr iddo?

9 Mae dŵr yn symud ar draws y gwreiddiau trwy osmosis oherwydd bod graddiant crynodiad ar draws y gwreiddyn. Eglurwch sut mae'r graddiant crynodiad hwn yn achosi symudiad dŵr.

10 Pam byddai'n amhosibl i fwynau gael eu hamsugno trwy osmosis, hyd yn oed pe bai'r crynodiad y tu allan i'r gwreiddyn yn fwy na'r crynodiad y tu mewn?

▶ Sut mae dŵr yn teithio i fyny'r coesyn?

Mae dŵr (ynghyd â mwynau wedi'u hydoddi) yn symud i fyny'r coesyn mewn meinwe arbenigol o'r enw **sylem**. Mae celloedd sylem yn gelloedd marw sy'n ffurfio tiwbiau di-dor o'r gwreiddiau i fyny'r coesyn ac i mewn i'r dail (Ffigur 5.14). Mae'r tiwbiau sylem yng nghanol y gwreiddyn, ond maen nhw'n gwasgaru tuag at arwyneb allanol y coesyn ac yn ffurfio canghennau sy'n mynd i mewn i'r gwythiennau yn y dail.

Unwaith mae'r dŵr yn cyrraedd y sylem yn y gwreiddyn, mae'n cael ei dynnu i fyny'r coesyn trwy effeithiau proses o'r enw **trydarthiad**. Trydarthiad yw colli anwedd dŵr o ddail y planhigyn, trwy'r stomata. Mae moleciwlau dŵr yn glynu wrth ei gilydd, ac o ganlyniad mae colli anwedd dŵr yn tynnu moleciwlau dŵr eraill y tu ôl iddo, ac felly'n cludo dŵr i fyny'r sylem o'r gwreiddyn. Mae hi bron fel yfed trwy welltyn, wrth sugno pen y gwelltyn mae'r diod yn cael ei dynnu mewn llif parhaus.

Mae cyflyrau amgylcheddol gwahanol yn effeithio ar gyfradd trydarthiad. Mae dŵr yn cael ei golli o'r dail trwy anweddiad, sef, mewn gwirionedd, trylediad moleciwlau dŵr i mewn i'r aer. Felly, mae unrhyw beth sy'n effeithio ar gyfradd trylediad yn effeithio ar gyfradd trydarthiad. Dyma'r ffactorau amgylcheddol sy'n gwneud hyn:

▶ **Tymheredd** – Mae tymheredd sy'n codi yn cyflymu symudiad y gronynnau, ac felly'n cynyddu'r gyfradd drydarthu wrth i'r moleciwlau dŵr symud allan yn fwy cyflym.

▶ **Lleithder** – Mae cyfradd trydarthiad yn dibynnu ar y gwahaniaeth yng nghrynodiad y dŵr y tu mewn ac y tu allan i'r ddeilen. Mae cynnydd mewn lleithder yn lleihau'r graddiant crynodiad hwn, ac felly'n lleihau'r gyfradd drydarthu.

5 Planhigion a ffotosynthesis

Ffigur 5.14 Celloedd sylem yn dangos addasiadau ar gyfer cludo dŵr.

Mae muriau'r gell wedi'u tewychu gan sylwedd o'r enw lignin, sy'n eu gwneud yn anhyblyg ac sy'n helpu i gynnal y planhigyn.

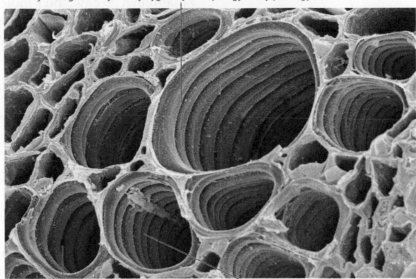

Mae'r celloedd wedi marw a does dim cytoplasm ganddynt. Byddai'r cytoplasm yn y ffordd wrth gludo dŵr.

Mae'r celloedd wedi colli'u muriau terfyn yn rhannol neu'n llwyr, felly maen nhw'n ffurfio tiwbiau di-dor.

🧪 Gwaith ymarferol penodol

Ymchwilio i'r ffactorau sy'n effeithio ar drydarthiad

Mae'r arbrawf hwn yn defnyddio darn o gyfarpar o'r enw potomedr. Mae sawl math o botomedr, ac mae un o'r rhain yn Ffigur 5.15. Dylid torri cyffyn a chydosod y cyfarpar o dan ddŵr, i atal aer rhag mynd i mewn i'r cyffyn neu i'r potomedr, gan fod hynny'n creu 'aerglo' sy'n atal mewnlifiad y dŵr.

Ar ôl i'r potomedr gael ei gydosod, mae swigen aer yn cael ei thynnu i mewn i'r tiwbin capilari ac, wrth i'r cyffyn amsugno dŵr, mae'r swigen aer yn symud. Mae cyfradd y symudiad yn awgrymu faint o ddŵr sy'n cael ei golli o ddail y planhigyn.

Dull

1 Ewch ati i ddylunio a chynnal arbrawf i ymchwilio i effaith symudiad aer ar faint o ddŵr sy'n cael ei golli mewn planhigyn. Gallech ddefnyddio sychwr gwallt neu wyntyll i greu symudiad yr aer.

2 Cofnodwch eich canlyniadau a lluniwch gasgliadau.

Cwestiynau

1 Dydy'r potomedr ddim yn mesur faint o ddŵr sy'n cael ei golli o'r dail (hynny yw, trydarthiad). Mae'n mesur faint o ddŵr sy'n mewnlifo, ac rydym ni'n cymryd yn ganiataol bod hwn yn gysylltiedig â faint o ddŵr sy'n cael ei golli (hynny yw, y mwyaf o ddŵr sy'n cael ei golli, y mwyaf o ddŵr sy'n mewnlifo). Pa mor gywir ydych chi'n meddwl yw'r dybiaeth hon, ac ydy'n gwneud unrhyw wahaniaeth at bwrpas yr arbrawf hwn?

2 Nawr eich bod wedi cynnal yr arbrawf, a oes yna unrhyw welliannau y gallech eu gwneud i'ch dull?

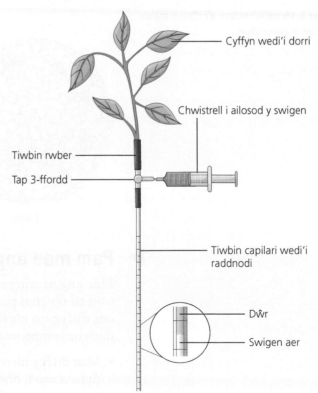

Cyffyn wedi'i dorri

Chwistrell i ailosod y swigen

Tiwbin rwber

Tap 3-ffordd

Tiwbin capilari wedi'i raddnodi

Dŵr

Swigen aer

Ffigur 5.15 Cydosodiad y potomedr.

- **Gwynt neu symudiad yr aer** – Mae symudiad yr aer o amgylch y planhigyn yn chwythu'r moleciwlau dŵr sydd ar du allan y dail i ffwrdd, gan atal lleithder rhag cronni a gan gynnal graddiant crynodiad serth. Felly, mae cynyddu symudiad yr aer yn cynyddu'r gyfradd drydarthu.

Mae golau yn effeithio ar os yw trydarthiad yn digwydd ai peidio, ond dydy e ddim yn effeithio ar ei gyfradd. Yn y tywyllwch, mae'r stomata yn cau ac mae'r gyfradd drydarthu yn gostwng i sero bron. Cyn gynted ag y mae'r stomata'n agor, dydy cynyddu arddwysedd y golau ddim yn cael unrhyw effaith.

▶ Beth mae'r ffloem yn ei wneud?

Mewn planhigyn, lle bynnag rydych chi'n dod o hyd i gelloedd sylem, bydd set arall o diwbiau'n agos, sef **ffloem** (Ffigur 5.16). Swyddogaeth meinwe'r ffloem yw cludo siwgr (fel hydoddiant) i ffwrdd o'r dail i rannau eraill o'r planhigyn. Yn wahanol i sylem, sy'n cludo dŵr yn unig i ffwrdd o'r gwreiddiau tuag at y dail, gall ffloem symud hydoddiant siwgr i'r ddau gyfeiriad ac i bob rhan o'r planhigyn. Gall dau beth ddigwydd i'r siwgr hwn.

- Gall gael ei ddefnyddio yn syth i ddarparu egni, trwy resbiradaeth. Mae hwn yn hynod o bwysig yn nhyfbwyntiau planhigyn, sef blaenau'r gwreiddiau a'r cyffion.
- Os nad oes ei angen yn syth, mae'r siwgr yn cael ei storio fel startsh yn y dail ac mewn rhannau eraill o'r planhigyn.

Ffigur 5.16 Safle'r sylem a'r ffloem mewn coesyn a gwreiddyn.

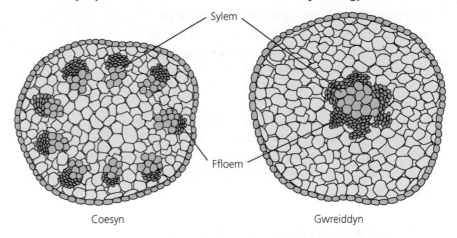

Sylem

Ffloem

Coesyn   Gwreiddyn

▶ Pam mae angen mwynau ar blanhigion?

Mae angen amrywiaeth o fwynau ar blanhigion er mwyn tyfu'n iach ond tri o'r rhai pwysicaf yw **nitrogen**, **potasiwm** a **ffosfforws**. Os oes diffyg un o'r rhain mewn planhigyn, mae'n tyfu'n wael ac yn dangos symptomau penodol.

- Mae diffyg nitrogen (ar ffurf nitradau) yn achosi i'r planhigyn dyfu'n wael, oherwydd mae angen y mwyn hwn i wneud proteinau ar gyfer celloedd newydd.
- Mae diffyg potasiwm yn cael ei nodweddu gan y dail yn mynd yn felyn.
- Mae diffyg ffosfforws (ar ffurf ffosffadau) yn golygu nad yw'r gwreiddiau'n tyfu'n iawn.

Mae gwrteithiau at bwrpas cyffredinol yn aml yn cael eu galw'n wrteithiau NPK, gan eu bod yn cynnwys y tair elfen hyn – nitrogen (symbol cemegol N), ffosfforws (symbol cemegol P) a potasiwm (symbol cemegol K).

✔ Profwch eich hun

11 Diffiniwch y term 'trydarthiad'.

12 Mae planhigion yn colli mwy o ddŵr ar ddyddiau cynnes, sych, gwyntog. Eglurwch pam.

13 Nodwch ddau wahaniaeth rhwng y ffordd mae dŵr a siwgr yn cael eu cludo o gwmpas planhigion.

14 Pan fyddwn eisiau gweld a yw deilen wedi bod yn ffotosyntheseiddio, rydym ni'n ei phrofi am startsh ac nid siwgr. Awgrymwch reswm am hyn.

15 Pam mae diffyg nitradau'n arwain at dwf gwael mewn planhigion?

⬇ Crynodeb o'r bennod

- Ffotosynthesis yw'r broses lle mae planhigion gwyrdd ac organebau ffotosynthetig eraill yn defnyddio cloroffyl i amsugno egni golau a thrawsnewid carbon deuocsid a dŵr yn glwcos, gan gynhyrchu ocsigen fel sgil gynnyrch.
- Mae adweithiau cemegol ffotosynthesis o fewn y gell yn cael eu rheoli gan ensymau.
- Mae angen carbon deuocsid, dŵr a golau ar gyfer ffotosynthesis, ynghyd â chloroffyl mewn cloroplastau i amsugno'r golau.
- Mae tymheredd, lefelau carbon deuocsid ac arddwysedd golau'n effeithio ar gyfradd ffotosynthesis.
- Ffactor gyfyngol yw un sy'n cyfyngu ar gyfradd ffotosynthesis ar unrhyw adeg benodol.
- Gall tymheredd, lefelau carbon deuocsid ac arddwysedd golau fod yn ffactorau cyfyngol i ffotosynthesis.
- Mae'n bosibl canfod a yw ffotosynthesis yn digwydd trwy brofi deilen gan ddefnyddio ïodin mewn hydoddiant potasiwm ïodid, sy'n troi'n ddu-las os oes startsh yn bresennol.
- Mae glwcos sy'n cael ei gynhyrchu mewn ffotosynthesis yn gallu cael ei resbiradu i ryddhau egni, ei drawsnewid yn startsh i'w storio neu ei ddefnyddio i wneud cellwlos, proteinau ac olewau.
- Mae deilen yn cynnwys yr adeileddau hyn: cwtigl, epidermis, celloedd gwarchod (sy'n ffurfio stomata), haen balis, haen sbwngaidd, sylem a ffloem (sy'n ffurfio'r gwythiennau).

- Mae mandyllau o'r enw stomata (unigol: stoma) yn epidermis isaf y ddeilen. Y stoma yw'r mandwll ei hun, sydd wedi ei amgylchynu, ac yn cael ei agor a'i gau, gan bâr o gelloedd gwarchod.
- Mae angen dŵr ar blanhigion ar gyfer ffotosynthesis, i gludo swcros a mwynau, ac er mwyn eu cynnal.
- Mae gwreiddflew'n cynyddu arwynebedd yr arwyneb amsugno mewn gwreiddyn.
- Canlyniad osmosis yw mewnlifiad a symudiad dŵr trwy'r gwreiddyn.
- Mae'r gwreiddflew'n codi halwynau mwynol trwy gludiant actif.
- Mae cludiant dŵr mewn planhigion yn digwydd yn y sylem.
- Trydarthiad yw'r broses o golli anwedd dŵr o'r dail ac mae'n arwain at symudiad dŵr trwy'r planhigyn.
- Mae tymheredd, symudiad aer a lleithder yn effeithio ar gyfradd trydarthiad.
- Mae'r ffloem yn cario siwgr o'r mannau ffotosynthetig i rannau eraill o'r planhigyn, i'w ddefnyddio ar gyfer resbiradu neu i'w drawsnewid yn startsh i'w storio.
- Mae diffyg nitradau mewn planhigyn yn arwain at dwf gwael; mae diffyg potasiwm yn arwain at felynu'r ddeilen; mae diffyg ffosffad yn arwain at dwf gwael yn y gwreiddiau.
- Mae gwrteithiau NPK yn aml yn cael eu defnyddio i sicrhau bod planhigion yn cael y mwynau angenrheidiol.

► Cwestiynau adolygu'r bennod

1 Disgrifiwch y dull sy'n cael ei ddefnyddio i brofi deilen am bresenoldeb startsh.

Dylai pob cam yn y dull gael ei ddisgrifio yn y drefn gywir a dylid cynnwys y rheswm dros wneud pob cam.

Rhaid i'ch disgrifiad gynnwys cyfeiriad at y newidiadau lliw sy'n digwydd yn y ddeilen a beth mae'r newidiadau hyn yn ei ddangos. [6]

(o Bapur B2(U) CBAC, Haf 2014, cwestiwn 4)

2 a) Ysgrifennwch yr hafaliad geiriau ar gyfer ffotosynthesis (peidiwch â defnyddio fformiwlâu cemegol). [1]

b) Mae'r graff isod yn dangos cyfradd ffotosynthesis o dan amodau amgylcheddol gwahanol, o ran golau a charbon deuocsid.

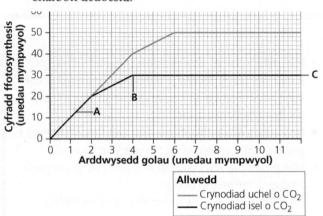

Allwedd
— Crynodiad uchel o CO_2
— Crynodiad isel o CO_2

i) Nodwch pam mae'r gyfradd ffotosynthesis yn isel ar bwynt A. [1]

ii) Eglurwch pam mae'r gyfradd ffotosynthesis wedi lefelu rhwng pwyntiau B a C. [1]

iii) Nodwch un ffordd y gallai'r gyfradd ffotosynthesis gael ei fesur yn y labordy. [1]

iv) Nodwch un ffordd y gallai'r glwcos sy'n cael ei gynhyrchu yn ystod ffotosynthesis gael ei ddefnyddio gan y planhigyn. [1]

(o Bapur B2(U) CBAC, Haf 2012, cwestiwn 5)

3 Mae'r ffotograff isod yn dangos planhigyn tomato.

Mae rhywfaint o'r siwgr sy'n cael ei wneud yn ystod ffotosynthesis yn cael ei gludo i'r ffrwythau tomato.

a) Nodwch enw'r meinwe mewn planhigion sy'n cludo siwgr. [1]

Mae Siân yn tyfu planhigion tomato. Mae'n penderfynu defnyddio gwrtaith o'r enw *Topgrow*. Mae label o botel *Topgrow* yn cael ei ddangos isod.

> ## GWRTAITH *TOPGROW*
>
> HYDODDIANT MAETHOLION CRYNODEDIG
>
> Gwanediad: 1 rhan o *Topgrow*: 200 rhan o ddŵr
>
> Cynnwys y botel: 500 cm^3

b) Gan ddefnyddio'r cyfarwyddiadau ar y label, cyfrifwch gyfaint y *Topgrow* gwanedig sy'n gallu cael ei wneud o gynnwys un botel. [2]

c) Fe wnaeth Siân gynnal arbrawf i ddarganfod effaith defnyddio *Topgrow* ar y planhigion tomato. Defnyddiodd ddŵr tap yn unig ar hanner y planhigion a *Topgrow* gwanedig ar y gweddill. Beth arall dylai Siân fod wedi ei wneud i sicrhau bod yr arbrawf yn brawf teg? Rhowch ddau awgrym. [2]

ch) Mae'r tabl yn dangos rhai o ganlyniadau'r arbrawf.

Triniaeth	Cynnyrch cymedrig (màs cymedrig o domatos am bob planhigyn) (kg)	Nifer cymedrig o domatos am bob planhigyn	Màs cymedrig am bob tomato (g)
Dŵr tap	4.8	40	120
Topgrow	5.2	65	

i) Cwblhewch y tabl uchod trwy gyfrifo'r màs cymedrig am bob tomato (mewn g) ar gyfer *Topgrow*. [1]

ii) Roedd Siân yn hapus gydag effaith *Topgrow* ar y cynnyrch. Awgrymwch pam roedd Siân yn dal yn siomedig â'r canlyniadau. [1]

d) Heblaw am nitradau, rhowch enw dau faetholyn arall sydd eu hangen ar gyfer twf planhigion iach. [2]

(o Bapur B3(U) CBAC, Haf 2013, cwestiwn 1)

6 Ecosystemau, cylchredau maetholion ac effaith ddynol ar yr amgylchedd

 Cynnwys y fanyleb

Mae'r bennod hon yn ymdrin ag adran 1.6 Ecosystemau, cylchredau maetholion ac effaith dyn ar yr amgylchedd yn y fanyleb TGAU Bioleg ac yn y fanyleb TGAU Gwyddoniaeth (Dwyradd).

Mae'n edrych ar y lefelau trefniadaeth mewn ecosystem, egwyddorion cylchu defnyddiau a'r materion sy'n ymwneud â chynaliadwyedd. Mae'n cynnig cyfleoedd i edrych yn fanwl ar y ffactorau sy'n effeithio ar gymunedau a sut mae'n bosibl cynrychioli niferoedd yr organebau a'r biomas ym mhob lefel. Mae hefyd yn ymdrin â'r gylchred garbon a'r gylchred nitrogen, ynghyd â sut mae gweithgarwch dynol yn effeithio arnynt.

▶ O ble rydym ni'n cael ein hegni?

Mae egni'n cyrraedd y blaned drwy'r amser ar ffurf golau haul. Mae'r egni hwn yn symud o organeb i organeb trwy **gadwynau bwyd**. Planhigion yw'r dolenni cyntaf ym mhob cadwyn fwyd gan eu bod yn **gynhyrchwyr** – maen nhw'n troi egni golau haul yn egni cemegol wedi'i storio. Ar y cam hwn, caiff llawer o'r egni ei wastraffu – dim ond tua 5% o egni golau haul sy'n cael ei ddal gan blanhigion. Pan mae **llysysyddion** yn bwyta planhigion, caiff peth o'r egni ei drosglwyddo iddynt. Nhw yw'r **ysyddion**, sef y ddolen nesaf yn y gadwyn fwyd. Pan mae **cigysydd** yn bwyta'r llysysydd, mae'r broses o drosglwyddo egni'n cael ei hailadrodd. Mae egni'n symud fel hyn o gigysyddion i garthysyddion (*scavengers*) a **dadelfenyddion** sy'n bwydo ar organebau marw. Fodd bynnag, dydy'r holl egni sydd wedi'i storio gan lysysydd ddim yn cael ei basio i'r cigysydd sy'n ei fwyta. Caiff llawer ohono ei ddefnyddio mewn prosesau bywyd fel symud, tyfu, atgyweirio celloedd ac atgenhedlu. Bydd peth ohono hefyd yn cael ei wastraffu ar ffurf gwres yn ystod resbiradaeth. Dim ond yr egni dros ben sy'n cael ei basio i'r cigysydd.

Meddyliwch am y gadwyn fwyd, a'r llif egni drwyddi, pan fyddwn ni'n bwyta pysgodyn megis tiwna. Yn gyntaf, mae plancton planhigol (algâu microsgopig) yn defnyddio egni'r haul. Yna, mae'r egni hwnnw'n cael ei drosglwyddo i blancton anifail, yna i bysgod bach, yna i bysgod mwy, yna i diwna ac yna i ni. Fel rheol, does dim ysglyfaethwr i'n bwyta ni, felly ni yw'r cigysyddion ar frig y gadwyn fwyd hon.

Plancton planhigol → plancton anifail → pysgod bach → pysgod mawr → tiwna → pobl

Mae enwau penodol yn cael eu rhoi ar bob cam, neu **lefel droffig**, mewn cadwyn fwyd. Mae Tabl 6.1 yn rhestru'r rhain, gan ddefnyddio'r gadwyn fwyd uchod fel enghraifft.

Termau allweddol

Cynhyrchydd Organeb fyw sy'n defnyddio golau neu egni cemegol i wneud bwyd. Mae planhigion a rhai bacteria'n defnyddio golau, tra mae bacteria eraill yn defnyddio egni cemegol.

Ysydd Organeb fyw sy'n cael egni trwy fwyta bwyd.

Llysysydd Organeb fyw sy'n bwydo'n gyfan gwbl ar blanhigion.

Cigysydd Organeb fyw sy'n bwydo'n gyfan gwbl ar anifeiliaid.

Hollysydd Organeb fyw sy'n bwydo ar blanhigion ac anifeiliaid.

Dadelfennydd Bacteria a ffyngau sy'n dadelfennu (torri i lawr) planhigion ac anifeiliaid sydd wedi marw.

Lefel droffig Grŵp o organebau sydd yn yr un safle â'i gilydd mewn cadwyn fwyd.

Organeb	Enw'r cam
Plancton planhigol	Cynhyrchydd
Plancton anifail	Ysydd cam un
Pysgodyn bach	Ysydd cam dau
Pysgodyn mawr	Ysydd cam tri
Tiwna	Ysydd cam pedwar
Bod dynol	Ysydd cam pump

Mewn gwirionedd, mae hon yn gadwyn fwyd anarferol o hir. Dydy'r rhan fwyaf o gadwynau bwyd ddim yn mynd heibio i'r ysyddion trydydd neu gam pedwar, oherwydd mae'r egni sy'n cael ei golli ym mhob cam yn golygu nad oes digon ar ôl i gynnal ysydd cam pump. Sylwch y gall anifail weithredu ar fwy nag un cam. Yn y gadwyn fwyd uchod, mae bodau dynol yn ysyddion cam pump. Pan ydym ni'n bwyta ffrwythau, er enghraifft, rydym ni'n ysyddion cam un a phan ydym ni'n bwyta cyw iâr rydym ni'n ysyddion cam dau.

Ym myd natur mae'r cadwynau bwyd yn aml yn cydgysylltu, oherwydd mae'r mwyafrif o organebau'n bwyta llawer o wahanol bethau ac yn cael eu bwyta gan nifer o wahanol anifeiliaid hefyd. Gweoedd bwyd (Ffigur 6.1) yw'r enw ar gadwynau bwyd wedi'u cydgysylltu. Mae'r we hon, hyd yn oed, wedi'i gor-symleiddio wrth ystyried pob perthynas fwydo a fyddai'n bodoli yn yr amgylchedd hwn.

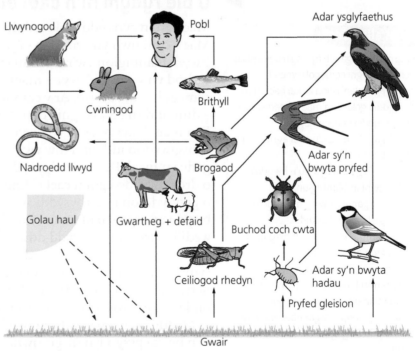

Ffigur 6.1 Enghraifft o we fwyd.

Beth mae pyramidiau niferoedd a biomas yn dangos i ni?

Gallwn ddangos perthnasau bwydo fel pyramidiau (Ffigur 6.2 a Ffigur 6.3). Mae lled pob bloc yn y pyramid yn arwydd o nifer (neu fàs) y math hwnnw o organeb ar y lefel fwydo honno.

Pwynt trafod

Yn aml, mae'r organebau'n mynd yn fwy wrth i chi fynd ar hyd y gadwyn fwyd. Beth yw'r rhesymau am hyn?

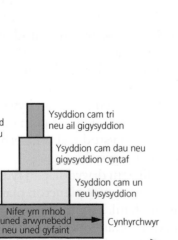

Ffigur 6.2 Pyramid niferoedd ar gyfer cadwyn fwyd glaswelltir.

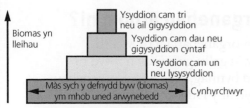

Ffigur 6.3 Pyramid biomas ar gyfer yr un cadwyn fwyd mewn coetir.

💬 Pwynt trafod

Pam mae'n well i ddefnyddio màs sych organebau wrth lunio pyramid biomas, yn hytrach na màs gwlyb? Beth yw'r anfantais o ddefnyddio màs gwlyb?

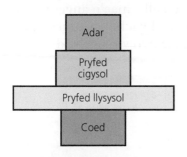

Ffigur 6.4 Enghraifft o byramid niferoedd sydd y siâp 'anghywir'.

✔ Profwch eich hun

1 Beth yw'r ffynhonnell egni ym mhob cadwyn fwyd?
2 Beth yw'r enw arall am ysydd cam un?
3 Pam mae'n amhosibl i ni ddweud pa fath o ysydd yw bod dynol?
4 Pam mae pyramid biomas yn fwy cywir na phyramid niferoedd?

Gallwn ddefnyddio'r pyramidiau hyn i ddysgu mwy am yr egni sydd ar gael i organebau sy'n byw y tu mewn i arwynebedd neu gyfaint penodol. Mae gwahanol ffyrdd o ddylunio'r pyramidiau:

▸ Mae **pyramid niferoedd** yn dangos nifer yr organebau ym mhob uned arwynebedd neu uned gyfaint ar bob lefel fwydo.
▸ Mae **pyramid biomas** yn dangos **màs sych** y defnydd organig ym mhob uned arwynebedd neu uned gyfaint ar bob lefel fwydo.

Mae pyramidiau biomas yn rhoi darlun mwy cywir na phyramidiau niferoedd. Weithiau nid yw pyramidiau niferoedd yn siâp pyramid mewn gwirionedd. Edrychwch ar Ffigur 6.4. Mae hi'n eithaf clir beth sydd wedi digwydd yma. Yn annhebyg i nifer o gadwynau bwyd, yma mae'r cynhyrchwyr (coed) yn llawer mwy na'r pryfed sy'n bwydo arnynt. Gall un goeden gynnal miloedd o bryfed, felly mewn pyramid niferoedd mae'r bloc ar y gwaelod, sy'n cynrychioli'r cynhyrchwyr, yn fwy cul na'r bloc am yr ysyddion cam un. Fodd bynnag, mae coeden yn pwyso llawer mwy na'r holl bryfed sy'n bwydo arni gyda'i gilydd, felly bydd pyramid biomas yn siâp pyramid fel y disgwylir.

➡ Gweithgaredd

Cyfrifo effeithlonrwydd yr egni sy'n cael ei drosglwyddo mewn cadwyn fwyd

Cyfrifwyd faint o egni roedd organebau'n ei gymryd i mewn ar wahanol gamau yn y gadwyn fwyd, fel mae Tabl 6.2 yn ei ddangos isod.

Tabl 6.2 Egni sy'n cael ei gymryd i mewn ym mhob cam yn y gadwyn fwyd.

Cam	Cyfanswm egni, mewn kJ
Cynhyrchwyr	97 000
Ysyddion cam un	7 000
Ysyddion cam dau	600
Ysyddion cam tri	50

Gallwn gyfrifo effeithlonrwydd yr egni sy'n cael ei drosglwyddo ar unrhyw gam fel hyn:

$$\text{effeithlonrwydd} = \frac{\text{egni yn y cam diweddarach}}{\text{egni yn y cam cynharach}} \times 100\%$$

Cwestiynau

1 Cyfrifwch effeithlonrwydd yr egni sy'n cael ei drosglwyddo ym mhob cam yn y gadwyn fwyd.
2 Ym mhob cam, mae'r effeithlonrwydd yn eithaf isel. Awgrymwch resymau am hyn.
3 Gan ddefnyddio'r data, amcangyfrifwch yr egni a fyddai'n cael ei gadw mewn ysydd cam pedwar.
4 Awgrymwch pam mae'n annhebygol bod yna ysydd cam pump yn y gadwyn fwyd hon.

▶ Pam mae angen micro-organebau arnom ni?

Yn aml, rydym ni'n meddwl am ficro-organebau fel rhywbeth niweidiol neu fel niwsans. Maen nhw'n gallu gwneud i'n bwyd ni bydru neu'n gallu achosi haint. Fodd bynnag, mae micro-organebau yn chwarae rôl hanfodol mewn bywyd ar y Ddaear. Maen nhw'n cael gwared ar wastraff anifeiliaid a phlanhigion, a thrwy hynny maen nhw'n dychwelyd maetholion i'r pridd. Gall y maetholion hyn gael eu defnyddio ar gyfer tyfiant newydd. Mae enghreifftiau o hyn yn cynnwys nitradau, sy'n cael eu ffurfio pan fydd y proteinau mewn meinweoedd marw yn torri i lawr ac yn cael eu defnyddio gan blanhigion i ffurfio celloedd newydd. Mae ffosffadau, sy'n angenrheidiol ar gyfer llawer o swyddogaethau hanfodol mewn cyrff dynol, hefyd yn cael eu hailgylchu. Mae cylchu'r maetholion hyn yn sicrhau cydbwysedd mewn **ecosystemau**, wrth i'r prosesau sy'n cael gwared ar ddefnyddiau gael eu cydbwyso gan y prosesau sy'n eu dychwelyd.

▶ Sut mae carbon yn cael ei ailgylchu?

Mae'n bosibl dadlau mai carbon yw'r elfen bwysicaf oll ar gyfer bywyd, gan fod bywyd ar ein planed yn seiliedig ar garbon. Mae cyflenwad sefydlog o garbon ar y Ddaear, ac mae'n rhaid i fywyd wneud y gorau o'r swm hwn, gan nad oes unrhyw garbon ychwanegol yn dod i mewn o'r tu allan. Felly, mae'n angenrheidiol bod y carbon sydd ar y blaned yn cael ei ailgylchu a'i adnewyddu'n gyson. Mae Ffigur 6.5 yn dangos sut mae hyn yn digwydd.

Ffigur 6.5 Y gylchred garbon.

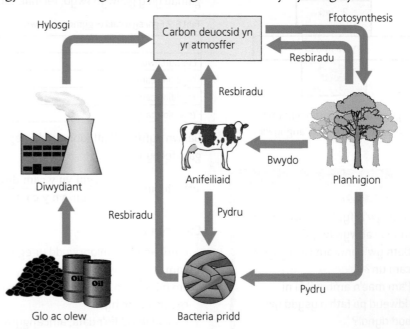

Caiff carbon deuocsid yn yr aer ei droi'n fwyd gan blanhigion gwyrdd mewn proses o'r enw **ffotosynthesis**. Mae anifeiliaid yn cael eu carbon trwy fwyta planhigion (neu anifeiliaid eraill). Mae'r carbon mewn anifeiliaid a phlanhigion marw'n cael ei ryddhau'n ôl i'r atmosffer trwy broses pydru. Mae'r bacteria sy'n gwneud hyn yn rhyddhau carbon deuocsid wrth **resbiradu**. Mae anifeiliaid a phlanhigion byw hefyd yn resbiradu, ac felly maen nhw'n rhoi carbon deuocsid yn ôl yn yr atmosffer.

Cafodd **tanwyddau ffosil** eu gwneud o gyrff marw planhigion ac anifeiliaid, filiynau o flynyddoedd yn ôl. Gan nad oedd y rhain yn dadelfennu yn llwyr, cafodd llawer o'r carbon ynddynt ei 'gloi' yn y tanwyddau ffosil. Pan gaiff tanwyddau ffosil eu llosgi, caiff y carbon ynddynt ei ryddhau ar ffurf carbon deuocsid, sy'n ychwanegu at y lefelau yn yr atmosffer. Dim ond yn y 200 mlynedd diwethaf mae pobl wedi dechrau echdynnu a llosgi tanwyddau ffosil ar raddfa fawr. Mae hyn wedi amharu ar y cydbwysedd ac wedi achosi cynnydd yn y carbon deuocsid sydd yn yr atmosffer.

Mae micro-organebau yn chwarae rôl yn y gylchred garbon oherwydd, fel pob peth byw, maen nhw'n resbiradu. Mae eu rôl yn y gylchred nitrogen yn llawer mwy, fodd bynnag.

▶ Sut mae nitrogen yn cael ei ailgylchu?

Mae'r gylchred nitrogen yn cael ei dangos yn Ffigur 6.6. Mae **bacteria sefydlogi nitrogen** yn y pridd yn newid nitrogen yn yr aer yn **nitradau**, ac felly mae planhigion yn gallu'i amsugno a'i ddefnyddio. Mae bacteria sefydlogi nitrogen hefyd i'w cael yng ngwreiddiau un grŵp o blanhigion, sef y codlysiau (pys, ffa a meillion), mewn adeileddau arbennig o'r enw gwreiddgnepynnau. Mae'r nitradau sy'n cael eu hamsugno gan y planhigion yn cael eu pasio i'r anifeiliaid sy'n bwyta'r planhigion, ac yn y pendraw mae'r nitrogen yn cael ei ddychwelyd i'r pridd trwy wrin ac ymgarthion o anifeiliaid, a phan fydd anifeiliaid marw a phlanhigion yn pydru. Mae'r nitrogen o wastraff a phydru ar ffurf **amonia**, ac ni ellir defnyddio hwn yn uniongyrchol gan blanhigion. Mae bacteria yn y pridd yn trawsffurfio'r amonia yn nitradau, ac maen nhw'n cael eu hamsugno gan blanhigion. Mae **bacteria dadnitreiddio** yn dychwelyd nitrogen i'r aer.

> **Term allweddol**
>
> **Sefydlogiad nitrogen** Trawsnewidiad y nitrogen sydd mewn aer yn nitradau.

Ffigur 6.6 Y gylchred nitrogen.

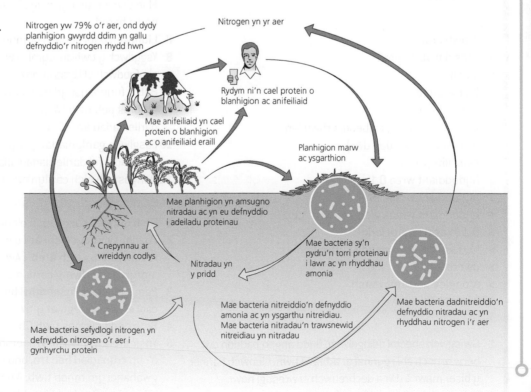

Nitrogen yw 79% o'r aer, ond dydy planhigion gwyrdd ddim yn gallu defnyddio'r nitrogen rhydd hwn

Nitrogen yn yr aer

Rydym ni'n cael protein o blanhigion ac anifeiliaid

Mae anifeiliaid yn cael protein o blanhigion ac o anifeiliaid eraill

Planhigion marw ac ysgarthion

Mae planhigion yn amsugno nitradau ac yn eu defnyddio i adeiladu proteinau

Cnepynnau ar wreiddyn codlys

Nitradau yn y pridd

Mae bacteria sy'n pydru'n torri proteinau i lawr ac yn rhyddhau amonia

Mae bacteria sefydlogi nitrogen yn defnyddio nitrogen o'r aer i gynhyrchu protein

Mae bacteria nitreiddio'n defnyddio amonia ac yn ysgarthu nitreidiau. Mae bacteria nitradau'n trawsnewid nitreidiau yn nitradau

Mae bacteria dadnitreiddio'n defnyddio nitradau ac yn rhyddhau nitrogen i'r aer

Weithiau, ar dir amaethyddol, mae'r gylchred yn colli ei chydbwysedd ac mae lefel y nitrogen yn y pridd yn gostwng. Gall hyn ddigwydd am ddau reswm:

▸ Gall dwysedd planhigion fod yn uchel iawn, fel bod llawer o nitrogen yn cael ei dynnu o'r pridd.
▸ Mae'r planhigion sy'n cael eu tyfu yn y caeau yn cael eu cynaeafu a'u cymryd oddi yno. Gan nad ydyn nhw'n marw yn y caeau, dydy'r nitrogen sydd ynddynt byth yn cael ei ddychwelyd i'r pridd.

Ar ffermydd, rhaid adfer y cydbwysedd trwy ychwanegu gwrteithiau sy'n cynnwys nitrogen (rhai naturiol neu rai artiffisial) i'r pridd.

🧪 Gwaith ymarferol

Sut mae wrin yn helpu i gadw'r gylchred nitrogen i fynd?

Fel rhan o'r broses o ailgylchu maetholion, bydd dadelfenyddion yn secretu i'r pridd ensymau sy'n torri gwastraff megis wrea i lawr. Enw un o'r ensymau hyn yw **wreas**. Mae'r arbrawf hwn yn ymchwilio i effaith crynodiad yr wreas ar ei adwaith ag wrea. Mae wreas yn catalyddu (cyflymu) y broses o dorri wrea i lawr i ryddhau amonia. Mae'r amonia'n hydoddi mewn dŵr i ffurfio hydoddiant alcalïaidd sy'n gallu cael ei drawsnewid yn nitradau yn y pridd.

Nodiadau diogelwch

Dylid gwisgo sbectol ddiogelwch, a dylid golchi unrhyw beth sy'n cael ei arllwys ar y croen i ffwrdd ar unwaith. Gofalwch rhag cael sgaldiad gyda'r baddon dŵr tymheredd uchel.

Cyfarpar

> 4 tiwb profi
> rhesel tiwbiau profi
> labeli
> 3 chwistrell
> pibed ddiferu
> llosgydd Bunsen, trybedd a rhwyllen
> bicer mawr (baddon dŵr)
> siart lliw pH
> hydoddiant wrea 0.1 mol/dm^3
> hydoddiant wreas ffres
> hydoddiant wreas wedi'i ferwi a'i oeri
> 0.1 M asid hydroclorig
> hydoddiant Dangosydd Cyffredinol
> dŵr distyll
> stopgloc neu stopwatsh
> sbectol ddiogelwch

Dull

1 Gwisgwch sbectol ddiogelwch. Bydd angen baddon dŵr berw arnoch chi i gynnal yr arbrawf hwn. Llenwch hanner y bicer mawr â dŵr a dechreuwch ei wresogi nawr.
2 Labelwch bedwar tiwb profi A, B, C ac Ch.

3 Gan ddefnyddio chwistrell, rhowch 3 cm^3 o hydoddiant wreas yn nhiwb Ch a rhowch y tiwb yn y dŵr berw am 4 munud. Tynnwch y tiwb allan a gadewch iddo oeri. (Gallwch chi gyflymu'r broses oeri trwy redeg dŵr oer dros waelod y tiwb.)
4 Gan ddefnyddio'r ail chwistrell, ychwanegwch y canlynol at bob un o'r tiwbiau:
   > 5 cm^3 o hydoddiant wrea
   > diferion o asid hydroclorig
5 Gan ddefnyddio pibed ddiferu, ychwanegwch 10 diferyn o hydoddiant Dangosydd Cyffredinol at bob tiwb.
6 Gan ddefnyddio'r chwistrell gyntaf, ychwanegwch hydoddiant wreas at diwbiau A, B ac C fel hyn:
   > Tiwb A – 1 cm^3 o wreas
   > Tiwb B – 3 cm^3 o wreas
   > Tiwb C – 5 cm^3 o wreas
   Mae tiwb Ch yn cynnwys 3 cm^3 o wreas wedi'i ferwi a'i oeri'n barod.
7 Lluniwch dabl addas i gofnodi eich canlyniadau.
8 Ysgydwch y tiwbiau, cymharwch y lliw â'r siart pH a chofnodwch pH bras cynnwys pob un o'r tiwbiau yn y tabl.
9 Bob 2 funud, ysgydwch y tiwbiau a chofnodwch pH bras pob tiwb (A, B, C, Ch). Daliwch ati i gymryd darlleniadau am 12 munud.
10 Casglwch ganlyniadau grwpiau eraill yn y dosbarth i'w defnyddio fel darlleniadau ailadroddol.
11 Dangoswch eich canlyniadau ar ffurf graff llinell.

Dadansoddi eich canlyniadau

1 Beth yw eich casgliadau o'r arbrawf hwn?
2 Pa mor sicr ydych chi am y casgliadau hyn? Rhowch resymau dros eich ateb. (Awgrym: edrychwch ar yr amrywiadau rhwng canlyniadau gwahanol grwpiau).
3 Pam rydych chi'n meddwl bod asid hydroclorig wedi cael ei ychwanegu at y tiwbiau?
4 Beth oedd pwrpas tiwb Ch?
5 Yn yr arbrawf hwn, fe wnaethoch chi ddefnyddio wreas o'r un crynodiad bob tro, ond gan ddefnyddio cyfeintiau gwahanol ym mhob tiwb. A yw hyn yn golygu nad yw'r arbrawf yn ffordd ddilys o brofi effaith crynodiad?

▶ Sut rydym ni'n cydbwyso anghenion bodau dynol a bywyd gwyllt?

Mae'r rhan fwyaf o bobl yn credu bod gwarchod bywyd gwyllt yn beth da. Fodd bynnag, gall y mater fynd yn gymhleth os bydd mesurau gwarchod yn arwain at anfantais arwyddocaol i'r boblogaeth ddynol, neu os bydd gwarchod un rhywogaeth yn niweidio rhywogaethau eraill. Mae angen tai ar bobl, ond mae adeiladu tai'n gallu dinistrio cynefinoedd anifeiliaid a phlanhigion. Mae angen bwyd ar bobl, ond mae troi cynefinoedd gwyllt yn dir fferm yn newid ac yn lleihau nifer y rhywogaethau sy'n byw yno. Mae angen i'r byd ddod o hyd i ffynonellau egni amgen, ond mae datblygu pethau megis morgloddiau llanw a gorsafoedd pŵer trydan dŵr yn gallu dinistrio neu weddnewid cynefinoedd naturiol. Mae'n werth cofio hefyd, drwy hanes i gyd, fod amgylcheddau wedi newid yn gyson – nid yw'n 'naturiol' i bopeth aros yr un fath.

Mae'n rhaid cael cyfaddawd bob tro y bydd diddordebau bywyd gwyllt a bodau dynol yn gwrthdaro. Does dim dwy sefyllfa sydd yr un peth. Er enghraifft, dydy angen dyn am gyfleuster hamdden newydd ddim mor bwysig â chreu tir ffermio i helpu bwydo poblogaeth newynog. Mae datblygu ardal fyddai'n dinistrio cynefin rhywogaeth brin yn wahanol i ddatblygu tir lle mae'r rhywogaeth dan sylw yn gyffredin a dim ond ychydig ohonyn nhw sydd yno.

▶ Ydyn ni eisiau bwyd rhad neu anifeiliaid fferm hapus?

Mae ffermio batri, lle mae anifeiliaid yn cael eu cadw mewn niferoedd enfawr mewn lle bach, yn fater amgylcheddol sy'n ysgogi barnau cryf gan rai pobl (Ffigur 6.7). Mae'n un enghraifft yn unig o **ffermio dwys**. Mae ffermio dwys yn system amaethyddol sy'n anelu at gynhyrchu

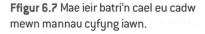

Ffigur 6.7 Mae ieir batri'n cael eu cadw mewn mannau cyfyng iawn.

cymaint ag sy'n bosibl o'r tir sydd ar gael. Mae'n cynnwys anifeiliaid a phlanhigion, ac – yn ogystal â ffermio batri – mae'n cynnwys defnyddio cemegion fel plaleiddiaid a gwrteithiau i gynyddu'r cynnyrch ac i reoli clefydau.

Mae manteision ac anfanteision i ffermio dwys, a gall tystiolaeth wyddonol egluro'r rhain, ond yn y pen draw rhaid i bobl ffurfio eu barn eu hunain am y mater. Dydy data gwyddonol ddim yn gallu penderfynu ar fater moesegol, ond mae'r fath ddata'n gallu sicrhau bod gan bobl y wybodaeth gywir yn sail i'w penderfyniad eu hunain.

Manteision ffermio dwys yw:

▶ Mae'r cynnyrch yn uchel oherwydd bod mwy o anifeiliaid fferm neu blanhigion cnwd yn gallu cael eu cadw ac mae'n bosibl rheoli'r amodau. Felly, mae'r bwyd yn rhatach ei gynhyrchu ac yn fwy proffidiol i ffermwyr, a gallai hyn eu cadw nhw mewn busnes. Os bydd ffermydd yn mynd allan o fusnes, bydd y DU yn llai hunangynhaliol o ran bwyd.

▶ Mae bwyd yn rhatach yn y siopau, sy'n caniatáu i bobl ddewis deiet mwy iach, hyd yn oed os yw arian yn brin.

▶ Trwy gynyddu'r cynnyrch, mae'r DU yn gallu tyfu mwy o fwyd i gwrdd ag anghenion poblogaeth sy'n tyfu.

Yr anfanteision yw:

▶ Gallai'r cemegion sy'n cael eu defnyddio (er enghraifft plaleiddiaid neu wrthfiotigau i reoli clefydau mewn anifeiliaid fferm) fynd i mewn i'r gadwyn fwyd ddynol ac yna i mewn i'n cyrff.

▶ Gall y cemegion achosi llygredd a niweidio bywyd gwyllt yn ogystal â phlâu.

▶ Mae amgylcheddau naturiol yn cael eu dinistrio. Er enghraifft, caiff gwrychoedd eu dadwreiddio i wneud caeau mawr sy'n addas i ffermio dwys.

▶ Er nad oes neb yn gallu gwybod mewn gwirionedd sut mae anifail yn 'teimlo', mae'n debygol bod ffermio dwys yn achosi straen ac anghysur i anifeiliaid. Mae ansawdd eu bywyd yn wael iawn.

▶ Pa lygryddion sydd yn ein hamgylchedd?

Llygrydd yw rhywbeth sydd wedi'i ychwanegu at yr amgylchedd ac sy'n ei ddifrodi mewn rhyw ffordd. Mae yna nifer o wahanol fathau o lygryddion. Dydy llygryddion ddim yn 'annaturiol' o reidrwydd, oherwydd mae rhai sylweddau naturiol yn gallu bod yn niweidiol o gael eu cyflwyno yn y man anghywir neu mewn meintiau mawr. Rhai llygryddion cyffredin yw:

▶ cemegion solet neu hylifol, fel olew, glanedyddion, gwrteithiau, plaleiddiaid a metelau trwm

▶ cemegion nwyol fel carbon deuocsid, methan, clorofflworocarbonau (CFCau), sylffwr deuocsid ac ocsidau nitrus

▶ carthion dynol a charthion anifeiliaid

▶ sŵn

▶ gwres

▶ gwastraff o gartrefi sy'n amhosibl ei ailgylchu.

Mae'n amhosibl atal llygredd, ond rhaid i ni geisio cyfyngu ar lefelau llygredd fel nad yw'n gwneud llawer o ddifrod parhaol, os o gwbl, i'r amgylchedd.

Gweithgaredd

Sut gallwn ni ddweud faint mae'r amgylchedd wedi'i lygru?

Mae'n bosibl mesur rhai llygryddion yn uniongyrchol, a gallwn ni ganfod llygredd hefyd trwy weld gostyngiad yn **lefel yr ocsigen** neu newid **pH** y dŵr mewn nentydd ac afonydd. Yn aml, gall gwyddonwyr fesur lefel gyffredinol llygredd trwy ddefnyddio **rhywogaethau dangosol** (Tabl 6.3). Mae rhai planhigion ac anifeiliaid yn gallu goddef mwy o lygredd na'i gilydd. Mewn amgylchedd, byddech chi'n disgwyl dod o hyd i rai rhywogaethau penodol. Os bydd rhai o'r rhywogaethau disgwyliedig hyn yn absennol, gall roi syniad o ba mor llygredig yw'r amgylchedd.

Tabl 6.3 Rhywogaethau dangosol ar gyfer lefelau llygredd mewn nentydd.

Ansawdd y dŵr	Rhywogaethau sy'n bresennol
Dŵr glân	Nymff pryf cerrig, nymff cleren Fai
Llygredd isel	Berdysyn dŵr croyw, larfa pryf pric
Llygredd cymedrol	Lleuen ddŵr, cynrhonyn coch
Llygredd uchel	Mwydyn y llaid, cynrhonyn cwtfain

Mae Ffigur 6.8 yn dangos nant lle aeth gwyddonwyr ati i astudio llygredd Roedd dwy fferm, Fferm y Felin a Fferm Hafod, yn agos at y nant ac roedd y gwyddonwyr yn credu bod carthion o un fferm, neu o'r ddwy, yn mynd i'r nant. Cafodd samplau eu cymryd o'r nant mewn pum lle, sydd wedi'u labelu A–D ar y diagram.

Mae Tabl 6.4 yn dangos canlyniadau'r astudiaeth.

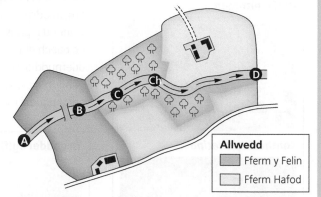

Allwedd
- Fferm y Felin
- Fferm Hafod

Ffigur 6.8 Map o ardal yr astudiaeth.

Tabl 6.4 Canlyniadau astudiaeth yn asesu lefelau llygredd mewn nant, gan ddefnyddio rhywogaethau dangosol

Pwynt sampl	Rhywogaethau wedi'u canfod (niferoedd i bob m^2)							
	Nymff pryf cerrig	Nymff cleren Fai	Berdysyn dŵr croyw	Larfa pryf pric	Cynrhonyn coch	Lleuen ddŵr	Cynrhonyn cwtfain	Mwydyn y llaid
A	11	15	5	12	0	2	0	0
B	0	0	3	4	6	16	12	3
C	0	0	3	8	8	14	2	0
Ch	0	0	4	10	4	6	0	0
D	0	0	0	4	12	20	2	0

O'r canlyniadau, ysgrifennwch adroddiad am lygredd y nant a'i achosion tebygol. Gofalwch fod eich adroddiad yn fanwl a defnyddiwch dystiolaeth o'r canlyniadau i gyfiawnhau eich casgliad.

▶ Pam rydym ni'n poeni am gemegion yn 'mynd i'r gadwyn fwyd'?

Metelau trwm a **phlaleiddiaid** yw'r prif gemegion i achosi pryder yma. Mae angen ychydig bach o fetelau ar bethau byw, ond gall gormod achosi niwed. Mae rhai metelau, fel plwm a mercwri, yn wenwynig mewn meintiau bach hyd yn oed. Prosesau diwydiannol sy'n gyfrifol am y rhan fwyaf o lygredd gan fetelau trwm. Roedd llawer o lygredd plwm yn arfer dod o gerbydau oedd yn llosgi petrol. Erbyn heddiw mae petrol yn ddi-blwm fel arfer, er bod rhai gwledydd datblygol yn defnyddio petrol plwm o hyd.

Mae plaleiddiaid yn gemegion gwenwynig sy'n cael eu defnyddio i ladd plâu amaethyddol, fel arfer trwy chwistrellu cnydau. Mae rhai

Faint o lygredd sydd yn yr aer rydych chi'n ei anadlu?

Mae cennau yn cael eu defnyddio fel dangosyddion llygredd aer. Mae Ffigur 6.9 yn dangos cennau sydd i'w cael mewn aer glân a chennau sydd i'w cael mewn ardaloedd sydd wedi'u llygru ag ocsidau nitrus neu sylffwr deuocsid. Mae hefyd yn dangos enghreifftiau o blanhigion sydd ddim yn gennau, ond sy'n cael eu camgymryd am gennau ar adegau.

Mae'r cennau hyn i gyd yn tyfu ar risgl coed. Gwnewch arolwg o'r coed o amgylch eich ysgol i weld a oes llygredd yn yr aer yn eich ardal chi.

> Pe baech chi'n cymharu eich ardal chi ag ardal arall, eglurwch pam byddai angen edrych ar un rhywogaeth o goeden yn unig yn y ddwy ardal er mwyn gwneud y prawf yn deg.

> Pe baech chi'n dymuno cymharu eich ardal chi ag ardaloedd eraill, byddai'n ddefnyddiol i chi gael data meintiol (rhifau) i'w cymharu. Sut gallech chi gynllunio eich arolwg fel ei fod yn rhoi rhyw fath o ffigur ar gyfer y llygredd aer y byddai modd ei gymharu'n ddibynadwy ag ardal arall?

Hoff o nitrogen

Xanthoria parietina

Physcia tenella

Usnea cornuta

Yn goddef sylffwr

Xanthovia polycarpa

Hypogymnia physodes

Dydy'r rhain ddim yn gennau!

Mwsogl

Desmococcus

Ffigur 6.9 Cennau a rhywogaethau dangosol llygredd aer.

o'r rhain yn cymryd amser i dorri i lawr, ac felly bydd olion ohonyn nhw ar ffrwythau a llysiau yn y siopau. Pan gaiff plaleiddiaid eu gadael yn y pridd, mae glaw'n gallu eu golchi i afonydd a nentydd. Hefyd mae chwistrelli plaleiddiaid yn gallu drifftio yn yr awyr y tu hwnt i'r ardal sy'n cael ei chwistrellu.

Yn y DU mae'r defnydd o'r cemegion llygru hyn yn cael ei reoli. Mae rhai'n cael eu gwahardd mewn sefyllfaoedd arbennig, ac mae Asiantaeth yr Amgylchedd yn monitro'r amgylchedd am arwyddion o lefelau niweidiol o lygryddion. Er bod damweiniau ar adegau'n achosi lefelau uchel o lygredd, mae lefelau'r llygryddion sy'n cael eu rhyddhau i'r amgylchedd fel arfer yn fach ac o dan reolaeth. Mae problemau'n codi, fodd bynnag, os bydd y cemegion hyn yn 'mynd i'r gadwyn fwyd'.

Digwyddodd achos enwog o hyn yn Minemata, Japan yn yr 1950au. Mae'r ddinas ar lannau Bae Minemata, ac roedd y bobl yno'n byw bron yn gyfan gwbl ar bysgod o'r bae. Yn sydyn dechreuodd llawer o bobl yn Minemata ddangos symptomau gwenwyniad mercwri, a bu farw 20 ohonyn nhw. Roedd ffatri ar gyrion y bae'n defnyddio mercwri, ond doedd dim gollyngiad mawr wedi digwydd. Er hynny, roedd planhigion microsgopig yn y bae wedi amsugno'r mercwri ac roedd y planhigion hyn yn rhan o'r gadwyn fwyd ddynol. Mae Ffigur 6.10 yn dangos rhan o'r we fwyd yn y bae.

Ffigur 6.10 Rhan o'r we fwyd yn ardal Bae Minemata. Roedd y bobl yn bwyta amrywiaeth o bysgod a physgod cregyn yn ogystal â hyrddiaid. Roedd y rhain i gyd wedi bod yn bwyta'r planhigion a'r anifeiliaid microsgopig.

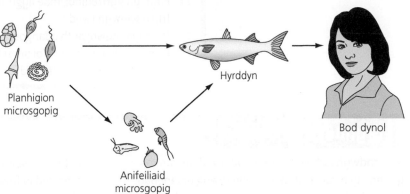

Planhigion microsgopig

Hyrddyn

Anifeiliaid microsgopig

Bod dynol

Digwyddodd y gwenwyniad fel hyn:

1 Amsugnodd y planhigion microsgopig y mercwri oedd yn y dŵr.
2 Bwytaodd yr anifeiliaid microsgopig lawer o blanhigion, ac felly cynyddodd y mercwri yn yr anifeiliaid hyn.
3 Bwytaodd y pysgod lawer iawn o'r planhigion a'r anifeiliaid microsgopig, ac felly cododd lefel y mercwri yn y pysgod yn uwch fyth.
4 Mewn gwirionedd roedd y pysgod yn wenwynig oherwydd lefelau'r mercwri ynddyn nhw. Pan gafodd llawer o'r pysgod hyn eu bwyta gan bobl, aeth lefelau mercwri'r bobl hynny mor uchel nes iddynt fynd yn sâl iawn neu farw.

Bydd yr organebau sydd ar frig cadwyn fwyd yn cronni'r lefelau uchaf o unrhyw wenwyn sy'n mynd i mewn i'r gadwyn. Gan fod bodau dynol ar frig pob gadwyn fwyd rydym ni'n rhan ohoni, mae'r risg yn arbennig o fawr i ni.

▶ Pam mae carthion a gwrteithiau'n lladd pysgod?

Weithiau bydd glaw yn golchi'r carthion a'r gwrteithiau sydd yn y pridd ar dir fferm i nentydd ac afonydd. Mae hyn yn cychwyn proses o'r enw **ewtroffigedd**, sy'n gallu lladd pysgod ac anifeiliaid eraill. Mae'n digwydd fel hyn:

1 Mae'r carthion neu'r gwrtaith yn achosi cynnydd yn nhwf planhigion microsgopig.
2 Mae bywyd byr gan y planhigion hyn, felly yn fuan wedyn mae nifer y planhigion marw yn y dŵr yn codi.
3 Mae bacteria'n pydru'r planhigion, ac oherwydd bod cynifer o blanhigion marw mae poblogaeth y bacteria'n cynyddu'n sydyn.
4 Mae'r bacteria hyn yn defnyddio ocsigen ar gyfer resbiradaeth, ac mae lefel yr ocsigen yn y dŵr yn lleihau.
5 Mae anifeiliaid megis pysgod, sydd angen llawer o ocsigen, yn marw oherwydd does dim digon o ocsigen yn y dŵr.

Term allweddol

Ewtroffigedd Y broses lle mae llygredd gan wrteithiau'n arwain at lefelau ocsigen is mewn dŵr.

Mae problem arall mewn ardaloedd bach o ddŵr fel pyllau. Gall y planhigion microsgopig dyfu cymaint fel eu bod yn ffurfio blanced gyfan dros yr arwyneb, ac felly'n atal y golau sydd ei angen ar y planhigion ar waelod y pwll i oroesi.

✔ **Profwch eich hun**

10 Diffiniwch y term 'llygrydd'.
11 Pam, yn gyffredinol, mae llygryddion yn fwy o risg i organebau sydd ar frig y gadwyn fwyd?
12 Beth yw rhywogaeth ddangosol?
13 Pa organebau sy'n gyfrifol am y lefel is o ocsigen wedi'i hydoddi sy'n digwydd mewn ewtroffigedd?

⬇ Crynodeb o'r bennod

- Mae cadwynau bwyd a gweoedd bwyd yn dangos yr egni sy'n cael ei drosglwyddo rhwng organebau. Maen nhw'n cynnwys cynhyrchwyr, ysyddion cam un (llysysyddion), ysyddion cam dau a thri (cigysyddion), a dadelfenyddion. Mae rhai cadwyni bwyd yn cynnwys ysyddion cam pedwar neu bump, ond mae hyn yn anarferol.

- Ym mhob cam yn y gadwyn fwyd, mae egni'n cael ei ddefnyddio i atgyweirio a chynnal celloedd ac yn nhwf celloedd, tra mae egni'n cael ei golli mewn defnyddiau gwastraff ac yn ystod resbiradaeth.

- Mae pyramidiau niferoedd a phyramidiau biomas yn dynodi niferoedd neu fàs yr organebau sydd ar wahanol lefelau troffig.

- Mae effeithlonrwydd yr egni sy'n cael ei drosglwyddo rhwng lefelau troffig yn effeithio ar nifer yr organebau ar bob lefel droffig.

- Mae micro-organebau, bacteria a ffyngau'n bwysig er mwyn i bethau allu pydru. Maen nhw'n bwydo ar ddefnyddiau gwastraff o organebau, a phan mae planhigion ac anifeiliaid yn marw, maen nhw'n cael eu torri i lawr gan ficro-organebau.

- Mae micro-organebau'n resbiradu ac yn rhyddhau carbon deuocsid i'r atmosffer.

- Mae maetholion – er enghraifft, nitradau a ffosffadau – yn cael eu rhyddhau yn ystod pydredd. Yna mae organebau eraill yn bwydo ar y maetholion hyn, gan arwain at gylchredau maetholion.

- Mewn cymuned sefydlog, mae'r prosesau sy'n cael gwared â defnyddiau mewn cydbwysedd â'r prosesau sy'n rhoi defnyddiau yn ôl yn yr amgylchedd.

- Mae carbon yn cael ei gylchu drwy'r amser ym myd natur, trwy ffotosynthesis sy'n ei gymryd i mewn,

- a thrwy resbiradaeth sy'n ei ryddhau; mae llosgi tanwyddau ffosil yn rhyddhau carbon deuocsid.

- Mae nitrogen hefyd yn cael ei gylchu, trwy weithgarwch bacteria a ffyngau yn y pridd sy'n gweithredu fel dadelfenyddion, ac yn trawsnewid proteinau ac wrea yn amonia. Yna mae amonia'n cael ei drawsnewid yn nitradau, sy'n cael eu hamsugno gan wreiddiau planhigion i wneud proteinau newydd.

- Sefydlogiad nitrogen yw'r broses lle mae nitrogen o'r aer yn cael ei drawsnewid yn nitradau.

- Gall dulliau ffermio modern ostwng lefelau nitradau yn y pridd.

- Mae angen cydbwyso anghenion bodau dynol am fwyd a datblygiad economaidd ag anghenion bywyd gwyllt.

- Mae manteision ac anfanteision i ddulliau ffermio dwys – fel defnyddio gwrteithiau, plaleiddiaid, rheolaeth clefydau a dulliau batri i gynyddu cynnyrch.

- Mae'n bosibl defnyddio rhywogaethau dangosol a newidiadau mewn pH a lefelau ocsigen fel arwyddion o lygredd mewn nant, ac mae'n bosibl defnyddio cennau fel dangosyddion o lygredd aer.

- Mae rhai metelau trwm, sy'n bresennol mewn gwastraff diwydiannol a phlaleiddiaid, yn mynd i mewn i'r gadwyn fwyd, yn cronni yng nghyrff anifeiliaid ac yn gallu cyrraedd lefel wenwynig.

- Mae carthion heb eu trin a gwrteithiau'n gallu llifo i mewn i ddŵr ac achosi i blanhigion ac algâu dyfu'n gyflym, yna mae'r rhain yn marw ac yn dadelfennu. Mae nifer y microbau sy'n eu torri i lawr yn cynyddu ac mae eu resbiradaeth yn gallu defnyddio'r ocsigen yn y dŵr, gan achosi niwed i anifeiliaid sy'n byw yno. Ewtroffigedd yw'r enw am hyn.

▶ Cwestiynau adolygu'r bennod

1 Mae rhai organebau sy'n byw mewn llyn mawr, a chyfanswm eu biomas mewn kg, yn cael eu dangos isod. Dydyn nhw ddim wedi'u lluniadu wrth raddfa.

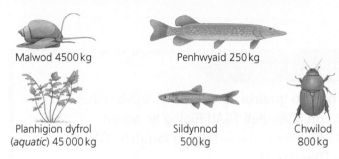

Malwod 4500 kg
Penhwyaid 250 kg
Planhigion dyfrol (*aquatic*) 45 000 kg
Sildynnod 500 kg
Chwilod 800 kg

a) Pa un o'r organebau uchod sy'n debygol o fod â'r niferoedd lleiaf ohonyn nhw yn bresennol? *[1]*

Mae'r organebau uchod i gyd yn ffurfio rhan o'r un gadwyn fwyd.

b) Lluniadwch ddiagram wedi'i labelu i ddangos pyramid biomas yn cynnwys pob un o'r organebau hyn. *[2]*

Mae'r penhwyaid yn y llyn yn cael eu heffeithio gan barasit, o'r enw lleuen bysgod, sy'n byw ar eu croen. Byddai llawer o'r parasitiaid hyn ar bob penhwyad ond byddai eu biomas yn llai na biomas y penhwyaid.

c) Sut byddech chi'n ychwanegu'r wybodaeth hon at y pyramid rydych chi wedi'i luniadu yn (b). Dewiswch o'r datganiadau canlynol: *[1]*

A Eu gosod nhw ar yr haen uwchben y penhwyaid.

B Eu gosod nhw ar waelod y pyramid.

C Eu gosod nhw o dan y sildynnod.

D Eu gosod nhw yn yr haen o dan y penhwyaid.

ch) Eglurwch sut gallai pyramid niferoedd, ar gyfer rhai organebau sy'n byw ar y tir, edrych fel yr un sy'n cael ei ddangos isod: *[2]*

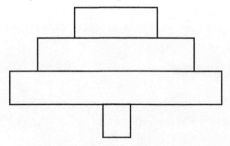

(o Bapur B1(U) CBAC, Haf 2014, cwestiwn 1)

2 Mae Awdurdod yr Amgylchedd yng Nghymru (Cyfoeth Naturiol Cymru) yn monitro crynodiad nitrad a phoblogaeth pysgod mewn llynnoedd ac afonydd. Mae'r graff yn dangos y canlyniadau ar gyfer llyn sy'n agos at dir fferm, a oedd yn cael ei drin yn rheolaidd gyda gwrtaith o 1980 i 1990.

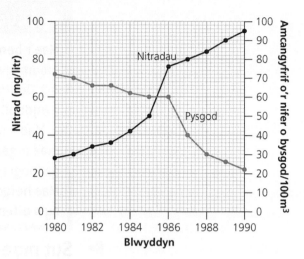

Defnyddiwch y graff a'ch gwybodaeth am rywogaethau dangosol a llygredd gan wrteithiau i ateb y cwestiynau canlynol.

a) Rhwng pa flynyddoedd roedd cyfradd y cynnydd yn llygredd nitradau yn y llyn ar ei mwyaf? *[1]*

b) Ym mha flwyddyn y byddech chi'n disgwyl gweld y crynodiad uchaf o: *[1]*

i) ocsigen yn y llyn?

ii) bacteria yn y llyn?

c) Brasluniwch graff llinell i ddangos y newidiadau sydd i'w disgwyl ym miomas planhigion y llyn o 1980 i 1990. *[3]*

Dosbarthiad a bioamrywiaeth

🏠 | **Cynnwys y fanyleb**

Mae'r bennod hon yn ymdrin ag adran **2.1 Dosbarthiad a bioamrywiaeth** yn y fanyleb TGAU Bioleg ac adran **4.1 Dosbarthiad a bioamrywiaeth** yn y fanyleb TGAU Gwyddoniaeth (Dwyradd).

Mae'n cynnwys trosolwg o'r angen am ddosbarthiad a sut mae organebau gwahanol yn dangos addasiadau sy'n eu galluogi i gystadlu'n llwyddiannus am adnoddau yn eu cynefin. Mae hefyd yn edrych ar fioamrywiaeth, ynghyd â ffactorau sy'n effeithio ar fioamrywiaeth a sut i'w mesur.

▶ Sut mae pethau byw yn amrywio?

Byddai ateb y cwestiwn hwn yn llawn yn cymryd amser hir iawn. Mae pethau byw yn arddangos ystod eang o amrywiadau, hyd yn oed o fewn un rhywogaeth unigol. Mae nodweddion yn amrywio, yn union fel mae maint a lefel cymhlethdod.

Mae'n debyg mai'r organeb fyw leiaf yw'r bacteriwm *Mycoplasma gallicepticum*, sy'n mesur 200–300 nanometr (mae nanometr yn un miliynfed o filimetr). Mae firysau hyd yn oed yn llai na hwn, ond dydy llawer o wyddonwyr ddim yn ystyried firysau fel pethau byw. Hyd yn hyn, y peth byw mwyaf sydd wedi cael ei ddarganfod yw math o fadarchen, *Armillaria solidipes* (Ffigur 7.1). Cafodd cytref o'r ffwng hwn ei ddarganfod yn y Mynyddoedd Glas yn Oregon, UDA yn 1998. Roedd e'n mesur 3.8 cilometr ar draws. Mae'r ffwng dan ddaear yn bennaf, a dim ond y madarch sy'n dod i'r wyneb, felly doedd neb wedi sylwi ar ei faint.

Ffigur 7.1 *Armillaria solidipes* – mae'r rhywogaeth hon o fadarch yn cynnwys yr organeb fyw fwyaf ar y blaned.

Mae llawer o bobl yn meddwl mai'r morfil glas yw'r peth byw mwyaf, ond yr anifail byw mwyaf yn unig ydyw, ac mae'n tyfu hyd at 24 metr o hyd ac yn pwyso hyd at 190 tunnell fetrig (Ffigur 7.2). Efallai eich bod yn dyfalu sut mae pwyso morfil. Maen nhw'n rhy fawr i'w rhoi ar glorian, ond mae morfilod marw wedi cael eu pwyso mewn darnau cyn adio'r ffigurau at ei gilydd!

Ffigur 7.2 Y morfil glas yw'r anifail mwyaf ar y Ddaear.

Mae organebau byw hefyd yn amrywio'n fawr o ran cymhlethdod, o gell unigol yn unig i organebau â thriliynau o gelloedd, wedi'u trefnu yn feinweoedd, organau a systemau organau. Yn ôl amcangyfrifon, mae rhyw 70 triliwn o gelloedd gan fod dynol arferol.

▶ Sut gallwn ni roi trefn ar yr amrywiaeth enfawr o bethau byw?

Mae hi'n anodd iawn gwybod faint o rywogaethau sydd ar y Ddaear (mae rhai newydd yn cael eu darganfod drwy'r amser ac mae eraill yn mynd yn ddiflanedig) ond roedd yr amcangyfrif diweddaraf yn 2011 yn rhoi ffigur o 8.7 miliwn (+/− 1.3 miliwn!). Er mwyn astudio'r nifer enfawr hwn o rywogaethau, rhaid eu rhoi mewn grwpiau sy'n hawdd eu trin. Yn gyffredinol, rydym ni'n gallu rhannu planhigion yn amrywiaethau blodeuol ac anflodeuol, ac anifeiliaid yn fertebratau (gydag asgwrn cefn) ac infertebratau (heb asgwrn cefn). Nid dyma sut mae gwyddonwyr yn grwpio pethau byw, fodd bynnag. Mae ganddyn nhw system fwy cymhleth a manwl sy'n cynnwys llawer mwy o grwpiau. Mae gan bob grŵp nodweddion tebyg. Er enghraifft, mae gwallt gan bob mamolyn (y grŵp mae bodau dynol yn perthyn iddo) ac maen nhw'n bwydo eu hepil â llaeth.

Yn gynharach yn y bennod, cafodd yr organeb fwyaf yn y byd ei henwi fel *Armillaria solidipes*. Dyma yw ei henw gwyddonol. Mae enw gwyddonol gan bob rhywogaeth, er bod gan rai enw 'cyffredin' hefyd. Mae'r enw gwyddonol, sydd bob tro'n cynnwys dau air, yn cael ei ddefnyddio gan wyddonwyr ledled y byd. Mae hyn yn golygu bod pawb yn y gymuned wyddonol yn gwybod pa organeb sydd dan sylw pan fydd yr enw hwnnw'n cael ei ddefnyddio. Mae enwau cyffredin yn amrywio mewn ieithoedd gwahanol (a hyd yn oed mewn rhanbarthau gwahanol o'r un wlad) ac felly mae defnyddio'r rhain yn gallu peri dryswch. Mae gan bryf lludw (*woodlouse*) (Ffigur 7.3 ar y dudalen nesaf), er enghraifft, sawl enw gwahanol mewn gwahanol rannau o Gymru, gan gynnwys 'gwrach y lludw', 'mochyn coed', 'crech y lludw' a 'pryf twca'. Yn fwy na hyn, mae'r enwau hyn i gyd yn cael eu defnyddio ar gyfer pob math o bryf lludw, ac mae 35 rhywogaeth wahanol ohoni yn y DU.

Ffigur 7.3 Dyma *Oniscus asellus* – sydd hefyd yn cael ei adnabod fel pryf lludw, gwrach y lludw a mochyn coed, yn dibynnu ar ble rydych chi'n byw!

▶ Sut mae organebau yn addasu i'w hamgylchedd?

Un rheswm pam gall hyd yn oed rhywogaethau sy'n perthyn yn agos i'w gilydd ddangos cryn nifer o wahaniaethau yw fod rhywogaethau, trwy esblygiad, yn addasu i'w hamgylchedd. Mae nodweddion yn datblygu sy'n gymorth i'r organebau oroesi, ac os bydd dwy rywogaeth sy'n perthyn yn agos yn byw mewn amgylcheddau gwahanol, byddan nhw'n addasu mewn ffyrdd gwahanol. Mae dau fath o addasiadau:

▶ Mae **addasiadau morffolegol** yn addasiadau adeileddol o'r organeb (naill ai'n fewnol neu'n allanol) – er enghraifft lliw ffwr, hyd coes, siâp, pendics llai o faint ac yn y blaen.

▶ Gall **addasiadau ymddygiadol** gynnwys yr amser o'r diwrnod y bydd yr anifail yn weithgar neu'r math o fwyd mae'n ei fwyta. Mae 'ymddygiad' planhigion yn gyfyngedig iawn, ac felly mae hyn yn berthnasol i anifeiliaid yn bennaf.

Mae Ffigurau 7.4 a 7.5 yn dangos rhai enghreifftiau o addasu i'r amgylchedd.

Dail yn cael eu lleihau i ddrain i leihau faint o ddŵr sy'n cael ei golli

Mae'r coesyn yn dew ac yn storio dŵr

System wreiddiau hir i gael mynediad at ddŵr sy'n ddwfn o dan y ddaear

Ffigur 7.4 Mae gan y cactws addasiadau braidd yn eithafol oherwydd mae ei amgylchedd y diffeithdir hefyd yn eithafol.

Mae'r teigr yn weithgar yn y nos pan mae ei olwg yn rhoi mantais iddo dros ei ysglyfaeth

Mae streipiau yn torri ar amlinell y corff, felly mae ysglyfaeth yn llai tebyg o weld y teigr

Mae llygaid ar flaen y pen yn help wrth ddal ysglyfaeth gan eu bod yn rhoi canfyddiad da o ddyfnder

Golwg da sy'n gweithio'n dda yn y tywyllwch

Dannedd miniog i ladd ysglyfaeth

Cynffon yn helpu cydbwysedd wrth redeg

Cyhyrau pwerus yn y coesau i hela ysglyfaeth

Crafangau mawr i ddal ac i ladd ysglyfaeth

Ffigur 7.5 Nid gweddu i'w ffordd o fyw fel ysglyfaethwr yw unig swyddogaeth addasiadau'r teigr. Maen nhw hefyd yn addas i'w amgylchedd (mae'n llwyddiannus yn y jyngl, ond byddai ei streipiau yn cynnig cuddliw llawer llai effeithiol mewn glaswelltir).

Addasu i'r amgylchedd

Tabl 7.1 Enghreifftiau o anifeiliaid sy'n byw mewn amgylcheddau gwahanol.

Amgylchedd	Amodau	Enghreifftiau
Diffeithdir	Gwres eithafol Prinder dŵr	Llygoden fawr godog Camel Igwana'r diffeithdir
Arctig	Oerfel eithafol Gorchudd o eira a rhew	Arth wen Caribŵ Ysgyfarnog yr Arctig
Safana	Poeth Agored, felly hawdd i ysglyfaethwyr ac ysglyfaethau weld ei gilydd Sych am y rhan fwyaf o'r flwyddyn heblaw'r tymor gwlyb Prinder bwyd yn y tymor sych	Sebra Llew Swricat (*meerkat*)

Ar gyfer pob amgylchedd yn Nhabl 7.1, ymchwiliwch i un anifail (naill ai un o'r enghreifftiau yn y tabl neu dewiswch un eich hun). Ar gyfer pob anifail, darganfyddwch a chofnodwch un **addasiad morffolegol** ac un **addasiad ymddygiadol** i'w amgylchedd.

▶ Pa adnoddau sydd eu hangen ar organebau?

Er mwyn goroesi, mae angen cyflenwad egni ar bob organeb. Mae planhigion yn cael egni'n uniongyrchol o olau haul trwy ffotosynthesis; rhaid i anifeiliaid gael egni o fwyd (h.y. o organebau byw eraill). Mae angen egni i gyflawni holl brosesau byw, ond mae angen cyflenwad o ddefnyddiau crai hefyd ar gyfer prosesau cemegol ac i adeiladu cyrff. Mae angen cyflenwad digonol o'r defnyddiau hyn ar unrhyw amgylchedd er mwyn cynnal bywyd. Mae egni'n cyrraedd y rhan fwyaf o ecosystemau'n gyson ar ffurf golau haul, ond mae'r defnyddiau crai'n gyfyngedig a rhaid eu hailddefnyddio drosodd a throsodd.

Mae Tabl 7.2 yn crynhoi'r adnoddau sydd eu hangen ar bethau byw.

Tabl 7.2 Yr adnoddau sydd eu hangen ar bethau byw.

Adnodd	Angen ar
Golau	Planhigion i wneud bwyd i gael egni
Bwyd	Anifeiliaid i gael egni
Dŵr	Organebau byw, ar gyfer pob adwaith cemegol sy'n digwydd mewn celloedd
Ocsigen	Organebau byw sy'n resbiradu'n aerobig, i dorri bwyd i lawr i ryddhau ei egni
Carbon deuocsid	Planhigion ar gyfer ffotosynthesis
Mwynau	Organebau byw – mae angen mwynau penodol ar gyfer adweithiau cemegol penodol sy'n digwydd mewn celloedd

▶ Beth sy'n digwydd pan mae adnoddau yn brin?

Swm cyfyngedig o egni sy'n dod i mewn i ecosystem drwy'r amser, ac mae terfyn hefyd ar yr adnoddau eraill sydd ar gael. Mae hyn yn cyfyngu ar nifer y pethau byw y gall ecosystem eu cynnal. Mae'n rhaid i'r organebau gystadlu â'i gilydd am yr adnoddau, a bydd y rhai sydd yn well yn y gystadleuaeth hon yn goroesi'n well na'r gweddill. Mae aelodau o'r un rhywogaeth yn **cystadlu** drwy'r amser, oherwydd mae angen yr un pethau arnynt (e.e. maen nhw'n bwyta'r un bwyd), ond mae rhywogaethau gwahanol sydd ag anghenion tebyg hefyd yn cystadlu yn erbyn ei gilydd. Mae cystadleuaeth yn rhoi terfyn ar faint posibl poblogaeth, er bod ffactorau eraill yn bwysig hefyd – er enghraifft, **ysglyfaethu, clefydau** a **llygredd**.

Mae cystadleuaeth yn golygu bod un neu fwy o adnoddau yn gyfyngedig, ac felly dydy'r boblogaeth ddim yn gallu cyrraedd y maint a fyddai'n bosibl pe bai'r adnoddau yn ddi-ddiwedd (dydyn nhw byth yn ddi-ben-draw). Mae ysglyfaethu, clefydau a llygredd i gyd yn cyfrannu at gyfradd marwolaeth poblogaeth, ac felly mae'n amlwg yn cyfyngu ar ei maint.

→ | **Gweithgaredd**

Cystadleuaeth rhwng chwilod blawd

Cadwodd gwyddonwyr ddwy rywogaeth debyg iawn o chwilod blawd (y chwilen flawd goch a'r chwilen flawd ddryslyd) mewn blawd, sy'n rhoi bwyd iddynt ynghyd â chynefin i fyw ynddo. Ar ôl tua 350 diwrnod, fe wnaethon nhw ganfod bod y chwilod blawd coch i gyd wedi marw gan adael y chwilod blawd dryslyd yn unig. Hefyd, cadwodd y gwyddonwyr y ddau fath o chwilen ar eu pennau eu hunain mewn samplau blawd ar wahân. Mae Ffigur 7.6 yn dangos rhai o'u canlyniadau.

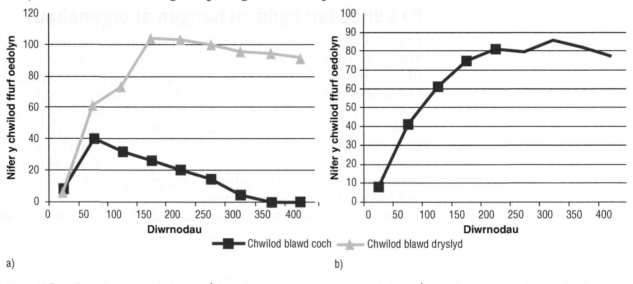

Ffigur 7.6 Cystadleuaeth ymysg chwilod blawd: a) Canlyniadau gyda'r ddwy chwilen gyda'i gilydd, b) Canlyniadau gyda'r chwilod blawd coch yn unig.

Cwestiynau

Casgliad y gwyddonwyr oedd fod y chwilod blawd yn cystadlu am adnodd, a bod y chwilod blawd dryslyd yn fwy llwyddiannus yn y gystadleuaeth hon na'r chwilod blawd coch.

1 Pam roedd hi'n bwysig i'r gwyddonwyr astudio'r cynnydd ym mhoblogaeth y chwilod blawd coch pan oedd y chwilod hyn ar eu pennau eu hunain?
2 Am ba adnodd(au) y gallai poblogaethau'r ddwy chwilen fod wedi bod yn cystadlu?
3 Pa mor gryf yw'r dystiolaeth bod cystadleuaeth rhwng y ddwy rywogaeth o chwilod? Eglurwch eich ateb.
4 Awgrymwch reswm pam cynyddodd y ddwy rywogaeth yn y 50 diwrnod cyntaf.
5 Cadwodd y gwyddonwyr dymheredd y blawd yr un fath drwy gydol yr arbrawf. Awgrymwch pam.

Gwaith ymarferol

Cystadleuaeth rhwng hadau berwr

Mae'r arbrawf hwn yn edrych ar effaith cystadleuaeth am ddŵr ar egino hadau berwr.

Cyfarpar

> 2 ddalen o bapur hidlo
> 2 ddysgl Petri
> chwistrell

> hadau berwr
> gefel fain

Dull

1 Paratowch ddwy ddalen o bapur hidlo. Torrwch y ddwy fel eu bod yn ffitio y tu mewn i gaead dysgl Petri. Lluniwch grid ar y ddau ddarn o bapur, fel mae Ffigur 7.7 yn ei ddangos.

2 Rhowch un darn o bapur hidlo yn y ddau gaead dysgl Petri.

3 Defnyddiwch chwistrell i ychwanegu digon o ddŵr i wlychu'r holl bapur hidlo mewn un ddysgl Petri. Nodwch faint o ddŵr rydych chi wedi'i ddefnyddio.

4 Ychwanegwch yr un cyfaint o ddŵr at yr ail ddysgl Petri.

5 Gan ddefnyddio gefel fain, rhowch un hedyn berwr ym mhob sgwâr ar y papur hidlo yn y ddysgl Petri gyntaf. Ceisiwch roi'r hedyn yng nghanol y sgwâr. Cyfrwch a chofnodwch gyfanswm yr hadau rydych chi wedi'u defnyddio.

6 Rhowch dri hedyn ym mhob sgwâr yn yr ail ddysgl Petri. Cyfrwch a chofnodwch gyfanswm yr hadau rydych chi wedi'u defnyddio.

7 Gorchuddiwch gaeadau'r dysglau Petri a gadewch iddynt egino am 3–4 diwrnod.

8 Cofnodwch ganran yr hadau sydd wedi egino ym mhob dysgl.

9 Lluniwch gasgliadau ac eglurwch eich canlyniadau.

10 Cynhaliodd Soffia ac Ifan yr arbrawf. Roedd Soffia'n meddwl y dylen nhw ailadrodd yr arbrawf, ond dywedodd Ifan, gan eu bod nhw wedi defnyddio llawer o hadau, eu bod nhw wedi'i ailadrodd eisoes. Trafodwch gryfderau'r ddau syniad.

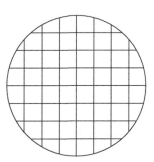

Ffigur 7.7 Grid o linellau 1 cm ar wahân, wedi'i luniadu ar gylch papur hidlo (ddim wrth raddfa).

✔ Profwch eich hun

1 Pam mae gwyddonwyr yn rhoi enwau gwyddonol i organebau?

2 Beth yw addasiad morffolegol?

3 Pam mae angen golau ar anifeiliaid a phlanhigion, er mai planhigion yn unig sy'n ei ddefnyddio'n uniongyrchol?

4 Pam bydd cystadleuaeth bob amser rhwng aelodau o'r un rhywogaeth sy'n byw yn yr un ardal?

5 Ar wahân i gystadleuaeth, enwch ddwy ffactor arall sy'n gallu cyfyngu ar faint poblogaeth.

▶ Beth yw bioamrywiaeth, a pham mae'n bwysig?

Bioamrywiaeth yw nifer y gwahanol rywogaethau a nifer yr unigolion yn y rhywogaethau hynny mewn ardal benodol. Dydy bioamrywiaeth ddim yn ymwneud â chyfanswm niferoedd yr anifeiliaid a phlanhigion yn unig, ond hefyd â'r amrywiaeth ohonynt. Does dim maint penodol i'r 'ardal' dan sylw – gallech chi sôn am y bioamrywiaeth ar draeth, neu yng Nghymru, neu yn Ewrop ac yn y blaen.

Mae bioamrywiaeth yn beth da, oherwydd mae'n arwain at amgylcheddau sefydlog sy'n gallu gwrthsefyll sefyllfaoedd a all fod

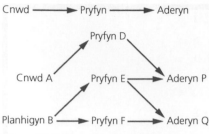

Ffigur 7.8 Cadwyn fwyd a gwe fwyd.

yn niweidiol. Dewch i ni edrych ar fath o amgylchedd sy'n aml â bioamrywiaeth isel – cae mawr sy'n tyfu un math o gnwd yn unig. Dychmygwch mai dim ond un rhywogaeth o bryfed sy'n bwyta'r cnwd, ac mai dim ond un rhywogaeth o adar sy'n bwyta'r pryfyn. (Ni fyddai amgylchedd byth mor syml â hynny, ond mae hon yn ffordd syml o ddangos yr egwyddorion.)

Yn yr amgylchedd hwn, dim ond un gadwyn fwyd sydd (Ffigur 7.8).

Nawr dychmygwch fod y ffermwr yn defnyddio pryfleiddiad i ladd y rhan fwyaf o'r pryfed. Ni fydd gan yr adar ddim byd i'w fwyta a byddan nhw'n mynd i rywle arall lle gallant gael bwyd. Ni fydd dim byd yn bwyta'r ychydig o bryfed sydd wedi goroesi, a bydd eu poblogaeth yn tyfu eto'n gyflym iawn, gan achosi difrod difrifol i'r cnwd, cyn i'r adar ddychwelyd yn y pen draw, fel ymateb i'r ffaith bod eu bwyd wedi dychwelyd. Felly, mae newid ym mhoblogaeth un rhywogaeth yn gallu cael effeithiau mawr ar rai eraill.

Nawr, dewch i ni ystyried amgylchedd mwy cymhleth â mwy o organebau ynddo, gan ffurfio gwe fwyd ar waelod Ffigur 7.8.

Dewch i ni dybio bod y ffermwr yn lladd llawer o bryfed o rywogaeth D â phryfleiddiad. Y tro hwn, mae pryfyn E, sydd ddim yn bwydo ar y cnwd, yn gallu cyflenwi bwyd i aderyn P. Efallai y bydd gan aderyn Q lai o fwyd nawr, ond gall ddal i oroesi trwy fwyta pryfyn F. Mae pob rhywogaeth yn gallu aros yn yr ardal, hyd yn oed os yw eu niferoedd yn newid ychydig. Mae'r amgylchedd yn fwy **sefydlog**.

Yn y byd go iawn, mae llawer mwy o organebau mewn unrhyw amgylchedd nag sydd yn yr enghreifftiau hyn, ond mae'r egwyddor yn dal i fod yn wir – y mwyaf yw'r bioamrywiaeth, y mwyaf sefydlog yw'r amgylchedd.

Ledled y byd, mae ymdrechion yn cael eu gwneud i gadw bioamrywiaeth, ac i achub rhywogaethau sydd mewn perygl. Mae anifeiliaid mawr yn cael llawer o'r cyhoeddusrwydd, ond mae bioamrywiaeth yn dibynnu ar gadw amrywiaeth mor fawr â phosibl o rywogaethau. Felly mae'n bwysig cadw planhigion, mwydod, pryfed, pryfed cop ac ati hefyd (Ffigur 7.9).

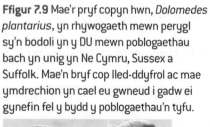

Ffigur 7.9 Mae'r pryf copyn hwn, *Dolomedes plantarius*, yn rhywogaeth mewn perygl sy'n bodoli yn y DU mewn poblogaethau bach yn unig yn Ne Cymru, Sussex a Suffolk. Mae'n bryf cop lled-ddyfrol ac mae ymdrechion yn cael eu gwneud i gadw ei gynefin fel y bydd y poblogaethau'n tyfu.

Mae bioamrywiaeth hefyd yn ddefnyddiol mewn ffyrdd eraill. Ar adegau, mae cannoedd o flynyddoedd o fewnfridio detholus mewn anifeiliaid domestig ac anifeiliaid fferm a chnydau wedi achosi i rywogaethau golli'r gallu i wrthsefyll rhai clefydau. Mae'n bwysig nad ydym ni'n gadael i'r bridiau hynafol fynd yn ddiflanedig rhag ofn y bydd angen i ni gryfhau'r bridiau presennol, neu ailgyflwyno gallu i wrthsefyll clefyd, trwy eu croesfridio â rhywogaethau hynafol yn y dyfodol (Ffigur 7.10).

Ffigur 7.10 Mae'r ddafad Soay yn enghraifft o frîd hynafol sy'n cael ei gadw; gallai ei genynnau fod yn ddefnyddiol yn y dyfodol.

▶ Sut gallwn ni gynnal bioamrywiaeth?

Y broblem gyntaf i'w datrys er mwyn cynnal bioamrywiaeth yw canfod ffordd o'i mesur, ac yna ailadrodd y mesuriad bob hyn a hyn er mwyn gweld unrhyw newidiadau. Yn y DU, mae grŵp o'r enw UK Biodiversity Partnership yn casglu data ac yn asesu'r fioamrywiaeth yn y wlad trwy fonitro set o 18 o ddangosyddion bioamrywiaeth. Mae Ffigur 7.11 yn y gweithgaredd isod yn dangos rhywfaint o ddata o adroddiad UK Biodiversity Partnership ar gyfer 2010.

Ar ôl i ni gasglu data manwl gywir ar gyfer poblogaeth dros gyfnod o amser, mae'n bosibl defnyddio model mathemategol i ragfynegi beth fydd yn digwydd i'r boblogaeth yn y dyfodol, ac i dynnu sylw at broblemau posibl yn y dyfodol

Mae amryw o ffyrdd o gynnal bioamrywiaeth, yn lleol neu'n genedlaethol:

- ▶ rhaglenni bridio a rhyddhau i roi hwb i boblogaethau
- ▶ gwarchod cynefinoedd rhywogaethau sydd dan fygythiad
- ▶ creu o'r newydd gynefinoedd sydd wedi dirywio (plannu, tirweddu ac ati)
- ▶ rheoli rhywogaethau goresgynnol (*invasive*) sy'n gallu lledaenu a gwthio rhywogaethau eraill allan
- ▶ deddfwriaeth i amddiffyn cynefinoedd neu rywogaethau unigol
- ▶ rheoli llygredd neu ffactorau eraill a allai fod yn bygwth rhywogaethau neu eu cynefinoedd.

Mae deddfu (hynny yw, gwneud cyfreithiau) i warchod cynefinoedd neu rywogaethau yn gallu bod yn anodd mewn rhai achosion, gan y gall anghenion bywyd gwyllt wrthdaro ag anghenion bodau dynol. Yn ogystal, mae'r byd byw yn amrywiol iawn a gall fod yn eithaf anodd llunio deddfwriaeth a fydd yn cwmpasu pob sefyllfa yn deg.

➡ Gweithgaredd

Bioamrywiaeth yn y DU

Mae'r graff yn dangos data o adroddiad UK Biodiversity Partnership ar gyfer 2010.

Dros gyfnod yr astudiaeth, mae adar môr wedi cynyddu, mae adar dŵr ac adar gwlyptir wedi aros yn eithaf sefydlog, ond mae niferoedd adar coetir ac adar tir fferm wedi gostwng.

Cwestiynau

1 Awgrymwch reswm posibl dros y gostyngiad mewn adar coetir ers 1970.

2 Awgrymwch reswm posibl dros y gostyngiad mewn adar tir fferm ers 1970.

3 Mae'r graff yn mynd hyd at 2008. Beth ydych chi'n meddwl fyddai'n digwydd i boblogaethau'r gwahanol fathau o adar pe bai data pellach wedi'u cyhoeddi ar gyfer 2010? Eglurwch eich ateb.

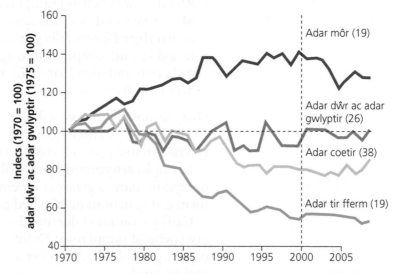

Ffigur 7.11 Newidiadau ym mhoblogaethau mathau gwahanol o adar yn y DU, 1970–2008. Mae'r niferoedd mewn cromfachau'n dynodi nifer y rhywogaethau sy'n cael eu monitro.

► Sut gallwn ni gael data am fioamrywiaeth mewn amgylchedd?

Heblaw bod yr amgylchedd sy'n cael ei astudio'n fach iawn, bydd yn amhosibl ei archwilio i gyd i ddod o hyd i'r holl blanhigion ac anifeiliaid sy'n byw yno. Mae'n haws dod o hyd i blanhigion nag anifeiliaid, gan nad ydyn nhw'n symud o gwmpas nac yn cuddio, ond byddai'n dal yn amhosibl cyfri'r holl blanhigion mewn, er enghraifft, coetir ag arwynebedd o rai cilometrau sgwâr. Yr unig ffordd y gallwn ni gael syniad o'r niferoedd yw cymryd **sampl**. Caiff ardal fach ei hastudio'n fanwl, a chaiff y niferoedd eu defnyddio i ragfynegi niferoedd poblogaeth yr amgylchedd cyfan. Er enghraifft, os ydym ni eisiau astudio rhywogaeth o falwod mewn corstir ag arwynebedd o 100 km², gallem ni gyfri'r holl falwod mewn arwynebedd o 100 m × 100 m wedi'i rannu yn nifer o samplau llai. Cyfanswm arwynebedd y sampl yw 10 000 m²; mae hyn yn 1/10 000 o'r arwynebedd cyfan. Fel enghraifft, dewch i ni ddweud bod 115 o falwod yn yr arwynebedd sampl:

arwynebedd sampl	= 1/10 000 o gyfanswm yr arwynebedd
nifer y malwod yn yr arwynebedd sampl	= 115
nifer y malwod yng nghyfanswm yr arwynebedd	= 115 × 10 000
	= 1 150 000

Er mwyn i'r rhif hwn fod yn rhesymol o fanwl gywir, mae angen bodloni rhai meini prawf penodol:

► Rhaid i'r arwynebedd sampl fod yn nodweddiadol o'r ardal gyfan. Mae arwynebeddau bach iawn yn fwy tebygol o fod yn anarferol mewn rhyw ffordd, felly gorau po fwyaf yw arwynebedd y sampl.
► Rhaid i'r dull samplu beidio ag effeithio ar y canlyniadau (e.e. gyda rhai anifeiliaid, ond nid malwod, gallai presenoldeb pobl eu dychryn i ffwrdd).

Dydy samplau ddim yn gallu bod yn hollol fanwl gywir, ac mae gwyddonwyr yn aml yn gwneud dadansoddiadau ystadegol sy'n ystyried maint y sampl wrth ffurfio casgliadau.

I samplu arwynebedd penodol, bydd gwyddonwyr yn aml yn defnyddio darn o gyfarpar o'r enw cwadrat. Ffrâm o ryw fath yw hwn, gydag ochrau hafal o hyd penodol (Ffigur 7.12).

Caiff y cwadrat ei ddefnyddio lawer o weithiau i adeiladu arwynebedd sampl mwy. Dylid ei osod i lawr ar hap, er mwyn osgoi'r posibilrwydd y gall yr arbrofwr gyflwyno tuedd i'r data sy'n cael eu casglu.

Ffigur 7.12 Defnyddio cwadrat. Yn yr achos hwn, mae'r cwadrat yn 0.5 m × 0.5 m, sy'n golygu bod ganddo arwynebedd o 0.25m².

Gwaith ymarferol penodol

Ymchwiliad i ddosbarthiad a digonedd organebau

Cyfrif llygaid y dydd

Cyfarpar

> cwadrat, 0.5 m × 0.5 m
> tâp mesur

Dull

1 Dewiswch ardal o laswelltir i'w samplu, a mesurwch arwynebedd yr holl ardal rydych chi'n dymuno ei hastudio.

2 Rhowch y cwadrat i lawr 'ar hap'. Y ffordd hawddaf o wneud hyn yw ei ollwng dros eich ysgwydd, heb edrych ble bydd yn glanio. Cofiwch weiddi rhybudd i wneud yn siŵr nad oes neb y tu ôl i chi, rhag ofn i'r cwadrat eu taro nhw.

3 Cyfrwch faint o blanhigion llygad y dydd (nid dim ond y blodau) sydd yn eich cwadrat.

4 Ailadroddwch hyn naw gwaith arall (h.y. cyfanswm o 10 gwaith).

5 Defnyddiwch eich data i gyfrifo faint o lygaid y dydd sydd yn yr ardal gyfan o laswelltir.

Gwerthuso eich arbrawf

Awgrymwch unrhyw anfanteision posibl yn y dull ddefnyddioch chi i osod y cwadrat 'ar hap'.

6 Eglurwch pam mae bioamrywiaeth uchel yn gwneud ecosystem yn fwy sefydlog.

7 Byddai defnyddio darn o goetir i adeiladu tai arno yn gallu lleihau bioamrywiaeth yn y coetir. Pam?

8 Wrth ddefnyddio cwadrat i samplu ardal, pam mae'n bwysig gosod y cwadratau ar hap?

9 Aeth gwyddonwyr ati i samplu arwynebedd o 1000 m² ar draeth oedd â chyfanswm arwynebedd o 1 km² (1 000 000 m²). Daethant o hyd i 293 o gocos. Amcangyfrifwch faint o gocos oedd ar y traeth i gyd.

10 Edrychwch ar yr amgylcheddau yn Ffigur 7.13. Awgrymwch reswm pam byddai angen i wyddonwyr ddefnyddio arwynebedd sampl mwy yn y coetir nag ar y morfa heli (*saltmarsh*).

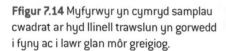
Ffigur 7.13 Amgylcheddau coetir a morfa heli.

▶ Sut gallwn ni gael gwybod am ddosraniad organebau?

Weithiau, bydd ymchwilwyr eisiau gwybod mwy na dim ond pa anifeiliaid a phlanhigion sydd mewn amgylchedd; byddan nhw eisiau gwybod rhywbeth am eu dosraniad. Mae nifer o ffyrdd o wneud hyn, ac un ffordd yw cymryd trawslun. Cyfres o samplau wedi'u cymryd mewn llinell yw trawslun. Fel rheol, bydd y llinell sy'n cael ei dewis ar gyfer y samplau'n gorwedd ar hyd rhyw fath o newid mewn amodau (e.e. wrth samplu glan môr greigiog, gallech chi osod llinell y trawslun o'r lefel llanw isel at y lefel llanw uchel – gweler Ffigur 7.14).

Ffigur 7.14 Myfyrwyr yn cymryd samplau cwadrat ar hyd llinell trawslun yn gorwedd i fyny ac i lawr glan môr greigiog.

Caiff cwadratau eu gosod ar bellterau rheolaidd ar hyd llinell y trawslun, a chaiff yr anifeiliaid a'r planhigion yn y cwadratau eu cofnodi. Mae hyn yn ei gwneud hi'n bosibl canfod unrhyw batrymau yn eu dosraniad (Ffigur 7.15).

Ffigur 7.15 Gallwn ni blotio dosraniad organebau ar hyd trawslun mewn 'diagram barcut'. Mae lled y llinell yn fesur o nifer yr organebau o'r math hwnnw gafodd eu canfod mewn cwadratau wedi'u gosod ar wahanol bellteroedd ar hyd y trawslun.

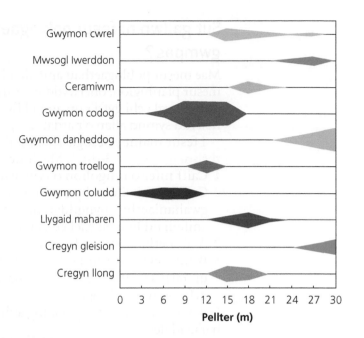

Pellter (m)

Gwaith ymarferol penodol

Ymchwiliad i ddosbarthiad a digonedd organebau

Beth yw effaith sathru ar blanhigion?

Yn yr arbrawf hwn, bydd angen i chi ddod o hyd i lwybr trwy dir eich ysgol neu drwy unrhyw ddarn o laswelltir neu goetir. Mae'n well profi llwybr sydd wedi'i dreulio gan bobl yn cerdded ar hyd y llwybr, yn hytrach na llwybr sydd wedi'i adeiladu, ond dydy hyn ddim yn hanfodol. Mae rhai planhigion yn gallu goroesi cael eu sathru'n rheolaidd, a bydd y rhain i'w cael ar y llwybr neu'n agos ato. Y lleiaf o allu sydd gan rywogaeth planhigyn i wrthsefyll cael ei sathru, y pellaf oddi wrth y llwybr y bydd, nes i chi gyrraedd pellter lle nad yw pobl yn cerdded yn aml.

Cyfarpar

> cwadrat, 0.5 m × 0.5 m
> llinyn 10 m, wedi'i farcio bob 0.5 m, neu dâp mesur
> 2 × sgiwer neu rywbeth tebyg i angori'r llinyn yn y ddaear
> llyfr adnabod planhigion

Dull

1 Gosodwch y llinyn wedi'i farcio ar draws y llwybr, gan ei estyn tua'r un pellter ar y ddwy ochr i'r llwybr (Ffigur 7.16). Os yw'r llwybr yn llydan, rhowch linell y trawslun ar un ochr i'r llwybr yn unig.

2 Rhowch y cwadrat i lawr bob 0.5 m ar hyd y trawslun, a chofnodwch bob rhywogaeth rydych chi'n ei

chanfod a faint sydd o bob un. Gwnewch eich gorau i adnabod yr holl blanhigion a welwch.

3 Cyflwynwch eich canlyniadau mewn unrhyw ffordd addas.

Ffigur 7.16 Llinell trawslun bosibl er mwyn astudio dosraniad planhigion ar draws llwybr.

Dadansoddi eich canlyniadau

1 Oes patrwm yn eich canlyniadau?

2 O'r planhigion y daethoch chi o hyd iddynt, pa un oedd y gorau am wrthsefyll cael ei sathru yn eich barn chi? Defnyddiwch eich data i gyfiawnhau eich ateb.

3 Oes unrhyw ffactorau eraill, heblaw sathru, a allai effeithio ar ddosraniad planhigion yn yr ardal a gafodd ei samplu?

4 Oes tystiolaeth bod unrhyw ffactor arall/ffactorau eraill wedi dylanwadu ar eich canlyniadau? Eglurwch eich ateb.

Sut gallwn ni fesur poblogaeth anifeiliaid sy'n symud o gwmpas?

Mae mesur poblogaethau anifeiliaid unrhyw ardal yn anoddach na mesur planhigion, oherwydd mae anifeiliaid yn symud o gwmpas. Mae perygl i chi gyfri'r un anifail fwy nag unwaith, neu fethu rhai sydd newydd symud allan o'r ardal sampl, ond sy'n mynd i ddychwelyd.

I fesur maint poblogaeth anifeiliaid, gallwn ni ddefnyddio **techneg dal ac ail-ddal**. Mae'r dechneg yn gweithio fel hyn:

1 Caiff nifer o unigolion o rywogaeth benodol eu dal.
2 Caiff yr anifeiliaid hyn eu marcio mewn rhyw ffordd er mwyn gwahaniaethu rhyngddyn nhw a gweddill y boblogaeth. Mae'r anifeiliaid hyn yn cael eu rhyddhau'n ôl i'r cynefin.
3 Ar ôl peth amser, caiff sampl arall o'r boblogaeth ei ddal.
4 Byddai cyfran yr unigolion sydd wedi'u marcio yn yr ail sampl yr un fath â'r nifer a gafodd eu marcio'n wreiddiol fel cyfran o gyfanswm y boblogaeth.

Gallwn ni amcangyfrif y boblogaeth trwy ddefnyddio'r hafaliad lle:

$$N = \frac{MC}{R}$$

N = amcangyfrif o gyfanswm maint y boblogaeth
M = cyfanswm nifer yr anifeiliaid a gafodd eu dal a'u marcio ar yr ymweliad cyntaf
C = cyfanswm nifer yr anifeiliaid a gafodd eu dal ar yr ail ymweliad
R = nifer yr anifeiliaid a gafodd eu dal ar yr ymweliad cyntaf ac a gafodd eu dal eto ar yr ail ymweliad.

Er mwyn i'r amcangyfrif o'r boblogaeth fod yn fanwl gywir, rhaid i amodau penodol fod yn berthnasol:

▶ Mae angen rhoi digon o amser rhwng y ddau sampl i'r unigolion sydd wedi'u marcio gael cymysgu â gweddill y boblogaeth.
▶ Does dim nifer mawr o anifeiliaid yn symud i mewn nac allan o'r ardal yn yr amser rhwng y ddau sampl.
▶ Dydy'r dechneg farcio ddim yn effeithio ar siawns yr anifail o oroesi (e.e. ei gwneud yn haws i ysglyfaethwr ei weld).
▶ Dydy'r dechneg farcio ddim yn effeithio ar y siawns o ail-ddal anifail trwy ei gwneud yn haws i'r casglwr 'sylwi' ar yr unigolion sydd wedi'u marcio.

→ | Gweithgaredd

Cyfrifo gan ddefnyddio'r dechneg dal ac ail-ddal

Roedd Dafydd eisiau amcangyfrif poblogaeth y pryfed lludw yn ei ardd. Chwiliodd o gwmpas a chasglodd 100 o bryfed lludw. Marciodd bob un ohonynt â smotyn o baent gwyn ar y cefn, a'u rhyddhau nhw (Ffigur 7.17). Wythnos yn ddiweddarach, aeth i'w ardd a chasglodd 100 o bryfed lludw eraill. Roedd pedwar o'r rhain yn rhai roedd wedi eu dal o'r blaen a'u marcio.

Gan ddefnyddio'r hafaliad

$$N = \frac{MC}{R}$$

cyfrifwch faint poblogaeth y pryfed lludw yng ngardd Dafydd.

Ffigur 7.17 Pryf lludw wedi'i farcio.

► Pam mae cyflwyno rhywogaeth newydd i gynefin yn gallu achosi problemau?

Os ydych chi'n mynd ar wyliau tramor, ni chewch ddod ag unrhyw blanhigion (hyd yn oed hadau) neu anifeiliaid adref gyda chi o'r wlad y buoch chi'n ymweld â hi. Mae cyfyngiadau tebyg yn bodoli ym mhob gwlad. Ydych chi erioed wedi meddwl pam?

Er bod bioamrywiaeth yn beth da, gallwch chi achosi problemau trwy gyflwyno **rhywogaeth 'estron'** (un sydd ddim i'w chael yn yr ardal fel rheol) i amgylchedd. Er enghraifft:

▸ Efallai na fydd gan y rhywogaeth estron ddim ysglyfaethwyr yn yr ardal, a gallai ei phoblogaeth dyfu y tu hwnt i reolaeth.
▸ Efallai y bydd y rhywogaeth estron yn cystadlu â rhywogaeth sydd yno eisoes, gan achosi iddi ddiflannu o'r ardal.
▸ Efallai y bydd yn ysglyfaethu ar rywogaeth sydd yno eisoes, gan leihau ei niferoedd.
▸ Efallai y bydd y rhywogaeth estron yn cludo clefyd y mae'n imiwn iddo, ond sy'n effeithio ar y poblogaethau sydd yno eisoes.

Mae dros 3000 o rywogaethau anfrodorol (*non-native*) yn y DU, sy'n fwy nag yn unrhyw wlad arall yn Ewrop. O ble maen nhw i gyd wedi dod?

Mae rhai wedi cyrraedd 'ar ddamwain'. Efallai eu bod nhw wedi cyrraedd ar longau, ymysg y cargo, neu efallai fod casglwyr neu werthwyr wedi dod â nhw i'r wlad a'u bod nhw wedi dianc neu wedi cael eu rhyddhau (Ffigur 7.18).

Ffigur 7.18 Dydy hyddod brith ddim yn frodorol i Brydain. Y Normaniaid (neu efallai'r Rhufeiniaid) ddaeth â nhw i'r wlad hon, a hynny ar gyfer hela yn ôl pob tebyg.

Mae rhai rhywogaethau'n cael eu cyflwyno'n fwriadol er mwyn rheoli rhywogaethau sy'n bla. Mae hyn yn enghraifft o **reoli biolegol**. Mae rheoli biolegol yn golygu defnyddio organebau byw (ysglyfaethwyr yn aml) yn lle plaleiddiaid cemegol. Maen nhw'n cael eu defnyddio'n aml i reoli rhywogaethau estron eraill, sydd efallai heb ddim ysglyfaethwyr naturiol yn eu hamgylchedd newydd.

Yn nyddiau cynnar rheoli biolegol, byddai'r broses yn mynd yn anghywir ar adegau, a byddai'r ysglyfaethwr a gafodd ei gyflwyno'n dechrau achosi problem. Digwyddodd un enghraifft o hyn yn yr Unol Daleithiau lle cafodd ysgall egsotig eu cyflwyno'n

anfwriadol, gan arwain at leihau poblogaethau'r ysgall brodorol. Cafodd chwilen ei chyflwyno a oedd yn bwyta'r ysgall egsotig er mwyn eu rheoli (Ffigur 7.19). Fodd bynnag, pan gafodd y chwilen ei chyflwyno i'r ardal, dechreuodd fwyta'r ysgall brodorol hefyd. Golygodd hyn fod rhai rhywogaethau lleol o bryfed, a oedd yn bwyta'r ysgall brodorol yn unig, yn methu goroesi.

Erbyn hyn, mae gwyddonwyr yn deall problemau posibl cyflwyno cyfryngau rheoli biolegol, a chaiff ymchwil manwl ac arbrofion estynedig eu defnyddio cyn cyflwyno rhywogaeth reoli.

Ffigur 7.19 Cafodd y chwilen hon, *Rhinocyllus conicus*, ei chyflwyno i UDA i reoli rhywogaeth estron o ysgall, ond bwytaodd hi'r ysgall brodorol hefyd.

✔ Profwch eich hun

11 O dan ba amgylchiadau byddech chi'n defnyddio trawslun, yn hytrach na gosod cwadratau ar hap?
12 Wrth ddefnyddio'r dechneg dal ac ail-ddal i amcangyfrif maint poblogaeth o falwod, pam na fyddai'n syniad da marcio eu cragen â smotyn mawr o baent fflworoleuol llachar?
13 Beth yw rhywogaeth 'estron'?
14 Pe baech chi'n meddwl am ddefnyddio rhywogaeth 'estron' fel cyfrwng rheoli biolegol, pa wybodaeth dylech chi ei chasglu am y rhywogaeth estron cyn ei chyflwyno, er mwyn osgoi problemau posibl?

⬇ Crynodeb o'r bennod

- Mae organebau byw'n amrywio o ran maint, nodweddion a chymhlethdodau.
- Mae planhigion yn rhannu'n fras yn grwpiau blodeuol ac anflodeuol; mae anifeiliaid yn rhannu'n fras yn fertebratau ac infertebratau.
- Rhaid cael system wyddonol i adnabod pethau byw er mwyn symleiddio a rhoi gwell trefn ar yr astudiaeth ohonynt.
- Mae organebau sydd â nodweddion tebyg i'w gilydd yn cael eu dosbarthu i grwpiau.
- Rhoddir enwau gwyddonol i organebau yn hytrach na rhai 'cyffredin' er mwyn osgoi unrhyw ddryswch a allai godi trwy ddefnyddio enwau lleol neu genedlaethol.
- Mae gan organebau addasiadau morffolegol ac addasiadau ymddygiadol sy'n eu helpu i oroesi yn eu hamgylchedd.
- Rhaid i organebau unigol gael adnoddau o'u hamgylchedd – er enghraifft, bwyd, dŵr, golau a mwynau.
- Gall maint poblogaeth ddibynnu ar y gystadleuaeth am adnoddau, yn ogystal ag ysglyfaethu, clefydau a llygredd.

- Bioamrywiaeth yw amrywiaeth y rhywogaethau gwahanol mewn ardal, yn ogystal â'r amrywiad o fewn y rhywogaethau hynny.
- Mae bioamrywiaeth yn bwysig er mwyn cynnal sefydlogrwydd ecosystem.
- Mae mesurau lleol a chenedlaethol yn gwarchod bioamrywiaeth a rhywogaethau sydd mewn perygl.
- Gallwn ddefnyddio cwadratau i ymchwilio i ddigonedd rhywogaethau.
- Rhaid lleoli'r samplau ar hap a sicrhau eu bod yn ddigon mawr i roi cynrychioliad cywir o'r ardal gyfan sy'n cael ei hymchwilio.
- Gallwn ddefnyddio'r dechneg dal ac ail-ddal i amcangyfrif maint poblogaeth organebau symudol.
- Rhaid i'r dull marcio ddilyn meini prawf penodol er mwyn sicrhau bod y canlyniadau'n ddi-duedd.
- Mae cyflwyno rhywogaethau estron yn gallu cael effaith niweidiol ar fywyd gwyllt lleol.
- Gall cyfryngau rheoli biolegol fod yn effeithiol, ond rhaid ystyried rhai materion sy'n gysylltiedig â'u defnydd.

► Cwestiynau adolygu'r bennod

1 Mae'r bochdew yn gyffredin mewn sawl gwe fwyd.

Darllenwch y brawddegau canlynol am y bochdew.

A Mae'n byw mewn twll o dan y ddaear.

B Mae'n dod i'r wyneb i fwydo.

C Mae ei olwg (*eyesight*) yn wael.

CH Mae ganddo grafangau miniog (*sharp claws*) a choesau blaen cryf.

D Mae'n defnyddio llawer o'r egni yn ei fwyd fel gwres.

a) Pa un o'r brawddegau (A–D) sy'n awgrymu:

  i) y gallai'r bochdew ddibynnu ar ei synnwyr arogli i ddod o hyd i fwyd   *[1]*

  ii) bod gan y bochdew gyfradd resbiradaeth uchel *[1]*

  iii) bod y bochdew wedi'i addasu i dorri tyllau yn y ddaear?   *[1]*

Fe wnaeth gwyddonwyr ymchwilio i'r gyfran o boblogaeth y bochdew a oedd uwchben y ddaear yn ystod cyfnod o 24 awr. Mae'r canlyniadau'n cael eu dangos yn y graff.

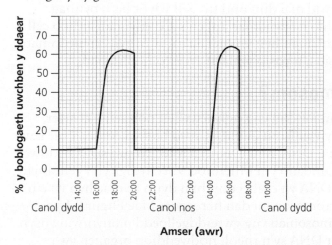

b) Defnyddiwch y graff i ateb y cwestiynau canlynol:

  i) Rhwng pa amserau yn ystod y cyfnod o 24 awr yr oedd mwy na 10% o'r boblogaeth uwchben y ddaear?   *[2]*

  ii) Mae llwynogod a thylluanod yn weithgar (*active*) yn ystod y nos yn bennaf. Beth yw'r dystiolaeth bod y bochdew yn ceisio osgoi (*avoid*) cael ei ddal gan lwynogod a thylluanod?   *[1]*

(o Bapur B1(S) CBAC, Haf 2013, cwestiwn 2)

2 Mae'r helyglys hardd, *Epilobium angustifolium*, yn blanhigyn sy'n cynhyrchu hadau sy'n cael eu gwasgaru gan y gwynt.

Cafodd goroesiad y planhigyn hwn yn ei gynefin naturiol ei astudio drwy gyfrif nifer

  > yr hadau gafodd eu darganfod ar y ddaear,

  > yr eginblanhigion,

  > y planhigion yn eu llawn dwf (*fully grown*).

Cafodd y cyfrifon eu gwneud bob 2 fetr i ffwrdd oddi wrth y boblogaeth gysefin (*parent population*).

Cafodd pob cyfrif ei wneud yng nghyfeiriad y prifwynt (y cyfeiriad mae'r gwynt yn chwythu iddo fel arfer).

Mae'r canlyniadau'n cael eu dangos yn y tabl:

Pellter o'r boblogaeth gysefin (m)	Hadau (bob m²)	Eginblanhigion (bob m²)	Planhigion yn eu llawn dwf (bob m²)
2	22	20	0
4	30	25	0
6	31	30	0
8	28	25	1
10	25	20	2
12	18	15	3
14	9	9	5
16	8	5	5
18	4	3	3

a) Enwch:

  i) y dechneg byddech chi'n ei defnyddio i gael y data sy'n cael eu dangos yn y tabl   *[1]*

  ii) dau ddarn o offer sy'n cael eu defnyddio i wneud y mesuriadau angenrheidiol ar gyfer y dechneg hon.   *[2]*

b) Cyfrifwch beth yw canran yr hadau sydd wedi goroesi i gynhyrchu planhigion yn eu llawn dwf ar bellter o 10 m o'r planhigion cysefin. Dangoswch eich gwaith cyfrifo.   *[2]*

c) Eglurwch pam nad oes planhigion yn eu llawn dwf i'w cael o fewn 6 m i'r boblogaeth gysefin.   *[2]*

(o Bapur B2(U) CBAC, Haf 2015, cwestiwn 9)

8 Cellraniad a chelloedd bonyn

▶ Pam mae cellraniad yn bwysig?

Mae tua 50–100 triliwn o gelloedd mewn corff dynol (gan ddibynnu ar ei faint). Ac eto, dechreuodd pob bod dynol fel un gell yng nghorff ei fam. Mae'r celloedd yn y corff yn cael eu hamnewid yn gyson. Er enghraifft, mae tua 2 filiwn o gelloedd coch y gwaed yn cael eu ffurfio (a 2 filiwn arall yn cael eu dinistrio) bob eiliad! Mae pob cell newydd yn cael ei ffurfio wrth i gelloedd sy'n bodoli eisoes ymrannu, fel y gwelsom ni wrth ddarllen am y ddamcaniaeth celloedd (Pennod 1). Mae bacteria'n atgynhyrchu eu hunain trwy gellraniad, oherwydd mai dim ond un gell ydynt beth bynnag.

Er mwyn gweithio'n iawn, mae angen set o enynnau ar bob cell newydd. Mae'r genynnau hyn yn cael eu cadw mewn cromosomau, sy'n cael eu dyblygu a'u pasio ymlaen yn ystod cellraniad.

▶ Beth yw cromosom?

Mae **cromosomau** i'w cael yng nghnewyllyn pob cell. Fel arfer, dydych chi ddim yn gallu eu gweld, gan eu bod yn edafedd hir iawn ac hynod o denau o DNA. Mae DNA yn foleciwl pwysig, a byddwch chi'n dysgu mwy amdano ym Mhennod 9. Ychydig cyn i gellraniad ddigwydd, mae'r DNA yn cael ei dorchi'n dynn ac mae hyn yn ein galluogi i weld y cromosomau dan ficrosgop. Mae Ffigur 8.1 yn dangos golwg cromosomau yng ngwreiddgelloedd nionyn/winwnsyn.

Yr adrannau o'r DNA sy'n rheoli nodweddion organeb yw'r **genynnau**. Yn syml, llinell hir o enynnau yw cromosom. Mae nifer y cromosomau mewn cell yn amrywio rhwng rhywogaethau gwahanol – mae 46 gan gorffgelloedd bodau dynol. Fel y byddwn ni'n gweld yn nes ymlaen, rydych chi'n cael 23 o gromosomau gan eich mam a 23 gan eich tad, felly mae'r 46 o gromosomau mewn gwirionedd wedi'u gwneud o 23 pâr. Dydy'r parau ddim yn unfath, ond maen nhw'n edrych yr un peth ac mae ganddynt yr un genynnau. Dydyn nhw ddim yn unfath oherwydd bod ffurf y genyn (yr **alel**) yn gallu amrywio. Er enghraifft, gellir dod o hyd i'r genyn sy'n achosi ffibrosis cystig ar gromosom rhif 7. Mae dau gromosom

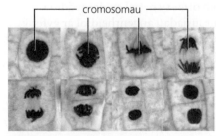

cromosomau

Ffigur 8.1 Cromosomau yng ngwreiddgelloedd nionyn/winwnsyn.

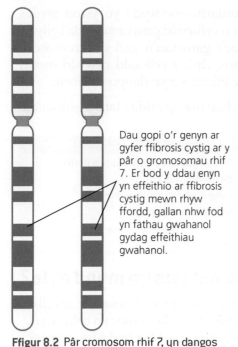

Dau gopi o'r genyn ar gyfer ffibrosis cystig ar y pâr o gromosomau rhif 7. Er bod y ddau enyn yn effeithio ar ffibrosis cystig mewn rhyw ffordd, gallan nhw fod yn fathau gwahanol gydag effeithiau gwahanol.

Ffigur 8.2 Pâr cromosom rhif 7, yn dangos safle'r genyn ffibrosis cystig.

rhif 7. Gall ffurf 'iach' y genyn fod gan yr un neu'r ddau ohonynt, fel y gall y ffurf sy'n achosi ffibrosis cystig (Ffigur 8.2).

Mae'r set gyfan o gromosomau dynol, wedi'u trefnu yn eu parau, i'w gweld yn Ffigur 8.3. Dyma gromosomau gwryw, ac mae gan wrywod un pâr o gromosomau nad ydyn nhw'n edrych yr un peth (y cromosomau X ac Y). Mae gan fenywod ddau gromosom X.

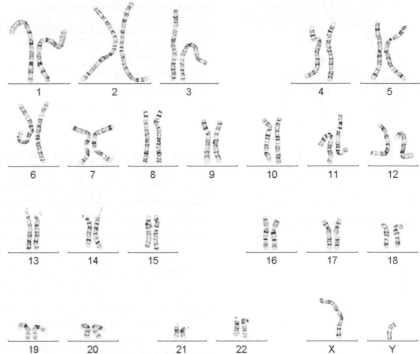

Ffigur 8.3 Cromosomau bod dynol gwrywaidd wedi'u trefnu yn eu parau.

Sut mae celloedd newydd yn ffurfio?

Mae cellraniad yn galluogi organebau amlgellog i dyfu, i gael celloedd newydd yn lle rhai hen, ac i atgyweirio celloedd sydd wedi'u niweidio. Enw'r math o gellraniad sy'n digwydd yn y prosesau hyn yw **mitosis**, lle mae un gell (y 'famgell') yn rhannu i ffurfio dwy gell newydd ('epilgelloedd'). Mae'r epilgelloedd yn enetig unfath â'r famgell, gan fod y cromosomau yn eu dyblygu (copïo) eu hunain ac mae un copi'n cael ei drosglwyddo i bob un o'r ddwy gell newydd (Ffigur 8.4). Mae nifer y cromosomau yn y famgell a'r epilgell yr un peth.

Mitosis yw'r math arferol o gellraniad, ond mae math arall hefyd. Enw hwn yw **meiosis**, a dim ond pan gaiff celloedd rhyw (**gametau**) eu ffurfio y mae'n digwydd. Mewn bodau dynol, mae 46 cromosom ym mhob corffgell, ac mae mitosis yn cynhyrchu celloedd newydd sydd â 46 cromosom. Wrth ffurfio gametau, fodd bynnag, mae'n bwysig nad oes 46 cromosom gan y celloedd sberm ac wy. Pe bai hynny'n digwydd, pan fyddai'r sberm yn ffrwythloni'r wy, byddai 92 cromosom gan y sygot sy'n cael ei ffurfio ac ni fyddai hyn yn cynhyrchu bod dynol normal.

Mewn meiosis, er bod y DNA a'r cromosomau'n dyblygu yn yr un ffordd ag mewn mitosis, caiff pedair cell newydd eu ffurfio yn lle dwy, ac mae pob cell yn cael hanner set o gromosomau'n unig. Mewn bodau dynol, felly, mae 23 cromosom yr un gan gelloedd sberm ac wy, a bydd y sygot newydd yn cael 46 cromosom fel y dylai. Mae'r cromosomau'n

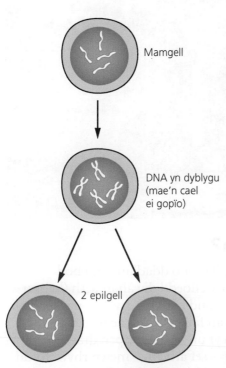

Mamgell

DNA yn dyblygu (mae'n cael ei gopïo)

2 epilgell

Ffigur 8.4 Cellraniad trwy fitosis.

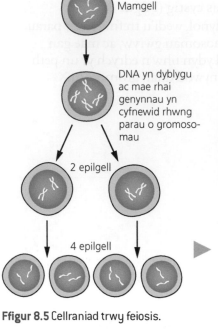

Mamgell

DNA yn dyblygu ac mae rhai genynnau yn cyfnewid rhwng parau o gromoso-mau

2 epilgell

4 epilgell

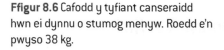

Ffigur 8.5 Cellraniad trwy feiosis.

Ffigur 8.6 Cafodd y tyfiant canseraidd hwn ei dynnu o stumog menyw. Roedd e'n pwyso 38 kg.

dod mewn parau sydd ddim yn unfath, oherwydd yn ystod proses meiosis mae'r parau o gromosomau'n cyfnewid genynnau gyda'i gilydd wrth iddyn nhw ffurfio llinell. Mae'r gametau'n cael un cromosom o bob pâr. Felly, yn wahanol i fitosis, dydy'r celloedd newydd mewn meiosis ddim yn enetig unfath. Mae Ffigur 8.5 yn dangos meiosis.

Mae Tabl 8.1 yn dangos y gwahaniaethau rhwng y ddau fath o gellraniad.

Tabl 8.1 Cymharu mitosis a meiosis.

Mitosis	Meiosis
Yn digwydd ym mhob corffgell *heblaw* y rhai sy'n ffurfio gametau	Yn digwydd mewn celloedd sy'n ffurfio gametau'n unig
Epilgelloedd yn enetig unfath	Epilgelloedd yn enetig wahanol
Yn ffurfio dwy epilgell	Yn ffurfio pedair epilgell
Mae gan epilgelloedd set lawn o gromosomau	Mae gan epilgelloedd hanner set o gromosomau

Beth sy'n digwydd os mae mitosis yn mynd o'i le?

Fel arfer mae celloedd yn mynd trwy gylchred o gellraniad. Mae cell yn rhannu, ac mae'r ddwy gell newydd yna'n treulio amser yn tyfu ac yn datblygu yn gelloedd aeddfed, cyn rhannu eto. Mae hyd y broses hon yn dibynnu ar y math o gell. Mae cyflymder y gylchred yn cael ei reoli gan enynnau arbennig, ond ambell dro mae nam yn datblygu ac mae cellraniad yn digwydd yn rhy aml, heb roi amser i'r celloedd aeddfedu. Mae'r tyfiant direolaeth hwn yn arwain at ganserau. Mae'r celloedd yn tyfu'n dyfiant, sy'n niweidio'r organ neu'r feinwe y mae ynddynt (Ffigur 8.6). Os yw'r celloedd yn cyrraedd y system waed, gallant gael eu cludo o gwmpas y corff, gan ddal i rannu, a gallant greu tyfiannau newydd lle bynnag maen nhw'n aros mewn organau eraill.

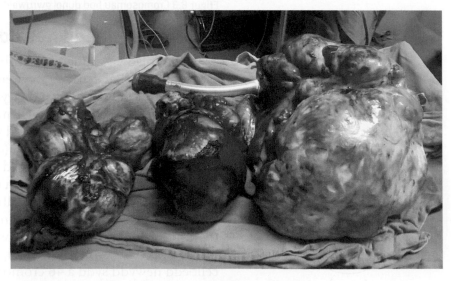

Beth yw celloedd bonyn?

Dros y blynyddoedd diwethaf, mae llawer o ddadlau wedi bod ynglŷn â defnyddio celloedd bonyn. Celloedd diwahaniaeth (heb eu gwahaniaethu) yw **celloedd bonyn**, ond beth mae hynny'n ei feddwl?

Pan gaiff embryo planhigyn neu anifail ei ffurfio ac mae'n dechrau tyfu, mae'r celloedd i gyd yn edrych yr un fath. Yn y pen draw, mae'r celloedd yn dechrau **gwahaniaethu** – sef arbenigo mewn rhyw ffordd, e.e. cell afu/iau, nerfgell, cell epidermaidd. Os bydd cell yn rhannu ar

Gwaith ymarferol

Arsylwi cellraniad

Mewn planhigion, mae mitosis yn digwydd mewn mannau tyfu arbennig yn y coesynnau, y blagur a'r gwreiddiau. Pan gaiff y celloedd eu staenio â staen ethano-orcein, gallwn ni weld y cromosomau mewn celloedd sy'n rhannu. I baratoi ar gyfer yr arbrawf hwn, rhaid cadw nionod/winwns (neu glofau garlleg) gyda'u gwaelod prin yn cyffwrdd â'r dŵr mewn bicer, yn y tywyllwch, am sawl diwrnod (Ffigur 8.7). Mae'n rhaid i hyd y gwreiddiau fod tua 2–3 cm.

Cyfarpar a chemegion

> gwreiddiau garlleg neu nionyn
> staen ethano-orcein
> 1 mol/dm³ asid hydroclorig
> gwydryn oriawr gyda gorchudd
> sleid microsgop
> arwydryn
> cyllell llawfeddyg
> llosgydd Bunsen

> gefel
> piped ddiferu
> papur hidlo
> gefel fain
> nodwydd wedi'i mowntio
> baddon dŵr ar 55°C
> 2 x bicer 100 cm³
> microsgop

Ffigur 8.7 Tyfu gwreiddiau nionyn mewn bicer o ddŵr.

Dull

1 Torrwch tua 5 mm oddi ar y blaenwreiddiau a'u rhoi mewn bicer o ddŵr oer i'w golchi am 4–5 munud a sychwch nhw ar bapur hidlo.

2 Gwresogwch 10–25 cm³ o asid hydroclorig yn un o'r biceri yn y baddon dŵr.

3 Rhowch y blaenwreiddiau yn yr asid hydroclorig poeth a gadewch nhw am 5 munud.

4 Golchwch y blaenwreiddiau mewn dŵr eto am 4–5 munud, a'u sychu yn yr un modd eto.

5 Rhowch un blaenwreiddyn ar sleid microsgop. Torrwch y blaenwreiddyn i adael dim ond yr 1mm ar y diwedd. Taflwch y gweddill.

6 Ychwanegwch ddiferyn o staen ethano-orcein, a gadewch am 2 funud.

7 'Stwnsiwch' y blaenwreiddyn yn ysgafn â nodwydd wedi'i mowntio.

8 Gorchuddiwch y blaenwreiddyn ag arwydryn.

9 Gwasgwch y blaenwreiddyn yn ysgafn trwy ei dapio â phen gwastad pensil neu nodwydd wedi'i mowntio tuag 20 gwaith. Y ffordd orau o wneud hyn yw gollwng y pensil yn fertigol ar yr arwydryn o uchder o ryw 5 cm.

10 Edrychwch ar y sleid dan y microsgop a cheisiwch ddod o hyd i'r man sy'n tyfu, lle bydd y cromosomau i'w gweld yn y celloedd. Gweler yr enghraifft yn Ffigur 8.8.

11 Lluniadwch ddwy neu dair o gelloedd sy'n rhannu.

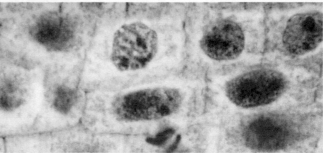

Ffigur 8.8 Gwreiddgelloedd nionyn wedi'u staenio yn dangos cellraniad.

ôl iddi wahaniaethu, yna dim ond celloedd tebyg iddi hi ei hun a all gael eu ffurfio. Dydy cell afu/iau byth yn troi'n nerfgell. Fodd bynnag, mae'r celloedd sydd heb wahaniaethu yn yr embryo – y celloedd bonyn – yn gallu troi'n unrhyw gell o gwbl. Mae gwyddonwyr yn gallu cymryd celloedd bonyn o embryo a'u tyfu yn fathau o gelloedd y gallant eu defnyddio i atgyweirio neu amnewid meinweoedd sydd wedi'u niweidio. Yn y pen draw, gallai hyn ein galluogi i drin clefydau a chyflyrau fel canser, diabetes math 1, niwed i'r ymennydd, anaf i fadruddyn y cefn ac yn y blaen. Yr unig broblem yw fod yr embryo, a fyddai'n gallu tyfu'n fod dynol, yn cael ei ddinistrio yn y broses. Mae'r embryonau sy'n cael eu defnyddio mewn ymchwil yn dod o embryonau sydd dros ben ar ôl triniaeth ffrwythloni *in vitro* (IVF – triniaeth i helpu parau anffrwythlon i gael baban), ond mae yna bosibilrwydd o greu embryonau'n unswydd i gyflenwi celloedd bonyn, ac mae rhai pobl yn teimlo bod hynny'n anghywir.

Fodd bynnag, mae yna ddewisiadau eraill. Mae celloedd bonyn yn ymddangos mewn oedolion (er enghraifft, ym mêr esgyrn). Mae'r celloedd hyn mewn meinweoedd aeddfed ond, yn anarferol, dydyn nhw ddim wedi colli'r gallu i wahaniaethu i gelloedd gwahanol. Gallwn ni hefyd gasglu celloedd bonyn o'r gwaed o'r llinyn bogail adeg genedigaeth.

Mae'r rhannau o blanhigion sy'n tyfu (blaenau'r gwreiddyn a'r cyffion), y **meristemau**, hefyd yn cynhyrchu celloedd sy'n gallu gwahaniaethu i gelloedd eraill (ond dim ond celloedd y planhigyn hwnnw, felly does dim defnydd meddygol iddynt).

→ | Gweithgaredd

Sut dylem ni ddefnyddio celloedd bonyn, os o gwbl?

Mae Ffigur 8.9 yn dangos rhai pobl yn lleisio barn am gelloedd bonyn. Ymchwiliwch i gelloedd bonyn, yna dewiswch un farn (un rydych chi'n cytuno â hi) ac ysgrifennwch lythyr at bapur newydd yn egluro eich barn, gan ddefnyddio tystiolaeth i'w chefnogi.

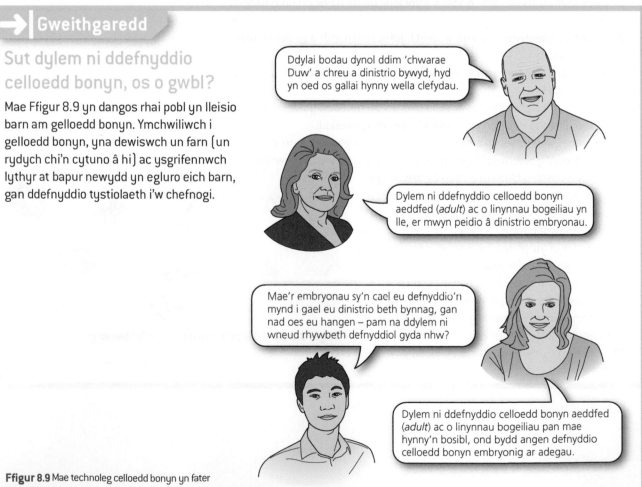

Ffigur 8.9 Mae technoleg celloedd bonyn yn fater dadleuol.

Profwch eich hun

1 Faint o gromosomau sydd mewn corffgell dynol?
2 Pam mae epilgelloedd sy'n cael eu ffurfio trwy fitosis yn enetig unfath?
3 Mae gan gathod 38 cromosom, mae gan gŵn 78 ac mae gan wenith 42. Faint o gromosomau byddech chi'n disgwyl eu canfod mewn:
   a) cell wy ci
   b) cell aren cath
   c) cell paill gwenith?
4 Pam na fyddai meiosis yn gweithio fel y dull 'arferol' o gellraniad yn y corff?
5 Pam mae celloedd bonyn aeddfed (*adult*) yn llai defnyddiol na chelloedd bonyn embryonig?

 Crynodeb o'r bennod

- Mae cellraniad trwy fitosis yn galluogi organeb i dyfu, i gael celloedd newydd yn lle hen rai, ac i atgyweirio celloedd.
- Mewn mitosis, mae nifer y cromosomau'n aros yn gyson ac mae'r epilgelloedd yn enetig unfath â'r famgell.
- Caiff celloedd rhyw (gametau) eu ffurfio trwy fath gwahanol o gellraniad o'r enw meiosis.
- Mewn meiosis, caiff nifer y cromosomau eu haneru a dydy'r epilgelloedd ddim yn enetig unfath.
- Mae mitosis yn cynhyrchu dwy epilgell ac mae meiosis yn cynhyrchu pedair.

- Mewn meinweoedd aeddfed, mae'r celloedd fel arfer wedi colli'r gallu i wahaniaethu i ffurfio mathau gwahanol o gelloedd.
- Mewn planhigion ac anifeiliaid, mae rhai celloedd penodol, sef celloedd bonyn, yn gallu gwahaniaethu i ffurfio mathau gwahanol o gelloedd.
- Mae gan gelloedd bonyn dynol y potensial i gymryd lle meinwe sydd wedi'i niweidio a gallent fod yn sail i drin amrywiaeth o glefydau a chyflyrau.
- Mae celloedd bonyn dynol yn dod o embryonau ac o feinweoedd oedolion.

► Cwestiynau adolygu'r bennod

1 Mae Barack Obama, Arlywydd yr Unol Daleithiau o 2008 tan 2016, yn cefnogi ymchwil i ddefnyddio celloedd bonyn embryonig. Fodd bynnag, ym mis Chwefror 2012, dywedodd Newt Gingrich, a oedd yn gobeithio bod yn Arlywydd, y byddai'n 'gwahardd ymchwil celloedd bonyn embryonig pe bai'n dod yn Arlywydd'. Awgrymwch pam mae rhai pobl yn cefnogi ymchwil celloedd bonyn embryonig, tra nad yw pobl eraill yn ei gefnogi. *[2]*

(O Bapur B1(S) CBAC, Haf 2013, cwestiwn 2)

2 Ym mis Rhagfyr 2010, cafodd ci o'r enw Boris ei drin ar gyfer arthritis difrifol yng nghymalau'r cluniau yng nghlinig milfeddyg yng Ngorllewin Michigan UDA. Mae rhai o'r camau yn y driniaeth yn cael eu dangos isod.

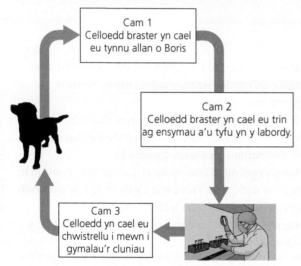

Tri mis ar ôl y driniaeth cafodd Boris ei archwilio yn y ganolfan filfeddygol. Daeth i'r amlwg fod ei gluniau wedi gwella'n fawr ac roedd lluniau pelydr X o gymalau'r cluniau yn dangos tystiolaeth o atgyweirio ym meinweoedd y cymalau.

a) Nodwch pa fath o gelloedd sy'n cael eu chwistrellu yng ngham 3 yn y diagram uchod. *[1]*

b) Nodwch un fantais o'r dull hwn o driniaeth dros y defnydd o gelloedd bonyn embryonig. *[1]*

(o Bapur B2(U) CBAC, Haf 2013, cwestiwn 1)

3 Mae'r diagram isod yn dangos cell ddynol yn rhannu trwy mitosis i ffurfio dwy gell newydd.

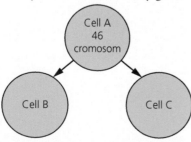

a) Cwblhewch y diagram drwy ysgrifennu nifer y cromosomau ym mhob un o'r celloedd newydd. *[1]*

b) Mae mitosis yn galluogi organebau i dyfu. Nodwch un swyddogaeth *arall* sydd gan fitosis. *[1]*

c) Copïwch a chwblhewch y tabl, sy'n cymharu mitosis a meiosis. *[2]*

	Mitosis	Meiosis
Nifer o gelloedd o bob cellraniad	dau	
Genynnau yn y gell newydd o'u cymharu â'r gell wreiddiol		gwahanol

ch) Beth yw'r term gwyddonol ar gyfer y celloedd rhyw (wyau a sberm) sy'n cael eu cynhyrchu drwy meiosis. *[1]*

(o Bapur B2(S) CBAC, Haf 2014, cwestiwn 3)

4 Darllenwch y wybodaeth am gelloedd bonyn ac atebwch y cwestiynau sy'n dilyn.

Er mwyn cael ei galw'n gell bonyn, mae angen dwy nodwedd ar gell:

a) Gall y gell fynd drwy lawer o gylchredau cellraniad, gan barhau i fod heb ei gwahaniaethu (*undifferentiated*).

b) Mae gan y gell y gallu i ddatblygu i mewn i sawl neu nifer o wahanol fathau o gell.

Mae celloedd bonyn naill ai'n gelloedd **lluosalluog** (*pluripotent*), sy'n gallu datblygu yn unrhyw fath o gell bron, neu'n **aml-alluog** (*multipotent*), sy'n golygu y gallant ddatblygu yn sawl math gwahanol ond dim ond yn fathau sy'n perthyn yn agos i'w gilydd yn yr hyn sy'n cael ei alw yn 'deulu' o gelloedd. Gall celloedd bonyn gael eu canfod a'u tynnu o embryonau cyfnod cynnar ac mae'r celloedd hyn yn lluosalluog. Mae celloedd bonyn hefyd i'w cael ym mêr esgyrn plant ac oedolion. Rydym ni'n galw'r rhain yn gelloedd bonyn aeddfed (*adult*) ac maen nhw'n aml-alluog. Os bydd celloedd bonyn claf yn cael eu defnyddio i drin ei gyflwr, yna mae'r risg o wrthodiad yn agos iawn at ddim. Ar hyn o bryd, mae ymchwiliadau'n digwydd i ddatblygu triniaethau celloedd bonyn ar gyfer llawer o glefydau, gan gynnwys diabetes, clefyd Parkinson, clefyd Alzheimer a strôc.

a) Pa fath o gellraniad fyddai'n digwydd mewn celloedd bonyn embryonig? *[1]*

b) Beth yw ystyr y term 'diwahaniaeth/heb ei wahaniaethu' (*undifferentiated*)? *[1]*

c) O'r wybodaeth yn y darn hwn, rhowch un fantais ac un anfantais o ddefnyddio celloedd bonyn aeddfed (*adult*) yn hytrach na chelloedd bonyn embryonig? *[2]*

ch) Pe bai triniaeth ar gyfer diabetes yn cael ei datblygu, pa organ fyddai angen y driniaeth? (Sylwch – bydd angen gwybodaeth o Bennod 11 i ateb y cwestiwn hwn.) *[1]*

d) Rhowch reswm pam mae rhai pobl yn gwrthwynebu'r defnydd o gelloedd bonyn embryonig. *[1]*

9 DNA ac etifeddiad

▶ Sut mae'r cnewyllyn yn rheoli'r gell?

Rydym ni wedi gweld ym Mhennod 1 fod ensymau'n rheoli'r holl weithgareddau cemegol mewn celloedd. Proteinau yw ensymau, ac mae'r 'cyfarwyddiadau' i wneud yr ensymau (a phroteinau eraill) wedi'u storio yn y cnewyllyn ar ffurf cemegyn o'r enw DNA (**asid deocsiriboniwcleig**).

DNA yw'r cemegyn sy'n gwneud eich genynnau. Mae'n rheoli adeiledd a gweithredoedd eich corff trwy reoli cynhyrchu proteinau. Ar wahân i ensymau, mae moleciwlau pwysig eraill yn y corff wedi'u gwneud o brotein – gan gynnwys hormonau a gwrthgyrff. Proteinau hefyd yw prif gyfansoddion holl feinweoedd y corff (e.e. cyhyr).

Mae pob protein wedi'i wneud o gadwynau hir o foleciwlau o'r enw asidau amino. Mae'r cadwynau'n cael eu torchi a'u plygu i roi siâp penodol i bob protein, ac rydym ni eisoes wedi gweld pa mor bwysig yw hyn mewn ensymau.

Mae DNA yn cynnwys math o god cemegol sy'n dweud wrth y gell pa asidau amino i'w gosod gyda'i gilydd er mwyn gwneud protein. Mae DNA yn foleciwl rhyfedd iawn, oherwydd mae'n gallu gwneud copïau ohono'i hun. Pan gaiff cell newydd ei chreu, rhaid iddi gael set o enynnau. Felly mae'r DNA yn dyblygu ei hun, a chaiff set o enynnau ei phasio i'r gell newydd.

Mae DNA wedi'i wneud o ddwy gadwyn hir sy'n cynnwys moleciwlau siwgr a ffosffad bob yn ail. Parau o fasau sy'n cysylltu'r cadwynau, ac mae'r adeiledd hwn, sy'n debyg i ysgol, wedi'i ddirdroi i ffurfio 'helics dwbl' (math o sbiral yw helics). Mae pedwar bas mewn DNA: mae adenin (A) yn cysylltu â thymin (T), ac mae gwanin (G) yn cysylltu â cytosin (C). Mae trefn y basau hyn ar hyd yr asgwrn cefn siwgr–ffosffad yn amrywio mewn moleciwlau DNA gwahanol. Y gyfres hon o fasau sy'n rhoi'r cyfarwyddiadau, mewn math o god, i gynhyrchu proteinau. Mae'n pennu pa asidau amino sy'n cael eu defnyddio i wneud protein penodol, ac ym mha drefn. Mae Ffigur 9.1 yn dangos adeiledd DNA.

Mae'r 'cod' yn cynnwys **tripledi** (grwpiau o dri) o fasau ar hyd y DNA. Mae pob tripled yn cynnwys cod un asid amino yn y protein.

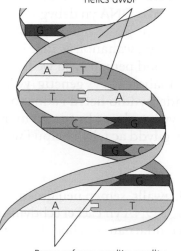

Cadwynau 'asgwrn cefn' o unedau siwgr a ffosffad bob yn ail, wedi'u dirdroi i ffurfio helics dwbl

Parau o fasau wedi'u cysylltu, gan ddal y ddwy gadwyn at ei gilydd

Ffigur 9.1 Adeiledd DNA.

► Beth yw genyn?

Yng nghnewyllyn cell, mae'r moleciwlau DNA hir wedi'u dirdroi i greu adeileddau o'r enw **cromosomau**. Fel rydym ni wedi ei weld, defnydd crai genynnau yw DNA – darn byr o DNA yw **genyn**. Mae Ffigur 9.2 yn rhoi crynodeb o hyn.

Yn Ffigur 9.2 mae bandiau lliw yn rhedeg ar draws canol moleciwl DNA. Dyma'r parau o fasau sy'n cael sylw yn yr adran flaenorol. Mae dilyniant y basau mewn moleciwl DNA yn ffurfio 'cod', sy'n penderfynu pa broteinau y bydd y gell yn eu gwneud.

Ffigur 9.2 Adeiledd genyn mewn perthynas â DNA a chromosomau.

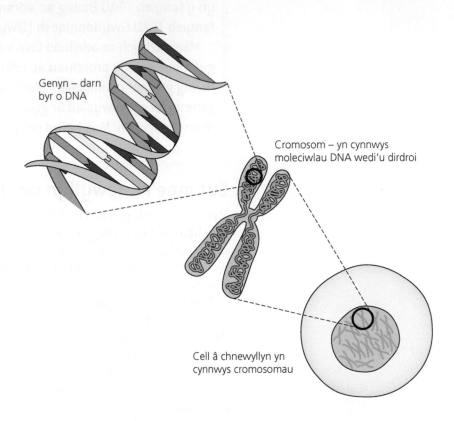

Genyn – darn byr o DNA

Cromosom – yn cynnwys moleciwlau DNA wedi'u dirdroi

Cell â chnewyllyn yn cynnwys cromosomau

Mae gwyddonwyr yn gallu edrych ar y basau mewn moleciwl DNA i weld i ba raddau y mae samplau gwahanol o DNA yn debyg i'w gilydd. Mae dadansoddi'r DNA yn cynhyrchu **proffil genetig**. Mae proffil genetig pob un ohonom ni ychydig yn wahanol, ac mae hyn yn galluogi gwyddonwyr yr heddlu i adnabod person sydd wedi gadael peth o'i DNA ar safle trosedd ('adnabod ôl bys genetig' yw'r enw poblogaidd ar hyn). Mae'n cael ei ddefnyddio hefyd i adnabod tad plentyn, lle does dim sicrwydd pwy yw'r tad, ac i bennu pa mor agos mae dwy rywogaeth yn perthyn i'w gilydd ac felly i helpu i'w dosbarthu.

Mae sawl cam i broffilio genetig:

1 Casglu sampl o gelloedd – e.e. o waed, gwallt, semen neu groen. Mae'r celloedd yn cael eu malu, ac mae'r DNA yn cael ei echdynnu.
2 Defnyddio ensymau i 'dorri' y DNA yn ddarnau, nes bod darnau o wahanol feintiau.
3 Gwahanu'r darnau. Bydd patrwm yn datblygu, a dyma'r 'proffil genetig'.

→| **Gweithgaredd**

Ydy proffilio DNA yn beth da?

Mae proffilio DNA wedi bod yn ddefnyddiol wrth ddatrys troseddau. Mae hefyd yn gallu canfod presenoldeb rhai genynnau sy'n gysylltiedig â chlefydau arbennig, hyd yn oed os nad oes symptomau amlwg eto, fel y gellir cymryd rhagofalon os yw hynny'n briodol. Fodd bynnag, mae rhai pobl yn credu y gall proffilio genetig ar raddfa fawr amharu ar ryddid personol. Defnyddiwch y rhyngrwyd i ymchwilio i'r manteision a'r problemau posibl sy'n gysylltiedig â phroffilio genetig. Ysgrifennwch adroddiad sy'n ystyried dwy ochr y ddadl. Rhowch eich barn am broffilio genetig a chyfiawnhewch y farn trwy ddefnyddio tystiolaeth o'ch ymchwil chi.

Terminoleg Geneteg

Geneteg yw'r enw ar yr astudiaeth o'r ffordd mae genynnau yn cael eu hetifeddu. Mae'r adran nesaf yn edrych ar sut mae etifeddiad yn gweithio. Mae rhai termau geneteg arbennig y bydd angen i chi eu gwybod a gallu eu defnyddio, er mwyn deall ac egluro geneteg.

Termau allweddol
Genyn Darn o DNA sy'n ffurfio cod ar gyfer un protein.
Alel Un o'r ffurfiau gwahanol ar yr un genyn.
Cromosom Darn o DNA sy'n cynnwys llawer o enynnau; mae i'w gael yn y cnewyllyn ac mae'n weladwy yn ystod cellraniad.
Genoteip Cyfansoddiad genetig unigolyn (e.e. **BB, Bb, bb**).
Ffenoteip Disgrifiad o sut mae'r genoteip yn 'amlygu ei hun' (e.e. llygaid glas, gwallt cyrliog, blodau coch, ac ati).
Trechol Yr alel sy'n ymddangos yn y ffenoteip pryd bynnag mae'n bresennol (yn cael ei nodi â phriflythyren – er enghraifft **B**).
Enciliol Yr alel sy'n cael ei guddio pan mae alel trechol yn bresennol (yn cael ei nodi â llythyren fach – er enghraifft **b**).
F1/F2 Ffurf gryno o ddynodi cenhedlaeth gyntaf (F1) ac ail genhedlaeth (F2) croesiad genetig.
Homosygaidd/homosygot Mae homosygot yn cynnwys dau alel unfath ar gyfer y genyn dan sylw – mae'n homosygaidd.
Heterosygaidd/heterosygot Mae heterosygot yn cynnwys dau alel gwahanol ar gyfer y genyn dan sylw – mae'n heterosygaidd.
Hunanbeillio Techneg lle mae paill planhigyn yn cael ei ddefnyddio i ffrwythloni ofwlau blodau eraill yn yr un planhigyn.

 | **Profwch eich hun**

1 Pa fasau sy'n paru â'i gilydd mewn DNA?
2 Cod ar gyfer beth yw'r 'cod genynnol'?
3 Pa dechneg sy'n gwahanu'r darnau DNA mewn proffilio genetig?
4 Beth yw ystyr y term 'alel enciliol'?
5 Beth yw hunanbeillio?

Ffigur 9.3 Gregor Mendel, 'tad' geneteg.

▶ Gregor Mendel ac etifeddiad genyn sengl

Y person cyntaf i ddefnyddio'r term 'genyn' oedd y gwyddonydd o Ddenmarc, Wilhelm Ludwig Johannsen yn 1902, ond cafodd syniad y genyn ei sefydlu 40 mlynedd ynghynt gan fynach o Awstria, **Gregor Mendel**, sydd erbyn hyn yn cael ei ystyried yn un o'r gwyddonwyr enwocaf erioed (Ffigur 9.3).

Pan gynhaliodd Mendel ei arbrofion ar blanhigion pys, roedd gwyddonwyr yn gwybod bod nodweddion yn cael eu hetifeddu gan rieni, ond roedden nhw'n credu bod y nodwedd etifeddol yn rhyw fath o 'gymysgedd' o nodweddion y rhieni. Defnyddiodd Mendel blanhigion pys 'tal' a 'byr' o 'linach bur', h.y. rhai oedd yn cynhyrchu'r un math o epil bob tro. Roedd rhywfaint o amrywiaeth ym maint y ddau fath, ond roedd gwahaniaeth clir rhwng amrediadau uchder y ddau gategori. Croesodd Mendel y planhigion tal â'r rhai byr trwy beillio'n ofalus, ond doedd yr epil (cenhedlaeth F1) ddim yn blanhigion 'maint canolig' fel roedd e'n ei ddisgwyl. Yn wir, roedd yr holl blanhigion newydd yn dal (Ffigur 9.4).

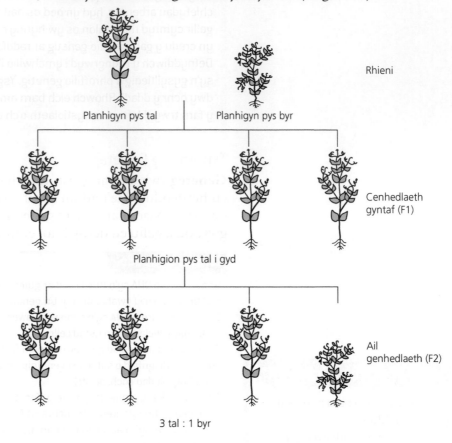

Rhieni

Planhigyn pys tal   Planhigyn pys byr

Cenhedlaeth gyntaf (F1)

Planhigion pys tal i gyd

Ail genhedlaeth (F2)

3 tal : 1 byr

Ffigur 9.4 Crynodeb o arbrofion cyntaf Mendel.

Pan groesodd Mendel ddau o'r planhigion tal F1 gyda'i gilydd, cafodd blanhigion tal gan mwyaf (cenhedlaeth F2), ond roedd tua chwarter ohonynt yn fyr. Roedd yn gwybod nawr bod beth bynnag a oedd yn achosi'r nodwedd 'byr' *wedi* cael ei etifeddu yn y croesiad cyntaf, ond ei fod wedi'i guddio am ryw reswm. Gwir athrylith Mendel oedd sut aeth ati i ymchwilio i'r hyn ddigwyddodd ac yna ei egluro.

Roedd Mendel yn gwybod, os oedd y nodwedd 'byr' wedi'i chuddio rhaid bod ffactor arall (tal) yn ei chuddio. Felly, roedd gan y planhigion pys ddwy ffactor oedd yn rheoli uchder, ac roedd yn ymddangos bod y ffactor 'tal' rywsut yn gryfach na'r ffactor 'byr'. Rydym ni nawr yn galw'r gwahanol ffactorau hyn yn **alelau**, ac rydym ni'n galw'r rhai 'cryfach' yn alelau **trechol** a'r rhai 'gwannach' yn alelau **enciliol**.

Gwnaeth Mendel ddarganfod beth oedd yn achosi'r patrwm etifeddu hwn. Gallwn ni ddangos hyn mewn diagram, lle mae'r symbol **T** yn nodi'r alel trechol (tal) a'r symbol **t** yn nodi'r alel 'byr' enciliol (Ffigur 9.5). Mae genetegwyr yn defnyddio priflythrennau i ddynodi alelau trechol a llythrennau bach i ddynodi alelau enciliol. Yr enw ar gyfansoddiad genetig organeb yw ei **genoteip**, a'r enw ar sut mae'n 'edrych' yw ei **ffenoteip**.

Ffigur 9.5 Diagram yn egluro arbrofion Mendel.

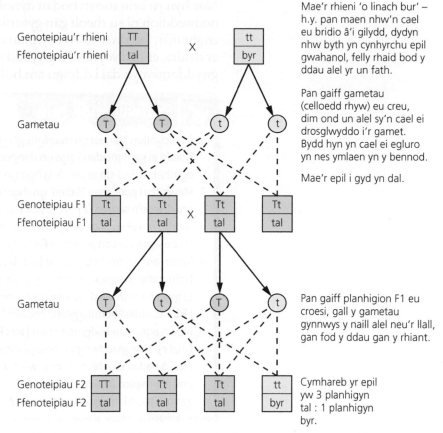

Genoteipiau'r rhieni
Ffenoteipiau'r rhieni
TT tal X tt byr

Gametau
T T t t

Genoteipiau F1
Ffenoteipiau F1
Tt tal Tt tal X Tt tal Tt tal

Gametau
T t T t

Genoteipiau F2
Ffenoteipiau F2
TT tal Tt tal Tt tal tt byr

Mae'r rhieni 'o linach bur' – h.y. pan maen nhw'n cael eu bridio â'i gilydd, dydyn nhw byth yn cynhyrchu epil gwahanol, felly rhaid bod y ddau alel yr un fath.

Pan gaiff gametau (celloedd rhyw) eu creu, dim ond un alel sy'n cael ei drosglwyddo i'r gamet. Bydd hyn yn cael ei egluro yn nes ymlaen yn y bennod.

Mae'r epil i gyd yn dal.

Pan gaiff planhigion F1 eu croesi, gall y gametau gynnwys y naill alel neu'r llall, gan fod y ddau gan y rhiant.

Cymhareb yr epil yw 3 planhigyn tal : 1 planhigyn byr.

Mewn croesiadau fel yr ail un yn Ffigur 9.5, mae'r saethau sy'n cael eu defnyddio'n gallu creu dryswch. Mae biolegwyr yn tueddu i roi'r gametau mewn tabl o'r enw **sgwâr Punnett** ac mae enghraifft yn y gweithgaredd ar y dudalen nesaf.

Rhoddodd Mendel gynnig ar ei arbrofion gyda nifer o nodweddion heblaw uchder. Ym mhob achos, fe wnaeth ddarganfod nodwedd drechol a nodwedd enciliol. Yn y croesiadau cyntaf, roedd yr holl epil F1 yn dangos y ffenoteip trechol. Pan gafodd dau blanhigyn F1 eu croesi, roedd y gymhareb rhwng ffenoteipiau trechol ac enciliol tua 3 : 1. Sylwch fod y gymhareb yn golygu bod y ffurf drechol dair gwaith yn fwy tebyg na'r ffurf enciliol, ond dydy hyn ddim yn golygu y bydd *yn union* tair gwaith cynifer o blanhigion yn dangos y ffenoteip trechol nag sy'n dangos y ffenoteip enciliol bob tro.

Casgliadau Mendel oedd:

▸ Mae nodweddion yn cael eu rheoli gan bâr o ffactorau (alelau); gall y rhain fod yr un fath â'i gilydd neu'n wahanol i'w gilydd.
▸ Mae un alel yn drechol a'r llall yn enciliol. Os yw'r ddau alel yn bresennol, dim ond yr un trechol sydd i'w weld yn y ffenoteip.
▸ Dim ond un alel o bob pâr sy'n cael ei drosglwyddo i bob gamet.
▸ Os caiff dau riant o linach bur (un i bob alel) eu croesi, mae'r epil F1 i gyd yn dangos y nodwedd drechol.
▸ Os caiff dau o'r epil F1 eu croesi, mae gan y genhedlaeth F2 newydd tua thri unigolyn yn dangos y nodwedd drechol i bob un sy'n dangos y nodwedd enciliol.

Roedd Mendel yn gallu gwneud ei ddarganfyddiadau oherwydd bod etifeddiad mewn pys yn gymharol syml, a bod nifer o nodweddion yn cael eu rheoli gan un pâr o alelau.

Mae hyn yn brin mewn bodau dynol; caiff y rhan fwyaf o'n nodweddion ni eu rheoli gan gyfuniad o enynnau. Mae hi'n hysbys, er enghraifft, fod dros 400 o enynnau mewn bodau dynol yn dylanwadu ar daldra, er nad ydym ni'n gwybod beth yw'r union nifer gan fod gwyddonwyr yn dal i ddysgu am holl effeithiau genynnau bodau dynol.

✔ Profwch eich hun

6 Mae cynllun Mendel yn rhagfynegi cymhareb 3 : 1 ymysg planhigion F2. Roedd ei ganlyniadau i gyd yn dangos cymhareb agos i 3 : 1 ond byth cymhareb 3 : 1 yn union. Ydy hyn yn bwysig?

7 Mewn rhai pobl, mae 'llabed' yn rhydd ar ran isaf y glust ac mewn pobl eraill, mae'n sownd i'r pen. Credir mai'r alel trechol, **E**, sy'n achosi 'llabed' rhydd. Yr alel enciliol, **e**, sy'n achosi i waelod y glust fod yn sownd i'r pen. Os oes gan berson genoteip **Ee**, a fydd ganddyn nhw labedi clustiau rhydd?

8 Mewn anifail, mae cot lliw du (alel **B**) yn drech na chot lliw gwyn (alel **b**). Defnyddiwch sgwâr Punnett i gyfrifo'r gymhareb y byddech yn disgwyl ei gweld o anifeiliaid du a gwyn mewn croesiad rhwng anifail heterosygot (**Bb**) ac anifail homosygaidd enciliol (**bb**).

9 Mewn pys, mae hadgroen crwn (alel **R**) yn drech na hadgroen crychlyd (alel **r**). Mae garddwr yn croesi planhigyn pys â hadau crwn gydag un arall â hadau crychlyd. Ar ôl sawl croesiad o'r fath, nid yw erioed wedi cael epil blanhigion â hadau crychlyd. Beth mae hyn yn ei ddweud wrtho am genoteip ei blanhigion hadau crwn?

➜ Gweithgaredd

Defnyddio sgwâr Punnett

Cwestiwn

Yn y planhigyn 'Pedwar o'r gloch' (*Mirabilis jalapa*) mae blodau lliw coch yn drech na rhai lliw gwyn (Ffigur 9.6).

Ffigur 9.6 Amrywiadau blodau coch a gwyn mewn *Mirabilis jalapa*.

Pan gafodd planhigyn blodau coch brid pur ei groesi â phlanhigyn blodau gwyn brid pur, roedd yr holl epil yn goch. Yna cafodd un o'r planhigion blodau coch hyn ei 'hunanbeillio'. Rhagfynegwch ganlyniad yr hunanbeilliad hwn.

Ateb

Gadewch i ni alw'r alel coch trechol yn **C** a'r alel gwyn enciliol yn **c**.

Felly genoteip y planhigion blodau coch gwreiddiol oedd **CC**, a genoteip y rhai gwyn oedd **cc**.

Dim ond y genoteip **Cc** y gallai croesiad rhwng y planhigion hyn ei greu, felly **Cc** fyddai'r holl blanhigion coch F1.

Felly, pan gafodd y planhigion hyn eu hunanbeillio, y croesiad oedd

Cc × Cc.

Cyn llunio'r sgwâr Punnett, ysgrifennwch genoteipiau a ffenoteipiau'r rhiant blanhigyn a'r gametau.

	Gwryw	Benyw
Genoteip y rhiant	Cc	Cc
Ffenoteip y rhiant	Coch	Coch
Gametau	C neu c	C neu c

Nawr lluniwch y sgwâr Punnett.

		Gametau gwryw (mewn paill)	
		C	c
Gametau benyw (mewn cell wy)	C	CC	Cc
	c	Cc	cc

Nawr nodwch beth yw genoteipiau'r epil. Mae **CC** a **Cc** yn goch; mae **cc** yn wyn. Gallwch chi weld y byddai'r croesiad hwn yn cynhyrchu planhigion blodau coch a blodau gwyn yn y gymhareb 3 coch : 1 gwyn.

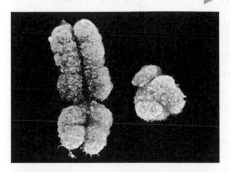

Ffigur 9.7 Mae'r sgan electronmicrograff hwn yn dangos cromosom X a chromosom Y, o fod dynol gwryw. Mae gan fenywod ddau gromosom X.

Sut mae rhyw yn cael ei benderfynu?

Yn y bennod flaenorol gwelsom fod cromosomau'n cael eu trefnu mewn parau. Mae 23 o barau gan fodau dynol, ac ar y cyfan mae aelodau pob pâr yn edrych yr un fath, ond am un eithriad. Mae pâr 23 yn wahanol mewn gwrywod a benywod. Mewn benywod mae'r ddau gromosom yn edrych yr un fath, ond mewn gwrywod maen nhw'n wahanol i'w gilydd. Oherwydd eu siâp, mae'r cromosom mwy yn cael ei alw'n gromosom X ac mae'r un llai'n cael ei alw'n gromosom Y. Mae gan wrywod un 'X' ac un 'Y' (Ffigur 9.7), tra mae gan fenywod ddau gromosom 'X'.

Y pâr hwn o gromosomau sy'n penderfynu a fydd unigolyn yn wryw neu'n fenyw. Pan gaiff wyau eu ffurfio yn ofari benyw, maen nhw i gyd yn cynnwys cromosom X (gan nad oes dewis arall), ond pan fydd sberm yn cael ei ffurfio yng ngheilliau gwryw mae cromosom X gan hanner y celloedd a chromosom Y gan yr hanner arall. Yn ystod ffrwythloniad, pan mae cell wy yn asio â chell sberm sy'n cludo cromosom X bydd embryo benyw yn datblygu. Os bydd wy yn asio â sberm sy'n cludo cromosom Y, bydd embryo gwryw yn datblygu. Felly pan fydd menyw yn beichiogi, mae siawns 50% o gael bachgen neu o gael merch, fel mae Ffigur 9.8 yn ei ddangos, oherwydd mae celloedd sberm ac wy'n cyfuno ar hap, ac mae tua hanner y sberm yn cludo naill ai cromosom X neu gromosom Y.

Ffigur 9.8 Etifeddu rhyw mewn bodau dynol.

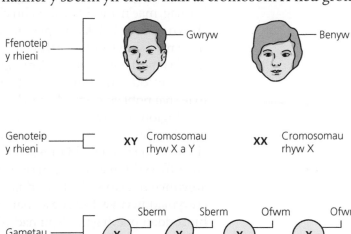

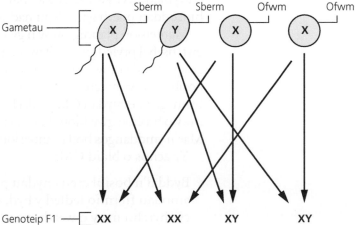

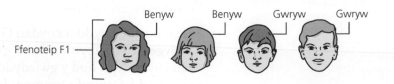

▶ Ydy newid genynnau'n artiffisial yn beth da?

Gall gwyddonwyr heddiw echdynnu genynnau o un organeb a'u rhoi mewn organeb arall, a gallant hefyd 'gyfnewid' un genyn am un arall. Mae cyflwyno genynnau i blanhigion bwyd yn dod yn fwyfwy cyffredin; rydym ni'n galw hyn yn **addasu genetig**. Yn yr 1980au, datblygwyd y cnwd masnachol cyntaf wedi'i addasu'n enynnol (GM) a oedd yn gallu gwrthsefyll pryfed a phlâu. Tatws oedd y cnwd hwn, ac roedden nhw wedi'u haddasu fel eu bod nhw'n gwneud eu pryfleiddiad eu hunain. Gwenwyn i bryfed oedd y pryfleiddiad, sy'n cael ei gynhyrchu fel arfer gan fath o facteriwm sy'n byw yn y pridd. Cafodd genyn cynhyrchu'r gwenwyn ei drosglwyddo i blanhigion tatws, a oedd yna'n golygu bod y planhigion yn gallu gwrthsefyll plâu pryfed.

Erbyn hyn, mae gwrthsefyll chwynladdwr yn nodwedd gyffredin mewn cnydau wedi'u haddasu'n enynnol. Erbyn 2007, roedd dros 50% o'r soia sy'n cael ei gynaeafu ledled y byd wedi'i addasu'n enynnol. Yn 2010, cymeradwyodd y Comisiwn Ewropeaidd fesur i ganiatáu i wahanol wledydd ddewis drostyn nhw eu hunain a oedden nhw am ddatblygu cnydau wedi'u haddasu'n enynnol ai peidio.

Os nad ydyn nhw'n cael eu rhwystro, bydd chwyn yn cystadlu â chnydau. Ers blynyddoedd lawer, mae ffermwyr wedi ceisio cael gwared â chwyn trwy ddefnyddio cemegion o'r enw chwynladdwyr. Fodd bynnag, mae'n anodd cynhyrchu chwynladdwyr detholus sy'n lladd chwyn yn unig heb ladd y planhigion rydych chi'n ceisio eu tyfu. Gallwn ni gymryd genyn sy'n gwrthsefyll chwynladdwyr o facteriwm sydd fel rheol yn tyfu mewn pridd a'i drosglwyddo i blanhigyn megis soia.

Yn anffodus mae nifer o broblemau posibl gyda'r dechnoleg hon, ac mae rhai pobl yn ei gwrthwynebu. Er enghraifft, mae'n bosibl y gallai planhigion sy'n gwrthsefyll chwynladdwyr ddianc i'r amgylchedd a thyfu'n llwyddiannus. Sut gallem ni eu dinistrio nhw os na all chwynladdwyr eu lladd nhw? Yr ateb yw sicrhau bod y planhigion yn anffrwythlon ac mai dim ond yn anrhywiol y byddan nhw'n atgynhyrchu. Un sgil effaith ddieisiau arall mewn soia sy'n gwrthsefyll chwynladdwyr yw fod coesynnau llawer o'r planhigion yn hollti mewn hinsoddau poeth gan olygu nad ydyn nhw'n gallu cynnal y planhigion.

Manteision planhigion sy'n gwrthsefyll chwynladdwyr ac sy'n gwrthsefyll pryfed yw fod llawer llai o gemegion yn cael eu cyflwyno i'r amgylchedd er mwyn lladd pryfed a chwyn. Yn ddamcaniaethol, mae'n bosibl cael cynnyrch uchel o gnydau heb effeithio ar yr amgylchedd. Fodd bynnag, mae cnydau GM yn dechnoleg newydd ac mae angen cynnal mwy o brofion gwyddonol ddilys i benderfynu a ydyn nhw'n fuddiol. Mae'n ymddangos bod manteision ac anfanteision i gnydau GM.

Yr achos o blaid GM:

▶ Byddai'n bosibl creu cnydau pwrpasol i weddu i'r gwahanol amodau ffermio ledled y byd. Fel hyn, byddai'r cnydau'n cynhyrchu mwy o werth maethol a mwy o incwm.
▶ Gallai cnydau sy'n cael eu defnyddio i gynhyrchu egni arbed adnoddau naturiol a helpu i warchod yr amgylchedd.

Yr achos yn erbyn GM:

▶ Mae'n bosibl y byddai cnydau GM yn golygu bod gwledydd datblygedig yn dibynnu llai ar gnydau o wledydd sy'n datblygu. Gallai hyn olygu bod y gwledydd sy'n datblygu yn colli masnach ac yn dioddef niwed economaidd difrifol.

▶ Mae'n anodd atal y paill o gnydau GM sy'n cael eu tyfu mewn caeau rhag peillio cnydau eraill gerllaw. Gall pobl sydd ddim eisiau tyfu cnydau GM (fel ffermwyr organig) gael genynnau wedi'u haddasu yn eu cnydau.

▶ Mae gan y cwmnïau sy'n datblygu cnwd GM y 'patent' arno, sy'n golygu mai nhw'n unig sy'n gallu ei ddosbarthu. Mae hyn yn golygu mai nhw sy'n rheoli'r pris, a all fod yn rhy ddrud i wledydd tlotach.

Mae'r materion hyn yn codi cwestiynau gwleidyddol, moesegol a masnachol pwysig sydd ddim yn unigryw i fiotechnoleg fodern. Rhaid eu datrys nhw ar lefel llywodraeth ac ar lefel ryngwladol er mwyn sicrhau'r budd mwyaf posibl o dechnoleg genynnau.

✔ Profwch eich hun

10 A yw rhyw baban dynol yn cael ei benderfynu gan y gell wy neu'r gell sberm a ddaeth at ei gilydd i'w ffurfio? Eglurwch eich ateb.

11 Pam mae'n rhesymol i ni ddisgwyl bod cymhareb y babanod sy'n fechgyn i'r babanod sy'n ferched mewn poblogaeth ddynol fawr tua 1 : 1 (hynny yw, 50% bechgyn a 50% merched)?

12 Os yw planhigyn yn cael ei ddisgrifio fel cnwd GM, beth yw ystyr hynny?

13 Pam mae'n anodd rhwystro cnydau GM rhag peillio amrywiadau eraill sydd heb eu haddasu'n enynnol ac sy'n tyfu mewn caeau cyfagos?

⬇ Crynodeb o'r bennod

- Mae DNA wedi ei wneud o ddwy gadwyn hir sy'n cynnwys moleciwlau siwgr a ffosffad bob yn ail. Basau sy'n cysylltu'r cadwynau; mae'r cadwynau wedi'u dirdroi i ffurfio helics dwbl.

- Mae pedwar bas – A, T, C a G – ac mae trefn y basau hyn ar y moleciwl DNA yn ffurfio cod i wneud proteinau; mae'r cod yn pennu ym mha drefn mae gwahanol asidau amino'n uno â'i gilydd i ffurfio gwahanol broteinau.

- Mewn DNA, mae'r bas adenin yn paru â thymin, a chytosin â gwanin.

- Mae dilyniant o dri bas (tripled) yn pennu un asid amino i gael ei ychwanegu at brotein.

- Mewn proffilio genetig, mae'r DNA yn cael ei dorri yn ddarnau byr gan ddefnyddio ensymau penodol. Yna caiff y darnau eu gwahanu yn fandiau, yn ôl eu maint, trwy electofforesis gel.

- Mae'n bosibl cymharu patrwm y bandiau sy'n cael eu cynhyrchu, i ddangos y tebygrwydd a'r gwahaniaethau rhwng dau sampl DNA – er enghraifft, mewn achosion troseddol, achosion tadolaeth ac wrth gymharu rhywogaethau at ddibenion dosbarthu.

- Gellir defnyddio proffilio DNA i ganfod presenoldeb genynnau penodol, a allai fod yn gysylltiedig â chlefydau penodol.

- Genynnau yw darnau o foleciwlau DNA sy'n pennu nodweddion etifeddol.

- Alelau yw'r enw ar ffurfiau gwahanol ar yr un genyn. Mewn pâr o gromosomau, efallai fod yna ddau alel gwahanol ar un genyn penodol, neu efallai fod y ddau alel yr un fath.

- Defnyddir y termau canlynol mewn geneteg: gamet, cromosom, genyn, alel, trechol, enciliol, homosygaidd, heterosygaidd, genoteip, ffenoteip, F1, F2, hunanbeillio.

- Gallwn ni ddefnyddio sgwariau Punnett i ddangos etifeddiad genynnau sengl.

- Mae'r croesiad **Aa** × **Aa** yn rhoi cymhareb 3 : 1 o ffenoteipiau trechol: enciliol ymysg yr epil.

- Mae'r croesiad **Aa** × **aa** yn rhoi cymhareb 1 : 1 o ffenoteipiau trechol: enciliol ymysg yr epil.

- Mae'r rhan fwyaf o nodweddion ffenoteipaidd yn deillio o etifeddiad nifer o enynnau, yn hytrach nag un genyn sengl.

- Mae rhyw bodau dynol yn cael ei bennu trwy edrych ar gyfansoddiad y pâr o gromosomau rhyw; mae gan fenywod ddau gromosom X, mae gan wrywod un cromosom X ac un cromosom Y.

- Mae'r cromosomau rhyw'n gwahanu yn y gametau, ac yn cyfuno ar hap yn ystod ffrwythloniad.

- Mae'n bosibl trosglwyddo genynnau'n artiffisial o un organeb i organeb arall – rydym ni'n galw hyn yn addasu genetig.

- Mae yna fanteision ac anfanteision posibl dros addasu pethau'n enynnol.

► Cwestiynau adolygu'r bennod

1 Fel arfer, lliw ffwr teigrod yw oren yn bennaf gyda streipiau du. Mae'r lliw oren yma'n cael ei achosi gan alel trechol **R**.

Pâr o deigrod heterosygaidd oren yw Sashi a Ravi. Dros nifer o flynyddoedd, fe wnaethon nhw gynhyrchu 13 o genawon (*cubs*) mewn sw yn India. Roedd tri o'r cenawon hyn yn wyn (hynny yw, gwyn gyda streipiau du).

a) Nodwch genoteipiau Sashi a Ravi. [1]

b) Lluniadwch sgwâr Punnett i ddangos sut cafodd y cenawon gwyn eu cynhyrchu. [2]

c) Lluniadwch sgwâr Punnet i ddangos sut gall teigr oren gyplu â theigr gwyn i gynhyrchu epil sydd i gyd yn oren.

(o Bapur B1(U) CBAC, Ionawr 2011, cwestiwn 1)

2 Ymddangosodd y pennawd hwn ar dudalen flaen y *Western Mail* ym mis Ionawr 2008.

Dicter am fod un o bob deg ohonom ar y gronfa ddata DNA

Mae bron i un o bob deg o bobl Cymru ar y gronfa ddata DNA genedlaethol. Dydy llawer o'r 264 420 ar y gronfa ddata ddim wedi cael eu cyhuddo o unrhyw drosedd erioed, ond mae croesiad Mendel sampl o'u DNA yn cael ei gadw am oes (*for life*).
---

a) Awgrymwch un rheswm pam mae rhai pobl, sydd heb gael eu cyhuddo o unrhyw drosedd erioed, yn erbyn i'w samplau DNA gael eu cadw ar gofnod. [1]

b) Awgrymwch un fantais i'r heddlu o gadw cronfa ddata DNA. [1]

(o Bapur B1(U), CBAC Haf 2009, cwestiwn 1)

3 Mae'r lliw gwyn, (D), yn drechol i'r lliw du, (d), mewn defaid. Mae dafad (benyw) gwyn yn cael ei chroesi gyda hwrdd (gwryw) du. Mae'r epil F1 i gyd yn wyn.

a) Beth yw genoteipiau:

i) y ddafad wyn? ii) yr hwrdd du? [1]

b) Lluniadwch sgwâr Punnett i ddangos genoteipiau posibl yr epil o ganlyniad i baru rhwng dafad wyn a hwrdd du. [2]

c) Lluniadwch sgwâr Punnett i ddangos genoteipiau posibl yr epil F2 o ganlyniad i baru rhwng dau epil F1. [2]

ch) Yn y croesiad sy'n cael ei ddisgrifio yn (c) beth fyddai cymhareb debygol y genoteipiau homosygaidd gwyn: heterosygaidd gwyn: homosygaidd du? [1]

(o Bapur B1(U) CBAC, Haf 2009, cwestiwn 2)

4 Gregor Mendel yw'r person sy'n cael ei gydnabod fel yr un wnaeth ddarganfod egwyddorion geneteg. Roedd yn gweithio gyda phlanhigion pys, a lliw y goden oedd un o'r nodweddion yr edrychodd arni. Mewn pys, mae coden werdd yn drechol i goden felyn. Mewn un croesiad, croesodd Mendel ddau blanhigyn pys heterosygaidd, y ddau ohonynt â chodennau gwyrdd, ond roedd y ddau yn cario'r hyn yr oedd e'n ei alw'n 'ffactor' melyn. Ailadroddodd y croesiad hwn 580 o weithiau, a chynhyrchodd y planhigion 428 o godennau gwyrdd a 152 o godennau melyn.

a) Disgrifiodd Mendel achos lliw y goden fel 'ffactor'. Beth ydyn ni'n galw'r 'ffactorau' hyn heddiw? [1]

b) Rydym ni'n gallu cynrychioli'r 'ffactor' gwyrdd gyda'r llythyren G a'r 'ffactor' melyn gyda'r llythyren g. Lluniadwch sgwâr Punnett yn dangos (Gg × Gg) a nodwch y gymhareb ddisgwyliedig codennau gwyrdd : codennau melyn. [3]

c) Beth oedd y gymhareb go iawn o godennau gwyrdd : codennau melyn yng nghanlyniadau Mendel? [2]

ch) Nid yw'r gymhareb go iawn yn cyd-fynd â'r gymhareb ddisgwyliedig. Pam nad yw hyn yn golygu fod y gymhareb ddisgwyliedig yn anghywir? [1]

d) Roedd y pys a gafodd eu defnyddio yn y croesiad hwn yn **heterosygaidd**. Beth yw ystyr hwn? [1]

dd) O'r 428 o godennau gwyrdd, faint (yn fras) y byddech chi'n disgwyl eu bod yn **homosygaidd**? [2]

e) Nodwch un rheswm pam gallwn fod yn hyderus gyda chanlyniadau Mendel. [1]

10 Amrywiad ac esblygiad

🏠 **Cynnwys y fanyleb**

Mae'r bennod hon yn ymdrin ag adran 2.4 Amrywiad ac esblygiad yn y fanyleb TGAU Bioleg ac adran 4.4 Amrywiad ac esblygiad yn y fanyleb TGAU Gwyddoniaeth (Dwyradd).

Mae'n edrych ar sut mae genynnau organeb fyw, a'r ffordd mae'r organeb yn rhyngweithio â'r amgylchedd, yn dylanwadu ar ei nodweddion. Mae'n ystyried sut mae organebau byw yn gyd-ddibynnol a sut maen nhw'n addasu i'w hamgylchedd. Canlyniad esblygiad yw'r addasiadau hyn. Mae hefyd yn edrych ar sut mae esblygiad yn digwydd trwy broses o ddetholiad naturiol, a dyma sy'n cyfrif am fioamrywiaeth a sut mae pob organeb yn perthyn i'w gilydd i raddfeydd gwahanol.

▶ Ydw i'n unigryw?

💬 **Pwynt trafod**

Effaith nifer o enynnau'n gweithredu gyda'i gilydd sy'n achosi amrywiad parhaus. Pam mae hi'n annhebygol iawn y gallai genyn sengl achosi amrywiad parhaus?

Ydych, rydych chi'n unigryw. Does dim yr un bod dynol sy'n union yr un fath ag unrhyw un arall sy'n fyw nawr nac unrhyw bryd yn y gorffennol. Mae hyd yn oed gefeilliaid 'unfath', er eu bod nhw'n edrych yn debyg iawn i'w gilydd, yn wahanol mewn rhai ffyrdd. Mae bodau dynol yn amrywio mewn llawer o ffyrdd.

Edrychwch ar amrywiad yn eich dosbarth chi. Ceisiwch ddod o hyd i o leiaf 20 math o wahaniaethau yn yr unigolion yn eich dosbarth chi. Peidiwch â chynnwys pethau fel dillad a gemwaith – dim ond amrywiadau yn eu cyrff.

Mae pawb yn eich dosbarth tua'r un oed. Serch hynny, byddan nhw'n amrywio cryn dipyn o ran maint. Nid eu taldra nhw fydd yr unig wahaniaeth, ond maint gwahanol rannau o'u cyrff hefyd.

Dydy hyn ddim yn wir am fodau dynol yn unig, chwaith. Mae pob poblogaeth o bob rhywogaeth yn dangos amrywiaeth. Efallai fod pob dant y llew yn edrych yr un peth i chi, ond byddai edrych yn agosach arnyn nhw yn dangos nifer o wahaniaethau rhwng planhigion unigol.

▶ Pa fathau o amrywiad sydd?

Mae gwyddonwyr yn disgrifio amrywiadau fel rhai **parhaus** neu **amharhaus**. Amrywiad parhaus yw pan mae yna amrediad parhaus heb ddim 'categorïau' (e.e. taldra mewn pobl; gall pobl fod yn unrhyw daldra o fewn amrediad penodol). Mae amrywiad amharhaus yn cynnwys grwpiau gwahanol (e.e. mathau o ôl bysedd; yn Ffigur 10.1 gall ôl bys unigolyn fod yn fwa, yn ddolen neu'n sidell – does dim yr un math o ôl bysedd rhwng y patrymau hyn).

Ffigur 10.1 Grwpiau ôl bysedd: a) bwa; b) dolen; c) sidell. Mae hyn yn enghraifft o amrywiad amharhaus.

Ymchwiliad i amrywiad mewn organebau

Amrywiad yn hyd bysedd

Dull

Casglwch ddata am hyd bys canol pawb yn eich dosbarth. Mae Ffigur 10.2 yn dangos sut i fesur hyd y bys.

Ym mhob achos, cofnodwch ai bachgen neu ferch yw'r unigolyn – yna gallwn ni ofyn 'Oes gwahaniaeth rhwng hyd bysedd bechgyn a merched?'

Gallwch chi blotio'r data ar ffurf siart bar mewn nifer o wahanol ffyrdd; mae Ffigur 10.3 yn dangos hyn.

Dadansoddi eich canlyniadau

1 Beth fydd y ffordd orau o blotio'r data:
   a) os data'r grŵp cyfan yw eich prif ddiddordeb, ond bod gennych chi rywfaint o ddiddordeb yn y gwahaniaeth rhwng y bechgyn a'r merched

b) os gwahaniaethau yn y patrymau rhwng bechgyn a merched yw eich prif ddiddordeb?

Rhowch resymau dros eich atebion yn y naill achos a'r llall.

2 Mae tair rhagdybiaeth bosibl yn gysylltiedig â'n cwestiwn ni, 'Oes gwahaniaeth rhwng hyd bysedd bechgyn a merched?'
   • Does dim gwahaniaeth rhwng hyd bysedd bechgyn a merched.
   • Mae bechgyn yn tueddu i fod â bysedd hirach na merched.
   • Mae merched yn tueddu i fod â bysedd hirach na bechgyn.
   a) O'ch data chi, pa ragdybiaeth mae'r dystiolaeth yn ei chefnogi?
   b) Pa mor bendant yw'r dystiolaeth hon yn eich barn chi? Rhowch resymau dros eich atebion.

a)
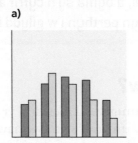

b)
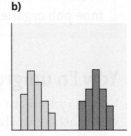

c)
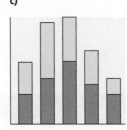

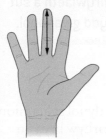

Ffigur 10.2 Mesurwch y bys canol o'i flaen hyd at waelod y crych lle mae'r bys yn ymuno â'r gledr.

Ffigur 10.3 Ym mhob un o'r siartiau bar hyn, mae data bechgyn yn oren a data merched yn felyn. a) Data bechgyn a merched wedi eu plotio wrth ochr ei gilydd; b) Data bechgyn a merched wedi eu plotio ar wahân (gallai'r rhain hefyd fod ar ddau graff); c) Data bechgyn a merched wedi eu cyfuno ond yn dangos y gwahaniaeth rhyngddynt.

Ffigur 10.4 Mae genynnau gefeilliaid unfath yn union yr un fath, ond mae rhai gwahaniaethau rhyngddyn nhw o hyd.

▶ Beth sy'n achosi amrywiad?

Mae dwy ffactor yn achosi amrywiad. Mae genynnau organeb yn rheoli ei nodweddion, a bydd setiau gwahanol o enynnau'n achosi **amrywiad etifeddol**. Mewn bodau dynol, yr unig bobl sydd â genynnau'n union yr un fath yw gefeilliaid unfath (neu dripledi, ac ati), gan eu bod nhw'n cael eu ffurfio pan fydd un gell wy wedi'i ffrwythloni yn hollti. Serch hynny, mae hyd yn oed gefeilliaid unfath yn amrywio (Ffigur 10.4). **Amrywiad amgylcheddol** ydy hwn, ac mae'n cael ei achosi gan yr amgylchedd – weithiau mae'n digwydd heb ei gynllunio (fel creithiau o glwyfau), weithiau mae'n ganlyniad dewis personol unigolyn (steil gwallt, tyllu'r corff, tatŵau, er enghraifft). O dro i dro, mae un gefell yn llawer llai na'r llall ar adeg eu geni oherwydd, am ryw reswm cafodd ei amddifadu o faeth yng nghroth y fam (Ffigur 10.5) – mae hyn yn enghraifft arall o amrywiad amgylcheddol.

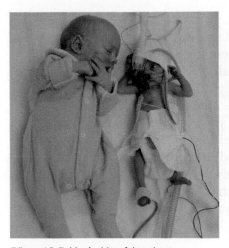

Ffigur 10.5 Mae'r ddau faban hyn yn efeilliaid unfath ond, oherwydd cymhlethdod yn ystod eu beichiogrwydd, roedd gwaed yn llifo o'r un bach i'r un mawr. Felly ni chafodd y gefell bach ddigon o ocsigen na maeth. Enghraifft o amrywiad amgylcheddol yw hon.

Gall rhai amrywiadau fod yn ganlyniad cyfuniad o ffactorau genetig ac amgylcheddol – mae gan daldra a phwysau, er enghraifft, gydrannau genetig ond mae deiet hefyd yn effeithio arnynt.

> ### ✔ Profwch eich hunan
>
> 1 Beth sy'n achosi amrywiad (etifeddol, amgylcheddol neu'r ddau) yn y nodweddion canlynol?
>   **a)** taldra
>   **b)** lliw llygaid
>   **c)** lliw croen
>   **ch)** tyllau (*piercings*) yn y corff
> 2 Diffiniwch y term 'amrywiad parhaus'.
> 3 Nodwch a yw'r nodweddion canlynol yn dangos amrywiad parhaus neu amrywiad amharhaus.
>   **a)** pwysau
>   **b)** hyd troed
>   **c)** maint esgid
>   **ch)** lliw gwallt

▶ Pam nad ydych chi'n edrych yn union fel eich rhieni?

Mae gwahaniaethau genetig rhwng epil a'u rhieni yn ganlyniad **atgenhedliad rhywiol**, lle bydd wy yn asio â sberm yn ystod proses **ffrwythloni**. Caiff genynnau'r fam yn yr wy eu cymysgu â genynnau gwahanol y tad yn y sberm. Mae'r gell sy'n cael ei ffurfio o ganlyniad i ffrwythloniad (y **sygot**) yn cynnwys un set o enynnau o'r tad ac un o'r fam. Dim ond hanner cyfanswm nifer genynnau'r fam neu'r tad sydd yn y 'set' o enynnau mewn **gamet**, ac mae'r cyfuniad o enynnau sy'n gwneud y 'set' yn amrywio. Dyna pam mae brodyr a chwiorydd yn debyg ond yn wahanol.

Yn ystod **atgynhyrchiad anrhywiol** dydy'r genynnau ddim yn cymysgu, oherwydd does dim ffrwythloni'n digwydd. Mae un unigolyn yn cynhyrchu epil sy'n union yr un fath o safbwynt genetig â'i gilydd ac â'r rhiant. Yr enw ar y rhain yw **clonau**.

Termau allweddol

Atgenhedliad rhywiol Atgenhedliad trwy ffrwythloniad (gametau benyw a gwryw'n asio), sy'n arwain at epil sy'n wahanol i'r rhiant/rhieni o safbwynt genetig.

Ffrwythloniad Uniad gamet gwryw a benyw.

Atgynhyrchiad anrhywiol Atgynhyrchiad lle nad oes ffrwythloniad yn digwydd ac sy'n arwain at epil sy'n union yr un fath â'r rhiant o safbwynt genetig.

Gamet Cell rhyw (er enghraifft, sberm, wy, paill).

Ffigur 10.6 Set o blanhigion unfath ('clonau') wedi'u cynhyrchu o doriadau wedi'u cymryd o un rhiant blanhigyn.

Dydy genynnau rhywogaeth ddim yn aros yr un fath am byth. Mae alelau a nodweddion newydd yn ymddangos drwy'r amser. Er enghraifft, mae'n debygol nad oedd yna unrhyw fodau dynol cynhanes â gwallt melyn. Ar ryw adeg yn hanes bodau dynol, mae'n rhaid bod alel 'gwallt melyn' wedi ymddangos. Mwtaniad sy'n gyfrifol am newidiadau i enynnau. Newid yn adeiledd genyn yw mwtaniad. Mae'r newidiadau hyn yn digwydd yn naturiol, ar hap, ac yn aml, ond mae pelydriad ïoneiddio a chemegion penodol yn yr amgylchedd yn cynyddu cyfradd mwtaniad. Mae'r rhan fwyaf o fwtaniadau'n gwneud gwahaniaethau mor fach fel nad ydym ni'n gallu gweld unrhyw effaith. Mae rhai ohonynt yn niweidiol, ond ar rai adegau prin iawn gall mwtaniad ddigwydd sy'n 'gwella' cynllun organeb ac yn ei helpu i oroesi.

Ffigur 10.7 Rydym ni'n credu bod gan fodau dynol cynhanes wallt du a chroen tywyll gan mwyaf (er bod tystiolaeth newydd yn awgrymu y gallai fod gwallt coch gan rai ohonynt).

▶ Beth yw clefyd etifeddol?

Gall rhai mwtaniadau gynhyrchu alel sy'n niweidiol ac yn achosi clefyd. Mae'n bosibl etifeddu'r alel hwn, ac felly'r clefyd. Enghraifft o hyn yw'r clefyd **ffibrosis cystig**, lle mae'r ysgyfaint a'r system dreulio'n llenwi â mwcws trwchus. Mae hyn yn ei gwneud yn anodd anadlu a threulio bwyd, ac mae'n lleihau disgwyliad oes.

Mae alel ffibrosis cystig yn enciliol, felly rhaid i unigolyn fod â dau alel ar gyfer ffibrosis cystig er mwyn i'r clefyd ymddangos. Mae tua 8500 o ddioddefwyr ffibrosis cystig yn y DU ond mae dros 2 filiwn o bobl yn 'cludo' yr alel diffygiol. Mae hyn yn golygu bod ganddyn nhw un alel ffibrosis cystig ac un 'normal'. Os bydd rhywun yn heterosygaidd ar gyfer nodwedd enciliol fel ffibrosis cystig, ni fydd yn cael y clefyd, ond gallai ei drosglwyddo i'w blant. Rydym ni'n galw'r unigolyn hwn yn gludydd. Os bydd dau unigolyn sy'n cludo alel ffibrosis cystig yn cael plentyn, mae siawns 1 mewn 4 y bydd eu plentyn yn cael y clefyd. Gallwn ni ddangos hyn trwy ddefnyddio sgwâr Punnett fel ym Mhennod 9. Dewch i ni alw'r alel normal yn **C** a'r alel ffibrosis cystig yn **c**.

Genoteipiau'r rhieni: mam × tad
                                    Cc   **Cc**
Ffenoteipiau'r rhieni: normal   normal
Gametau: **C** neu **c**   **C** neu **c**

		Gametau gwryw	
		C	**c**
Gametau benyw	**C**	CC	Cc
	c	Cc	cc

Bydd plentyn ag alelau **cc** yn cael ffibrosis cystig.

Mae'n debygol y bydd tua hanner plant y rhieni hyn yn cludo'r clefyd heb fod yn dioddef ohono.

Clefydau etifeddol a choed teulu

Gall archwilio coeden deulu ddangos sut mae clefyd fel ffibrosis cystig yn cael ei etifeddu. Bydd angen peth dehongli pan fydd y clefyd yn cael ei achosi gan alel enciliol, gan nad yw'r cludyddion heterosygaidd yn ymddangos yn wahanol i'r unigolion iach sydd ddim yn gludyddion. Mae enghraifft ar waith yn cael ei dangos isod.

Mae Ffigur 10.8 yn dangos coeden deulu sy'n cynnwys pobl sy'n dioddef o ffibrosis cystig. Trwy ddehongli'r goeden deulu, gallwn ni gael syniad o genoteipiau'r rhan fwyaf o'r unigolion, ond nid pob un ohonynt.

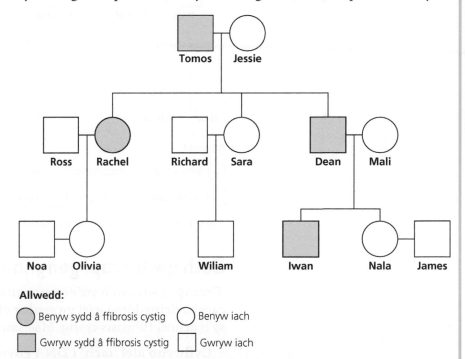

Allwedd:
⬤ Benyw sydd â ffibrosis cystig ◯ Benyw iach
⬛ Gwryw sydd â ffibrosis cystig ☐ Gwryw iach

Ffigur 10.8 Coeden deulu sy'n cynnwys pobl sydd â ffibrosis cystig.

Gadewch i ni alw'r alel normal (trechol) yn **C** a'r alel ffibrosis cystig (enciliol) yn **c**.

▶ **Unigolion sydd â ffibrosis cystig (genoteip cc)** – Rydym ni'n gwybod bod genoteip **cc** gan **Tomos**, **Rachel**, **Dean** ac **Iwan**, gan fod ffibrosis cystig arnyn nhw. Gan fod yr alel yn enciliol, mae'n rhaid bod genoteip **cc** gan unrhyw un sydd â'r clefyd.

- **Cludyddion ffibrosis cystig (genoteip Cc)** – Gan fod yr alel ffibrosis cystig yn enciliol, a bod y bobl sy'n cael y clefyd yn homosygaidd, byddan nhw'n trosglwyddo copi i'w plant bob tro. Felly bydd holl blant dioddefwr naill ai'n cael y clefyd, neu byddan nhw'n gludydd. Mae hyn yn golygu bod **Sara**, **Olivia** a **Nala** yn gludyddion, ac mae ganddyn nhw'r genoteip **Cc**. Serch hynny, er mwyn cael y clefyd, mae'n rhaid i'r ddau riant gyfrannu alel c. Felly, mae'n rhaid bod **Jessie** a **Mali** yn gludyddion hefyd.
- **Dim ffibrosis cystig (genoteip CC)** – Yma, dydym ni ddim wir yn gwybod. Mae gan Sarah a Richard blentyn sy'n iach, ac mae gan Rachel a Ross blentyn iach hefyd. Fodd bynnag, dydy hyn ddim yn profi nad yw **Richard** a **Ross** yn gludyddion, gan nad oes digon o blant i ni fod yn sicr. Bydd gan **Wiliam** naill ai genoteip **CC** neu **Cc**. Dydym ni ddim yn gwybod unrhyw beth am **Noa** a **James**.

Mae Ffigur 10.9 yn crynhoi'r hyn y gallwn ei ddehongli o'r coeden deulu hon.

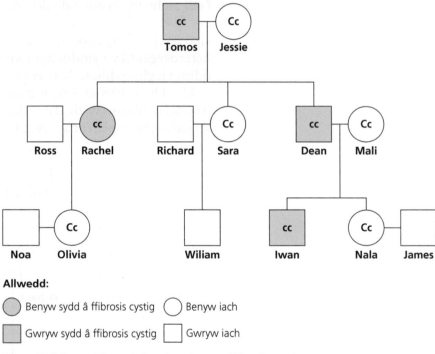

Allwedd:

⬤ Benyw sydd â ffibrosis cystig ◯ Benyw iach

⬛ Gwryw sydd â ffibrosis cystig ☐ Gwryw iach

Ffigur 10.9 Genoteipiau aelodau o'r teulu o ran ffibrosis cystig.

▶ Beth yw therapi genynnau?

Therapi genynnau yw'r enw ar amrywiaeth o dechnegau sy'n gallu cael eu defnyddio i gael gwared ar effeithiau alel niweidiol fel yr un sy'n achosi ffibrosis cystig. Mae sawl ffordd o wneud hyn.

- **Cyflwyno alel 'iach' i DNA rhywun** – Os yw'r alel niweidiol yn enciliol, bydd alel trechol iach yn ei wrthweithio. Does dim rhaid cael gwared ar yr alel enciliol.
- **'Diffodd' yr alel niweidiol** – Mae sawl ffordd o wneud hyn, gan gynnwys cyflwyno genyn newydd sbon i'r corff.

Mae gweithredu therapi genynnau wedi profi'n anodd iawn ac mae'n dal i gael ei ddatblygu.

Profwch eich hun

4 Pam nad yw atgynhyrchiad anrhywiol yn arwain at amrywiad, ond mae atgenhedliad rhywiol yn arwain ato?

5 Beth yw mwtaniad?

6 Nodwch ddwy ffactor amgylcheddol a all gynyddu'r gyfradd mwtanu.

7 Pam mae'n anodd canfod person sy'n cludo clefyd genetig sy'n cael ei achosi gan alel enciliol?

8 Diffiniwch y term 'therapi genynnau'.

Term allweddol

Esblygiad Y broses lle mae rhywogaethau byw wedi newid a datblygu'n raddol o ffurfiau cynharach dros gyfnod hir o amser.

Yn 2015, adroddwyd bod ymchwilwyr, am y tro cyntaf, wedi gallu rhoi alelau iach i mewn i ysgyfaint cleifion oedd â ffibrosis cystig. Fodd bynnag, roedd y gyfradd llwyddiant yn isel (dim ond 3.7% o welliant a welwyd yng ngweithrediad ysgyfaint y rhai a gafodd eu trin) a bydd yn amser hir cyn y bydd therapi genynnau ar gyfer ffibrosis cystig ar gael yn gyffredinol.

Mae rhai materion yn ymwneud â therapi genynnau. Mae'r ymchwil i ddatblygu triniaethau yn ddrud iawn a gall cwmnïau fferyllol ei chael hi'n anodd gwneud unrhyw arian. Mae'r unig gyffur therapi genynnau sydd ar gael hyd yn hyn, i drin clefyd genetig prin, yn costio £810 000 y claf. Mae rhai grwpiau crefyddol yn credu na ddylai pobl fyth newid genynnau organebau byw. Ar y llaw arall, gallai'r manteision fod yn enfawr. Er enghraifft, mae'n cynnig y gobaith o ganiatáu i'r rhai sydd â ffibrosis cystig gael bywyd o hyd normal ac o ansawdd.

Pam mae amrywiad yn bwysig ar gyfer esblygiad?

Heb fwtaniadau, ni fyddai organebau byw byth yn newid. Byddai'r celloedd byw cyntaf wedi cadw'r genynnau oedd ganddynt, ac ni fyddent wedi gallu esblygu i'r biliynau o rywogaethau sy'n byw ar y Ddaear erbyn hyn.

Rydym ni wedi gweld eisoes bod organebau'n addasu'n dda i'w hamgylchedd arbennig a bod pob poblogaeth yn dangos amrywiad. Mae cysylltiad agos rhwng y ddau syniad hyn, oherwydd heb amrywiad ni allai pethau byw byth addasu i'w hamgylchedd. Mae damcaniaeth **esblygiad** yn egluro sut maen nhw'n gwneud hyn.

Os yw anifeiliaid yn byw mewn amgylchedd pegynol, sydd bron bob amser dan eira, mae bod yn wyn yn fantais (Ffigur 10.10). Bydd cuddliw ganddynt, a bydd hyn yn eu galluogi i osgoi cael eu bwyta neu, os ydyn nhw'n ysglyfaethwyr, gallant fynd yn agos

Ffigur 10.10 Mae eirth gwyn wedi esblygu i weddu'n berffaith i'w hamgylchedd rhewllyd.

at ysglyfaeth heb gael eu gweld. Oherwydd amrywiad, bydd pob poblogaeth anifeiliaid yn cynnwys unigolion o wahanol 'arlliwiau', gyda rhai'n fwy tywyll na'i gilydd. Mewn amgylchedd pegynol, bydd yr anifeiliaid goleuaf yn goroesi'n well na'r rhai tywyllaf gan y bydd eu cuddliw nhw'n well. Bydd mwy ohonynt yn goroesi i fridio, ac yna byddan nhw'n trosglwyddo eu genynnau 'golau' i'w hepil. Fel hyn, bydd mwy o'r unigolion goleuach yn y genhedlaeth nesaf. Bydd y broses hon yn parhau ym mhob cenhedlaeth, a bydd y boblogaeth yn mynd yn fwyfwy golau nes bydd pob unigolyn bron yn wyn (er y bydd rhywfaint o amrywiaeth mewn lliw o hyd).

Dros gyfnodau hir, mae poblogaethau anifeiliaid a phlanhigion yn newid mewn ffyrdd sy'n eu gwneud yn fwy addas i'w hamgylchedd. Enw'r newid graddol hwn yw esblygiad. Os bydd newid arwyddocaol yn yr amgylchedd am ryw reswm, efallai y bydd rhaid ailosod y broses, ac efallai y bydd addasiadau newydd yn esblygu ar gyfer yr amodau newydd.

▶ Beth yw'r ddamcaniaeth detholiad naturiol?

Mae'r ddamcaniaeth detholiad naturiol yn cynnig mecanwaith i ddisgrifio sut mae esblygiad yn digwydd. Mae'n un o ddamcaniaethau enwocaf gwyddoniaeth, a Charles Darwin oedd y cyntaf i'w chyflwyno'n llawn (Ffigur 10.11).

Yng nghyfnod Darwin, roedd llawer o bobl yn credu bod Duw wedi creu pob rhywogaeth ar wahân ac nad oedd un rhywogaeth byth yn newid i greu rhai newydd. Roedd pobl eraill yn credu mewn esblygiad ond yn credu bod newidiadau'n cael eu hachosi gan beth roedd yr organeb yn ei wneud, neu beth oedd yn digwydd iddi, yn ystod ei hoes. Am bum mlynedd rhwng 1831 ac 1836, aeth Darwin ar fordaith ar HMS *Beagle* gyda'r nod o wneud darganfyddiadau gwyddonol. Daeth o hyd i nifer o rywogaethau newydd, a sylwodd fod gwahanol rywogaethau yn aml yn amrywiadau ar fodel sylfaenol cyffredin. Ar ben hyn, roedd yn ymddangos bod yr amrywiadau i gyd yn gysylltiedig ag amgylchedd neu ffordd o fyw'r organeb (Ffigur 10.12). Doedd Darwin ddim yn gallu cynnal arbrofion ar esblygiad – proses sy'n gallu cymryd miloedd o flynyddoedd. Yr unig beth roedd yn gallu ei wneud oedd arsylwi'n ofalus a cheisio dyfeisio rhagdybiaethau i

Ffigur 10.11 Charles Darwin, y naturiaethwr enwog o Brydain.

Ffigur 10.12 Amrywiadau mewn crwbanod o'r Galapagos. Mae gan yr un ar y chwith flaen cromennog i'w gragen a gwddf hirach. Mae'n byw ar ynys lle nad oes llawer o lystyfiant ar y ddaear felly rhaid iddo ymestyn i fwydo ar lwyni. Mae'r addasiadau i'w gragen a'i wddf yn ei alluogi i wneud hyn.

pincod coed	bwytawyr ffrwythau	pigau fel parot	*Camarhynchus pauper*
	bwytawyr pryfed	pigau sy'n gafael	*Camarhynchus psittacula* *Camarhynchus parvulus* *Camarhynchus pallidus*
pincod daear	bwytawyr cacti	pigau sy'n chwilota	*Geospiza scandens*
	bwytawyr hadau	pigau sy'n malu	*Geospiza difficills* *Geospiza fuliginosa* *Geospiza magnirostris*

Ffigur 10.13 Pincod y Galapagos, yn dangos amrywiadau o ran siâp a maint pigau yn ôl eu deiet.

egluro ei arsylwadau. Sylwodd ar rai rhywogaethau o bincod oedd i'w cael ar ynysoedd penodol yn ynysfor y Galapagos yn unig. Roedden nhw'n debyg i'w gilydd, ac yn debyg hefyd i fath o bincod a oedd i'w gael ar dir mawr De America tua 500 milltir i ffwrdd, ond roedd gan bob un eu nodweddion penodol eu hunain. Yn arbennig, roedd yn ymddangos bod siâp a maint eu pigau'n adlewyrchu'r bwyd roedden nhw'n ei fwyta. Mae Ffigur 10.13 yn dangos hyn.

Ar y pryd, roedd llawer o bobl yn credu bod nodweddion yn cael eu caffael yn ystod oes organeb ac yna'n cael eu trosglwyddo i'w hepil. Er enghraifft, y farn oedd fod treulio oes yn gwneud gwaith corfforol iawn yn golygu y byddai eich plant yn fwy cyhyrog. Does dim mecanwaith hysbys a fyddai'n achosi i big (*beak*) fynd yn fwy ac yn gryfach o ganlyniad i geisio malu hadau'n fân, gan nad yw'r pig wedi'i wneud allan o gyhyrau. Hefyd does dim ffordd y byddai mynd i mewn i risgl i ddod o hyd i bryfed yn gwneud i'r pig fynd yn fwy tenau ac felly'n well ar gyfer hyn. Doedd arsylwadau Darwin o bincod y Galapagos ddim yn cyd-fynd â'r rhagdybiaeth hon.

Am y flwyddyn neu ddwy nesaf, bu Darwin yn meddwl am beth oedd wedi'i weld, ac yn y pen draw datblygodd ei ddamcaniaeth detholiad naturiol i egluro'r dystiolaeth. Y ddamcaniaeth hon oedd:

▶ Mae'r mwyafrif o anifeiliaid a phlanhigion yn cael llawer mwy o epil nag sy'n gallu goroesi, felly mae'r epil mewn rhyw fath o 'frwydr' i oroesi. Dyma syniad **gorgynhyrchu**.

▶ Dydy'r epil ddim i gyd yr un fath; maen nhw'n dangos **amrywiad**.

▶ Mae'n rhaid bod rhai amrywiaethau mewn gwell sefyllfa i oroesi nag eraill, gan eu bod nhw'n 'fwy cymwys' i'r amgylchedd. Y rhain fydd y mwyaf tebygol o oroesi (h.y. '**goroesiad y cymhwysaf**').

▶ Bydd y rhai sy'n goroesi yn **bridio** ac yn trosglwyddo eu nodweddion etifeddol i'r genhedlaeth nesaf (doedd Darwin ddim yn gwybod y manylion hyn, oherwydd ar y pryd doedd pobl ddim yn gwybod am fodolaeth genynnau).

▶ Dros nifer o genedlaethau, bydd y nodweddion gorau'n mynd yn fwy cyffredin ac yn y pen draw'n lledaenu i bob unigolyn. Bydd y rhywogaeth wedi newid, neu **esblygu**.

Enwodd Darwin ei ddamcaniaeth yn ddamcaniaeth detholiad naturiol, ond nid Darwin oedd yr unig wyddonydd oedd yn gweithio ar ddamcaniaeth ar gyfer mecanwaith esblygiad ar y pryd. Un arall

Ffigur 10.14 Alfred Russel Wallace.

oedd Alfred Russel Wallace (Ffigur 10.14) a oedd, yn annibynnol ac ar wahân i Darwin, wedi meddwl am bron yr un syniadau. Penderfynodd y ddau ddyn gydweithio ac, ar y cyd, fe wnaethon nhw gynhyrchu'r cyhoeddiad cyntaf erioed ar ddetholiad naturiol yn 1858. Er nad yw mor adnabyddus â Charles Darwin, erbyn hyn mae Alfred Russel Wallace yn cael ei adnabod fel cyd-ddarganfyddwr detholiad naturiol. Mae damcaniaeth detholiad naturiol wedi cael ei mireinio ychydig dros amser, ond mae hi'n dal i gael ei derbyn gan y rhan fwyaf o wyddonwyr fel y mecanwaith ar gyfer esblygiad.

Gwaith ymarferol

Modelu esblygiad

Mae'n anodd cynnal arbrofion esblygiad oherwydd mae'r broses yn aml yn cymryd miloedd o flynyddoedd. Pan mae gwyddonwyr yn methu cynnal arbrofion yn uniongyrchol ar organebau byw am ryw reswm, weithiau maen nhw'n gallu 'modelu' y broses maen nhw'n dymuno ymchwilio iddi. Gallwn ni wneud hyn i ymchwilio i sut mae cuddliw'n esblygu.

Cyfarpar

> 100 pren coctel plaen
> 100 pren coctel wedi'u lliwio'n wyrdd
> stopwatsh

Dull

1 Cyfrwch 20 pren coctel plaen ac 20 o rai gwyrdd.
2 Marciwch arwynebedd 1 m × 1 m mewn gwair hir.
3 Dylai un unigolyn yn y grŵp wasgaru'r prennau coctel ar draws y gwair y tu mewn i'r ardal a farciwyd. Mae'n well os bydd y prennau wedi'u lledaenu'n dda heb fod wedi'u clystyru gyda'i gilydd.
4 Nawr, bydd rhywun arall o'r grŵp yn codi prennau coctel am 15 eiliad. Os bydd yn codi 20 pren cyn i'r amser ddod i ben, stopiwch. Mae'r unigolyn hwn yn chwarae rhan ysglyfaethwr, ac mae'r prennau coctel a gasglodd wedi cael eu 'bwyta'.
5 Lluniwch dabl i gofnodi eich canlyniadau ynddo.

6 Nawr, mae'r prennau sy'n weddill yn yr ardal yn 'bridio'. Cyfrifwch faint o brennau coctel gwyrdd a phlaen sydd ar ôl, a dyblwch nifer y ddau liw trwy wasgaru prennau coctel newydd yn ôl yn yr ardal a farciwyd. Er enghraifft, os oes 12 o brennau gwyrdd ar ôl ac 8 o rai plaen, ychwanegwch 12 pren gwyrdd arall ac 8 pren plaen. Cofnodwch niferoedd newydd y prennau coctel gwyrdd a phlaen.
7 Ailadroddwch gamau 4 a 6 bedair gwaith arall, neu nes y byddai'r boblogaeth yn fwy na nifer y prennau coctel sydd ar gael i chi.
8 Plotiwch eich canlyniadau fel siart bar.

Dadansoddi eich canlyniadau

1 Beth sy'n digwydd i 'boblogaethau' y prennau coctel gwyrdd a phlaen dros y 'cenedlaethau' yn yr arbrawf hwn?
2 Beth yw'r rheswm dros blotio'r data fel siart bar yn hytrach na graff llinell?

💬 Pwynt trafod

Yn y model hwn, rydych chi'n modelu ymddygiad ysglyfaethwr, a'r prennau coctel yw'r ysglyfaeth. Pa mor gywir ydych chi'n meddwl yw'r model hwn? Beth yw ei gyfyngiadau?

▶ Mynd yn ddiflanedig –methiant detholiad naturiol?

Mae miliynau o rywogaethau sydd wedi bodoli yn y gorffennol ac sydd ddim i'w cael ar y Ddaear erbyn hyn – maen nhw'n **ddiflanedig**. Gallai hyn ddigwydd am nifer o resymau.

1 Mae'r organeb wedi methu addasu'n llwyddiannus i'w hamgylchedd.
2 Mae'r organeb wedi addasu i'w hamgylchedd i raddau, ond mae organeb debyg arall wedi addasu'n well. Dydy'r organeb lai llwyddiannus ddim yn gallu cystadlu, ac yn y pen draw maen nhw i gyd yn marw.
3 Mae'r organeb wedi addasu'n dda i'w hamgylchedd, ond mae'r amgylchedd yn newid yn sydyn a dydy'r organeb ddim yn gallu goroesi yn yr amodau newydd.

Mae'r rheswm cyntaf (methiant llwyr i addasu) yn eithriadol o brin. Gallai egluro diflaniad mwtaniad newydd, ond nid rhywogaeth gyfan.

Mae'r ail reswm yn fwy cyffredin. Er enghraifft, ers yr 1990au mae niferoedd y dolffiniaid pigwyn wedi bod yn lleihau o gwmpas arfordir yr Alban, ac mae hyn wedi cael ei gysylltu â chynnydd yn niferoedd rhywogaeth arall, y dolffin cyffredin. Mae tymheredd cynhesach y môr wedi annog y dolffin cyffredin i symud i'r ardal o'r de, ac mae lle i gredu y gallai fod yn cystadlu'n well na'r ffurf pigwyn (Ffigur 10.15).

Ffigur 10.15 a) Dolffin pigwyn; b) Dolffin cyffredin. Mae'r ddwy rywogaeth yn cystadlu yn y moroedd o gwmpas yr Alban.

a)   b)

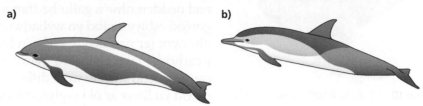

Weithiau, gall problemau godi o ganlyniad i gyflwyno rhywogaeth nad oedd hi'n bresennol o'r blaen – rhywogaeth 'estron'. Er enghraifft, 150 o flynyddoedd yn ôl, roedd y wiwer goch yn gyffredin trwy Gymru gyfan, ond yn hwyr yn y 19eg ganrif cyflwynwyd y wiwer lwyd i'r DU o UDA. Mae hi'n byw mewn lleoedd tebyg i'r wiwer goch ond mae hi wedi addasu'n well, ac felly mae'r wiwer goch wedi diflannu'n raddol o ardaloedd lle mae'r wiwer lwyd yn bresennol. Does dim gwiwerod coch yn Ne a Gorllewin Cymru, ac maen nhw'n gyfyngedig i ychydig o ardaloedd yng Nghanolbarth a Gogledd Cymru (Ffigur 10.16). Ni fydd gwiwerod coch yn mynd yn ddiflanedig, gan eu bod yn goroesi'n llwyddiannus mewn lleoedd eraill o gwmpas Ewrop, ond os nad oedd ganddynt ddosraniad mor eang, byddan nhw ar eu ffordd i fynd yn ddiflanedig.

Ffigur 10.16 Dosraniad gwiwerod coch yng Nghymru.

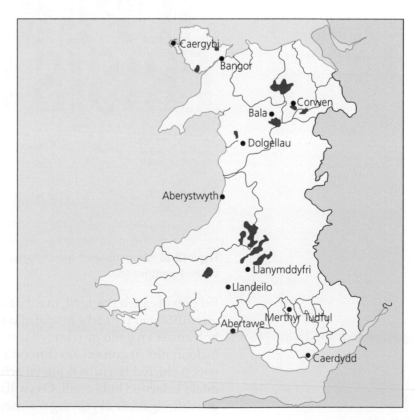

Ffigur 10.17 Y dodo, a aeth yn ddiflanedig ar ddiwedd yr ail ganrif ar bymtheg – yn llai na 100 mlynedd ar ôl iddo gael ei ddarganfod.

Mae'r trydydd rheswm yn achos cyffredin o ddiflaniad, ac mae'n aml yn gysylltiedig â gweithgarwch bodau dynol. Un anifail diflanedig enwog yw'r dodo, aderyn na allai hedfan oedd yn arfer byw ar ynys Mauritius (Ffigur 10.17). Roedd wedi llwyddo i addasu i'w amgylchedd, a doedd ganddo ddim ysglyfaethwyr naturiol. Pan ddaeth pobl o'r Iseldiroedd i ymgartrefu ar yr ynys yn 1638, daethant â chathod, cŵn, llygod mawr (oddi ar y llongau) a moch gyda nhw. Roedd y dodos yn ysglyfaeth hawdd i fodau dynol gan nad oedden nhw'n gallu hedfan a gan nad oedden nhw erioed wedi gorfod esblygu i fod yn wyliadwrus. Bwytaodd y bodau dynol lawer ohonynt (er nad oedden nhw'n blasu'n arbennig o dda) a bwytaodd y cathod, y cŵn a'r llygod mawr eu hwyau a'u cywion nhw. O fewn canrif, roedd y dodo wedi diflannu, gan fod ei amgylchedd wedi newid yn llwyr ar ôl i ysglyfaethwyr gael eu cyflwyno iddo. Y broblem yw cyflymder newid. Mae detholiad naturiol yn broses araf, ac os oes newid cyflym yn yr amgylchedd, fel yn Mauritius, gall rhywogaethau fynd yn ddiflanedig cyn iddyn nhw gael cyfle i addasu'n llawn.

► Sut mae detholiad naturiol wedi arwain at 'arch-fygiau'?

Mae detholiad naturiol yn broses gyson a pharhaus. Fel rheol, mae'n cymryd amser hir iawn, ond o dan rai amgylchiadau penodol gall ddigwydd yn eithaf cyflym. Un enghraifft yw esblygiad 'arch-fygiau' (*superbugs* – Ffigur 10.18). Bacteria yw'r rhain sy'n gallu gwrthsefyll y gwrthfiotigau sy'n cael eu defnyddio i drin heintiau fel arfer.

Ffigur 10.18 Mae amrywiaeth o 'arch-fygiau' wedi ymddangos ac mae'n anodd iawn eu trin â gwrthfiotigau.

Fel pob organeb fyw arall, mae bacteria'n dangos amrywiad. Mae gwrthfiotigau'n lladd y mwyafrif o facteria, ond bydd rhai bacteria bob amser yn gallu gwrthsefyll y moddion hyn yn naturiol a byddan nhw'n goroesi. Os dim ond ychydig o'r bacteria hyn sydd ynoch chi, fyddan nhw ddim yn achosi problemau, ond gallan nhw ddal i ledaenu i bobl eraill. Os yw llawer o bobl yn defnyddio'r un gwrthfiotigau, ar ôl ychydig o amser bydd y rhan fwyaf o'r bacteria

Ffigur 10.19 Esblygiad gallu bacteria i wrthsefyll gwrthfiotigau. Sylwch – mewn gwirionedd, byddai angen llawer mwy o genedlaethau cyn iddynt esblygu'r gallu i wrthsefyll y gwrthfiotigau'n llwyr.

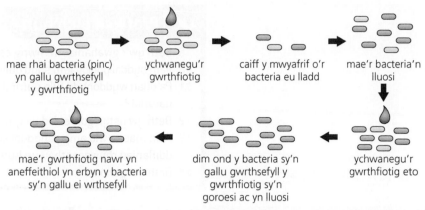

mae rhai bacteria (pinc) yn gallu gwrthsefyll y gwrthfiotig

ychwanegu'r gwrthfiotig

caiff y mwyafrif o'r bacteria eu lladd

mae'r bacteria'n lluosi

ychwanegu'r gwrthfiotig eto

dim ond y bacteria sy'n gallu gwrthsefyll y gwrthfiotig sy'n goroesi ac yn lluosi

mae'r gwrthfiotig nawr yn aneffeithiol yn erbyn y bacteria sy'n gallu ei wrthsefyll

wedi eu lladd ond bydd y rhai sy'n gallu gwrthsefyll gwrthfiotigau'n dal i allu lluosi. Ar ôl digon o amser, bydd poblogaeth gyfan y bacteria'n gallu gwrthsefyll y gwrthfiotig (Ffigur 10.9). Dydy'r bacteria ddim wedi ffurfio rhywogaeth newydd, ond mewn cyfnod eithaf byr maen nhw wedi esblygu i allu gwrthsefyll rhai gwrthfiotigau penodol trwy broses o ddetholiad naturiol. Mae detholiad naturiol yn gyflym mewn bacteria gan eu bod yn atgynhyrchu'n gyflym iawn (tuag unwaith bob 20 munud, ar gyfartaledd), ac felly yn ystod y dydd gallan nhw fynd trwy 72 cenhedlaeth! I atal bacteria rhag datblygu'r gallu i wrthsefyll gwrthfiotigau newydd, mae meddygon yn ceisio peidio â'u rhoi oni bai ei bod yn gwbl angenrheidiol, ac yna maen nhw'n ceisio defnyddio amrywiaeth o wrthfiotigau gwahanol.

Rydym ni wedi cael problem debyg gyda rhai plaleiddiaid sy'n cael eu defnyddio'n aml. Er eu bod wedi lladd y rhan fwyaf o'r plâu sy'n dueddol o gael eu lladd ganddynt, maen nhw'n gadael y plâu sydd ag ymwrthiant (*resistance*) naturiol iddynt i fridio a gwasgaru.

▶ Pam mae mapio genom dynol yn bwysig?

Y **genom** yw'r enw a roddir i'r holl wybodaeth enetig mewn organeb. Mae'n cynnwys yr holl enynnau a'u dilyniant ar bob cromosom, a'r parau basau DNA sy'n ffurfio'r genynnau hynny. Roedd y Project Genom Dynol yn broject ymchwil gwyddonol rhyngwladol a wnaeth gyfrifo dilyniant y parau basau cemegol mewn DNA dynol, ac adnabod yr holl enynnau (a'u hamrywiadau) mewn bodau dynol a'u lleoliad ar y cromosomau. Cafodd ei gwblhau yn 2003. Roedd mapio'r genom dynol yn dasg anferthol ac mae ganddo botensial pwysig enfawr ar gyfer meddygaeth yn y dyfodol. Rydym ni'n gwybod bod rhai genynnau yn gyfrifol am achosi clefydau – er enghraifft, gall mwtaniadau rhai genynnau achosi canser. Gall eraill wneud i rywun fod yn fwy tebyg o gael clefyd, tra mae rhai'n chwarae rôl allweddol wrth amddiffyn y corff. Mae gwybod am fodolaeth y genynnau hyn a'u lleoliad ar gromosomau dynol yn golygu y gall fod yn bosibl eu newid nhw neu wrthweithio eu heffeithiau. Mae hefyd yn caniatáu'r posibilrwydd o greu cyffuriau neu firysau wedi'u targedu, a fyddai (er enghraifft) dim ond yn ymosod ar gelloedd yn cynnwys genyn wedi'i fwtanu i achosi canser.

Mae'n ymddangos bod tua 20 500 o enynnau mewn bod dynol (sy'n llai na'r hyn a dybiwyd yn wreiddiol), ac mae nifer ohonynt yn rhyngweithio mewn ffyrdd cymhleth. Dim ond y dechrau yw mapio'r genom, ac mae'r gwaith yn parhau i ddarganfod sut yn union mae'r genynnau hyn yn gweithio. Gallai hyn arwain at ddatblygiadau a chymwysiadau pellach.

✔ | **Profwch eich hun**

9 Beth yw'r gwahaniaeth rhwng esblygiad a detholiad naturiol?
10 Pam byddai poblogaeth sydd ddim yn dangos amrywiad byth yn esblygu?
11 Pa ddau wyddonydd fu'n gyfrifol am gyflwyno damcaniaeth detholiad naturiol?
12 Beth yw ystyr 'goroesiad y cymhwysaf'?
13 Pam mae newid amgylcheddol sydyn yn llawer mwy tebygol o arwain at ddiflaniad rhywogaethau yn hytrach na newid amgylcheddol graddol?
14 Beth yw genom?

→ | **Gweithgaredd**

Pam mae gwenwyn llygod mawr wedi stopio gweithio?

Mae Warfarin yn gynhwysyn cyffredin yng ngwenwyn llygod mawr, ond mae'n cael ei ddefnyddio'n llai aml heddiw gan fod poblogaethau llygod mawr yn dod i allu ei wrthsefyll ac mae'r gwenwyn felly'n llai effeithiol. Rydym ni'n credu bod hyn oherwydd detholiad naturiol. Mae llygod mawr sy'n gallu gwrthsefyll Warfarin yn naturiol wedi goroesi ac wedi atgenhedlu, ac mae'r rhan fwyaf o'r rhai sy'n cael eu lladd ganddo wedi marw.

Mae gwahanol boblogaethau o lygod mawr yn gallu gwrthsefyll Warfarin i wahanol raddau. Aeth gwyddonwyr ati i samplu poblogaethau llygod mawr o bum safle (A–D) mewn ardal ddaearyddol eithaf eang gan brofi eu gallu i wrthsefyll Warfarin. Mae Ffigur 10.20 yn dangos y canlyniadau.

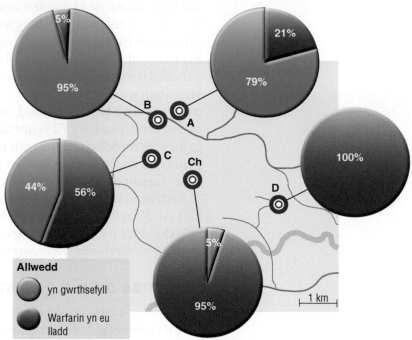

Allwedd

⬤ yn gwrthsefyll

⬤ Warfarin yn eu lladd

Ffigur 10.20 Canlyniadau profion gwrthsefyll Warfarin ar boblogaethau llygod mawr o bum gwahanol safle (A–D).

Dadansoddi'r canlyniadau

1 Edrychwch ar Ffigur 10.20. Rhowch safleoedd A–D yn nhrefn eu gallu i wrthsefyll Warfarin, fel mae'r poblogaethau llygod mawr yn ei ddangos.

2 Ydych chi'n meddwl bod y gwahaniaethau rhwng y gallu i wrthsefyll Warfarin yn y pum safle yn arwyddocaol? Cyfiawnhewch eich ateb.

3 Edrychwch ar y casgliadau isod. Ym mhob achos, dywedwch a ydych chi'n meddwl bod y data'n cefnogi'r casgliad ac, os ydyn nhw, pa mor gryf yw'r dystiolaeth (gyda rhesymau).

a) Dydy Warfarin erioed wedi cael ei ddefnyddio yn safle D.
b) Mae gwahaniaeth genetig rhwng poblogaethau llygod mawr y gwahanol safleoedd.
c) Safle B oedd y man cyntaf lle datblygodd y gallu i wrthsefyll Warfarin.
ch) Mae amodau amgylcheddol safleoedd Ch a D yn wahanol o'u cymharu â'r safleoedd eraill.
d) Mae llygod mawr sy'n gallu gwrthsefyll Warfarin wedi mudo o ardaloedd A a B i ardal C.

Crynodeb o'r bennod

- Gall amrywiad mewn unigolion o'r un rhywogaeth ddeillio o achosion amgylcheddol neu achosion genetig (etifeddol).
- Mae amrywiad yn gallu bod yn barhaus neu'n amharhaus.
- Mae atgenhedliad rhywiol yn arwain at epil sy'n wahanol yn enetig i'w rhieni, ond mewn atgynhyrchiad anrhywiol, mae'r epil yn glonau sy'n union yr un fath â'i gilydd o safbwynt genetig.
- Mae alelau newydd yn ffurfio oherwydd mwtaniadau, sef newidiadau mewn genynnau sy'n bodoli'n barod; mae mwtaniadau'n digwydd ar hap ac yn aml iawn dydyn nhw ddim yn cael unrhyw effaith, ond gall rhai ohonynt fod o fudd neu'n niweidiol.
- Gall ffactorau amgylcheddol, e.e pelydriad ïoneiddio, gynyddu cyfraddau mwtanu.
- Mae rhai mwtaniadau'n achosi clefydau etifeddol megis ffibrosis cystig.
- Mae therapi genynnau'n cynnig gobaith i bobl sydd â ffibrosis cystig ac i bobl sydd â chlefydau etifeddol eraill.

- Amrywiad etifeddol yw sail esblygiad.
- Mae unigolion â nodweddion sydd wedi eu haddasu i'w hamgylchedd yn fwy tebygol o oroesi a bridio'n llwyddiannus. Yna bydd y genynnau sydd wedi galluogi'r unigolion hyn i oroesi yn cael eu trosglwyddo i'r genhedlaeth nesaf.
- Syniad Alfred Russel Wallace a Charles Darwin oedd y ddamcaniaeth detholiad naturiol.
- Weithiau, mae'r broses o ddetholiad naturiol yn rhy araf i organebau addasu i amodau amgylcheddol sy'n newid yn gyflym ac felly gall rhywogaethau fynd yn ddiflanedig.
- Mae gwrthsefyll gwrthfiotigau mewn bacteria, gwrthsefyll plaleiddiaid a gwrthsefyll Warfarin mewn llygod mawr yn enghreifftiau o ddetholiad naturiol sy'n digwydd dros gyfnod byrrach nag arfer.
- Mae deall y genom dynol yn agor drws ar lawer o fuddiannau meddygol posibl, gan arwain at ffurfiau newydd o driniaeth, yn ogystal â rhai wedi eu targedu.

▶ Cwestiynau adolygu'r bennod

1 Mae patrymau etifeddu ffibrosis cystig (*cystic fibrosis*) mewn dau deulu yn cael eu dangos fel coeden deulu isod.

Mae ffibrosis cystig yn deillio o bâr homosygaidd o alelau enciliol. Mae gan bobl sy'n heterosygaidd ar gyfer ffibrosis cystig un alel normal ac un alel ffibrosis cystig. Maen nhw'n cludo ffibrosis cystig ond dydyn nhw ddim yn didoddef ohono.

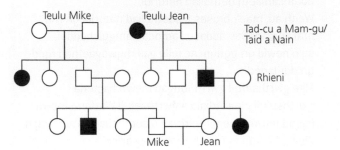

Tad-cu a Mam-gu/
Taid a Nain

Rhieni

Mike Jean

Allwedd:

○ Benyw heb ffibrosis cystig
● Benyw â ffibrosis cystig
□ Gwryw heb ffibrosis cystig
■ Gwryw â ffibrosis cystig

a) Yn y goeden deulu sy'n cael ei dangos, os yw **N** = yr alel normal a **n** = yr alel ar gyfer ffibrosis cystig, beth yw genoteip: [2]

   i) Tad-cu/Taid Mike;

   ii) Jean?

b) Beth yw canran y siawns bod Mike yn gludydd ffibrosis cystig? [1]

Cafodd cromosomau o faban datblygol (*developing baby*) Mike a Jean a'r cromosomau o Mike eu harchwilio. Cafodd dadansoddiad genetig o'r alelau sy'n bresennol ei wneud. Mae'r canlyniadau'n cael eu dangos isod fel dilyniant o farrau.

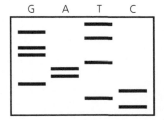

Dadansoddiad genetig o alelau Mike

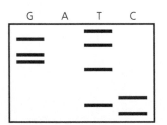

Dadansoddiad genetig o alelau baban datblygol Mike a Jean

c) Pa derm sy'n cael ei ddefnyddio ar gyfer y dilyniant hwn o farrau? [1]

Mae ffibrosis cystig yn cael ei achosi gan newid yn y protein sy'n cael ei wneud yn y celloedd.

ch) Eglurwch pam mae'r protein sy'n cael ei wneud yng nghelloedd y baban datblygol yn wahanol i'r protein sy'n cael ei wneud yng nghelloedd Mike. [2]

d) Eglurwch pam mae dadansoddiad genetig yn ddull mwy manwl gywir (*accurate*) o ragfynegi etifeddiad ffibrosis cystig na defnyddio gwybodaeth o goeden deulu. [2]

(o Bapur B1(U) CBAC, Haf 2014, cwestiwn 8)

2 Neidr yw'r wiber (*Vipera berus*) sydd i'w chael mewn llawer o rannau o Gymru. Mae lliw y corff fel arfer yn frown, hufen neu goch gyda phatrwm igam-ogam tywyll ar hyd y cefn.

a) Pa air sy'n cael ei ddefnyddio i ddisgrifio'r gwahaniaethau rhwng aelodau o'r un rhywogaeth? [1]

b) Weithiau rydym ni'n gweld gwiber sy'n lliw du drosto i gyd.

   i) Pa air sy'n cael ei ddefnyddio i ddisgrifio'r newid sydyn yma mewn lliw? [1]

   ii) Pa gemegyn sy'n cael ei newid i achosi'r newid lliw yma? [1]

c) Nodwch un ffordd mae'r epil (*offspring*) sy'n cael eu cynhyrchu drwy atgenhedliad rhywiol yn wahanol i'r rhai sy'n cael eu cynhyrchu drwy atgynhyrchiad anrhywiol. [1]

(o Bapur B1(U) CBAC, Ionawr 2012, cwestiwn 2)

3 Yn 1960, cafodd poblogaeth o lygod mawr gwyllt ei darganfod yng Nghymru a oedd yn gwrthsefyll crynodiadau o Warfarin, a fyddai yn eu lladd fel arfer. Fe wnaeth gwyddonwyr ymchwilio i effaith Warfarin ar lygod mawr oedd yn gwrthsefyll yn ogystal â llygod mawr oedd ddim yn ei wrthsefyll.

Defnyddion nhw samplau o'r boblogaeth oedd yn dangos eu bod yn ei wrthsefyll yn y gwyllt a nifer cyfartal o lygod mawr oedd ddim yn ei wrthsefyll a gafodd eu bridio mewn labordy. Fe wnaethon nhw gofnodi'r canran oedd yn goroesi (*survived*) gwahanol grynodiadau o Warfarin. Mae'r graff yn dangos y canlyniadau.

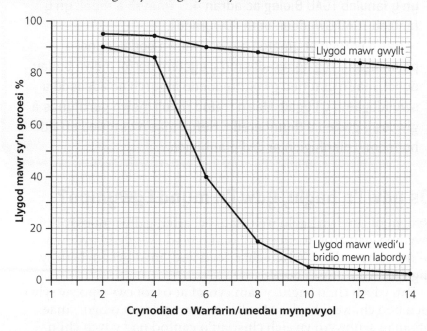

a) Cymharwch effaith cynyddu crynodiad y Warfarin ar lygod mawr sy'n ei wrthsefyll â llygod mawr sydd ddim yn ei wrthsefyll. *[2]*

b) Nodwch beth yw canran marwolaethau:

   i) llygod mawr sy'n gwrthsefyll

   ii) llygod mawr sydd ddim yn gwrthsefyll pan mae crynodiad y Warfarin yn 10 uned fympwyol. *[1]*

c) Eglurwch sut mae gwrthsefyll Warfarin wedi esblygu a lledaenu mewn poblogaethau o lygod mawr ers 1960. *[4]*

ch) Nodwch un rheswm gwyddonol o blaid defnyddio llygod mawr o labordy ar gyfer yr ymchwiliad yma. *[1]*

d) Nodwch un rheswm pam na fyddai cefnogwyr hawliau anifeiliaid o blaid defnyddio llygod mawr o labordy. *[1]*

    (o Bapur B1(U) CBAC, Haf 2010, cwestiwn 7)

11 Ymateb a rheoli

Cynnwys y fanyleb

Mae'r bennod hon yn ymdrin ag adran **2.5 Ymateb a rheoli** yn y fanyleb TGAU Bioleg ac adran **4.5 Ymateb a rheoli** yn y fanyleb TGAU Gwyddoniaeth (Dwyradd).

Mae'n edrych ar ymateb a rheoli mewn bodau dynol a phlanhigion. Yng nghyd-destun y system nerfol mewn bodau dynol, mae'n ystyried gweithredoedd atgyrch ac adeiledd a swyddogaeth y llygad. Mae'n trafod rheoli mewn perthynas â glwcos y gwaed a thymheredd. Hefyd mae'n ystyried effaith hormonau planhigion ar dwf planhigion.

▶ Os ydw i'n baglu, ydw i'n mynd i gwympo?

Rydym ni i gyd yn baglu weithiau. Fel arfer, gallwn ni osgoi cwympo, gan aros ar ein traed, ond o bryd i'w gilydd byddwn ni'n cwympo i lawr. Ydych chi erioed wedi meddwl am beth sy'n digwydd yn y broses hon?

Pan ydych chi'n baglu, y cam cyntaf at osgoi cwympo yw sylwi eich bod chi wedi baglu. Mae llawer o arwyddion o hyn – mae organau synhwyro yn eich clustiau'n canfod nad ydych chi'n fertigol mwyach; gall eich cyhyrau a'ch croen synhwyro nad ydych chi'n cyffwrdd â'r llawr; gall eich llygaid weld y llawr yn dod tuag atoch chi! Mae'r holl wybodaeth hon yn cael ei hanfon i'ch ymennydd, sy'n gorfod dod i benderfyniad cyflym iawn – allwch chi atal eich hun rhag cwympo? Mae'r penderfyniad hwn yn ymwneud â phob math o ffactorau fel eich cyflymder ac ongl eich corff, ac mae'n bwysig bod yr ymennydd yn penderfynu'n gywir, oherwydd mae'n effeithio ar beth mae'n ei wneud nesaf.

Os gallwch chi gywiro'r cam gwag, rhaid i'ch ymennydd anfon signalau i ail-gydbwyso eich corff. Er enghraifft, os ydych chi'n cwympo ymlaen, y peth gorau i'w wneud yw rhoi un goes ymlaen i flocio'r gwymp, ond ar yr un pryd i bwyso eich corff ychydig yn ôl i gydbwyso eich symudiad tuag ymlaen. Os ydych chi'n mynd i gwympo, rydych chi'n rhoi eich breichiau ymlaen i'ch cynnal pan fyddwch chi'n taro'r llawr ac i amddiffyn eich wyneb a'ch asennau. (Ffigur 11.1) Ond os ydych chi'n ceisio peidio â chwympo, bydd rhoi eich breichiau ymlaen yn wrthgynhyrchiol. Mae'r holl benderfyniadau a gweithredoedd hyn yn digwydd o fewn ffracsiwn o eiliad, ac mae eich ymennydd yn gwneud y peth cywir bron bob tro.

Dyma beth mae eich ymennydd a'ch system nerfol yn ei wneud – maen nhw'n rheoli ac yn cyd-drefnu synhwyrau ac ymatebion eich corff. Ac maen nhw'n gwneud hynny'n dda iawn.

Ffigur 11.1 Mae'n amlwg bod ymennydd y pêl-droediwr hwn wedi penderfynu y bydd yn taro'r llawr.

▶ Sut mae eich ymennydd yn cael ei wybodaeth?

Mae system o **organau synhwyro**, sydd wedi'u gwasgaru ar hyd y corff, yn bwydo gwybodaeth i'r ymennydd yn barhaus (Ffigur 11.2).

Mae organau synhwyro yn grwpiau o gelloedd arbennig o'r enw **celloedd derbyn** sy'n gallu canfod newidiadau o'u cwmpas, naill ai y tu mewn i'r corff neu yn yr amgylchedd allanol. **Symbyliadau** (*stimuli*) yw'r enw ar y newidiadau hyn, ac maen nhw'n cynnws golau, sain, cemegion, cyffyrddiad a thymheredd. Mae pob grŵp o gelloedd derbyn yn ymateb i symbyliad penodol. Mae'r clustiau, er enghraifft, yn canfod sain a chydbwysedd, ond mae hynny am eu bod nhw'n cynnwys dau grŵp gwahanol o gelloedd derbyn, un i sain ac un i gydbwysedd. Mae'r wybodaeth o'r organau synhwyro yn teithio i'r ymennydd ac i fadruddyn y cefn (**y brif system nerfol**) ar hyd nerfgelloedd (sydd hefyd yn cael eu galw'n **niwronau**).

Term allweddol

Symbyliad Newid y gall y corff ei ganfod yn yr amgylchedd allanol neu y tu mewn i'r corff, a gall arwain at ymateb.

Ffigur 11.2 Rhai o organau synhwyro'r corff.

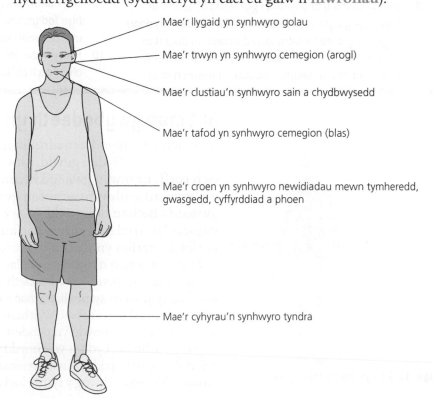

Mae'r llygaid yn synhwyro golau

Mae'r trwyn yn synhwyro cemegion (arogl)

Mae'r clustiau'n synhwyro sain a chydbwysedd

Mae'r tafod yn synhwyro cemegion (blas)

Mae'r croen yn synhwyro newidiadau mewn tymheredd, gwasgedd, cyffyrddiad a phoen

Mae'r cyhyrau'n synhwyro tyndra

Pa mor sensitif yw eich croen?

Cyffyrddiad yw un o'r pethau y gall eich croen ei ganfod. Mae derbynyddion cyffyrddiad wedi'u gwasgaru ar hyd eich croen, ac maen nhw'n gallu canfod rhywbeth yn cyffwrdd â'r croen wrth eu hymyl. Os yw'r croen yn cael ei gyffwrdd rhwng 'yr ardaloedd canfod', ni fydd y corff yn canfod hynny (Ffigur 11.3).

Mae'r derbynyddion cyffyrddiad hyn wedi'u pacio'n agosach at ei gilydd mewn rhai rhannau o'ch croen nag mewn rhannau eraill. Felly mae sensitifedd eich croen yn amrywio ar wahanol rannau o'ch corff. Gallwn ni weld pa mor sensitif yw gwahanol rannau o'r croen trwy gynnal arbrawf. Byddwch chi'n profi pa mor dda yw'r croen yn gwahaniaethu rhwng dau gyffyrddiad gwahanol sy'n agos iawn at ei gilydd. Bydd mannau sensitif yn canfod eu bod wedi cael eu cyffwrdd ddwywaith. Bydd mannau llai sensitif yn canfod un cyffyrddiad yn unig.

Cyfarpar

> clip gwallt â gorchudd plastig
> riwl

Dull

Gweithiwch mewn parau. Bydd un ohonoch yn gyfrannwr, a bydd y llall yn arbrofwr.

1. Plygwch y clip gwallt i siâp tebyg i'r siâp yn Ffigur 11.4. Os gwasgwch yr ochrau, gallwch chi addasu'r bwlch rhwng y pwyntiau.
2. Gwahanwch y pwyntiau fel bod 10 mm rhyngddynt. Gofynnwch i'r cyfrannwr edrych i ffwrdd.
3. Defnyddiwch y clip gwallt i gyffwrdd â'r croen ar flaen bys y cyfrannwr 20 o weithiau. Rhowch y ddau bwynt ar y croen weithiau, a dim ond un pwynt ar adegau eraill. Bob tro, rhaid i'r cyfrannwr ddweud a yw'n teimlo un pwynt neu ddau. Lluniwch dabl

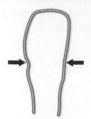

Ffigur 11.3 Diagram o arwyneb y croen yn dangos y rhannau sydd â derbynyddion cyffyrddiad. Os bydd ardal binc yn cael ei chyffwrdd, bydd y cyffyrddiad yn cael ei ganfod. Os bydd un o'r bylchau rhwng y mannau pinc yn cael ei gyffwrdd, ni fydd y cyffyrddiad yn cael ei ganfod.

Ffigur 11.4 Clip gwallt wedi'i agor i'w ddefnyddio yn yr arbrawf. Wrth wasgu lle mae'r saethau'n dangos, gallwch chi addasu'r pellter rhwng y pwyntiau.

addas i gofnodi eich canlyniadau. Cofnodwch faint o weithiau roedd y cyfrannwr yn gywir a sawl gwaith roedd yn anghywir.

4. Ailadroddwch y prawf ar ddau ddarn arall o'r croen – ar gledr y llaw ac ar gefn y llaw.
5. Profwch y tair rhan eto gyda gwahanol bellteroedd rhwng dau bwynt y clip gwallt – 8 mm, 6 mm a 4 mm.
6. Os oes digon o amser, cewch chi gyfnewid eich rolau ac ailadrodd yr arbrawf.
7. Lluniwch graff addas i ddangos y data.

Dadansoddi eich data

8. Beth yw eich casgliad ar sail y data? Pa mor gryf yw'r dystiolaeth o blaid y casgliad hwn?
9. Beth yw'r ffynonellau gwallau posibl yn yr arbrawf? Ydy'r data'n awgrymu y gallai unrhyw un o'r gwallau hyn fod yn arwyddocaol? Oes rhywbeth y gallech chi fod wedi'i wneud i leihau'r gwallau hyn?
10. Pam gwnaethoch chi ddewis y math o graff a ddewisoch chi? Allech chi fod wedi defnyddio math arall o graff?

▶ Sut mae gwybodaeth yn teithio yn y corff?

Mae eich ymennydd a madruddyn y cefn yn ffurfio'r **brif system nerfol (PSN)**. Gyda'i gilydd, nhw sy'n cyd-drefnu ac yn rheoli eich corff. Er mwyn gwneud hynny rhaid iddynt gael gwybodaeth o'r organau synhwyro ac anfon gwybodaeth i'r cyhyrau er mwyn gwneud i bethau ddigwydd. Mae'r wybodaeth yn teithio ar ffurf ysgogiadau trydanol ar hyd nerfau. Gyda'i gilydd, mae'r brif system nerfol a'r nerfau yn ffurfio'r **system nerfol**.

Mae rhai nerfau'n mynd â signalau i'r PSN o organau synhwyro, ac mae nerfau eraill yn mynd â gwybodaeth o'r PSN i'r corff. Felly, pan mae eich corff yn synhwyro symbyliad, mae'r organ synhwyro dan sylw yn anfon ysgogiad ar hyd nerf i'r PSN. Weithiau, bydd y neges yn mynd i'r ymennydd, ac yna bydd yr ymennydd yn penderfynu beth i'w wneud amdani. Os bydd angen gweithredu, bydd yr ymennydd yn anfon ysgogiad ar hyd nerf i'r rhan briodol o'r corff, sydd yna'n adweithio. Rydym ni'n galw'r adwaith hwn yn **ymateb**. Yr amser rhwng y symbyliad a'r ymateb yw'r **amser adweithio**.

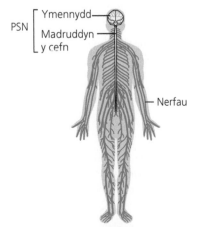

PSN ⎰ Ymennydd
      ⎱ Madruddyn y cefn

— Nerfau

Ffigur 11.5 Y system nerfol ddynol.

Gwaith ymarferol penodol

Ymchwilio i'r ffactorau sy'n effeithio ar amser adweithio

Mae'r arbrawf hwn yn edrych ar allu ymarfer i wella amser adweithio. Gallwch chi fesur amser adweithio trwy weld pa mor gyflym mae rhywun yn dal riwl sy'n cael ei ollwng rhwng ei fysedd. Ein rhagdybiaeth ni yw **bydd ymarfer yn lleihau'r amser adweithio**. Dewch i ni edrych ar y dystiolaeth o blaid y rhagdybiaeth hon, oherwydd mae rhagdybiaeth yn fwy na dyfaliad – rhaid iddi fod yn seiliedig ar egwyddorion gwyddonol.

> Rydym ni'n gwybod bod ysgogiad yn cymryd amser penodol i deithio ar hyd nerf. Bob tro rydych chi'n dal y riwl, bydd y signalau'n teithio ar hyd yr un nerfau, ac felly bydd cyfanswm yr amser mae hyn yn ei gymryd yr un fath bob tro. Mae hyn yn dystiolaeth yn erbyn ein rhagdybiaeth ni.

> Mae nifer o wahanol 'lwybrau' yn rhan o ddal riwl. Efallai y gallwch chi sylwi ar 'signalau' bach i ragweld pryd bydd rhywun yn gollwng y riwl; efallai y bydd eich gallu chi i ganolbwyntio'n gwella. Mae'r rhain yn sgiliau sy'n gallu gwella gydag ymarfer. Mae hyn yn dystiolaeth o blaid ein rhagdybiaeth ni.

> Rydym ni'n gwybod bod ymarfer yn gallu gwella pethau tebyg. Er enghraifft, mae cricedwyr yn ymarfer dal pêl i wella eu gallu. Mae dal pêl griced yn weithred fwy cymhleth, ond mae hyn yn dal i roi tystiolaeth o blaid ein rhagdybiaeth ni.

Mae ein rhagdybiaeth yn un dda. Mae tystiolaeth i'w hategu, ond dydym ni ddim yn gwbl sicr ei bod hi'n wir. (Os felly, ni fyddai fawr o bwynt i ni gynnal arbrawf!)

Cyfarpar

> riwl 30 cm

Dull

Dyma'r dull sylfaenol o gyfrifo amseroedd adweithio. Gweithiwch mewn parau. Bydd un ohonoch yn cynnal yr arbrawf ar eich partner.

1 Marciwch linell â phensil i lawr canol ewin bawd de eich partner (neu fawd chwith, os ydy'n llaw chwith).
2 Gofynnwch i'ch partner eistedd gyda'i ochr at fainc neu fwrdd gyda'i elin yn gorwedd yn fflat ar y fainc a'i law dros yr ymyl.
3 Daliwch riwl yn fertigol rhwng bys cyntaf a bawd eich partner, gyda'r sero gyferbyn â'r llinell ar y bawd ond heb fod yn cyffwrdd â'r bawd na'r bysedd (Ffigur 11.6). Dylai'r pellter rhwng y bys a'r bawd fod yn union yr un fath ym mhob prawf.

Ffigur 11.6 Cynnal yr arbrawf.

4 Gofynnwch i'ch partner wylio'r marc sero, a chyn gynted ag y byddwch chi'n gollwng y riwl, rhaid i'ch partner geisio ei ddal rhwng ei fys a'i fawd i'w atal rhag disgyn ymhellach. Lluniwch dabl addas i gofnodi eich canlyniadau. Cofnodwch y pellter ar y riwl gyferbyn â'r marc ar y bawd.
5 Ailadroddwch hyn bedair gwaith arall (i roi cyfanswm o bump) a chyfrifwch y pellter cyfartalog. Defnyddiwch y graff yn Ffigur 11.7 i drawsnewid y pellter hwn yn amser.
6 Nawr, defnyddiwch y dull hwn i gynllunio a chynnal arbrawf i brofi'r rhagdybiaeth bod ymarfer yn gwella amser adweithio yn yr ymarferiad hwn.

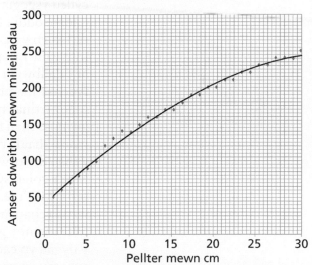

Ffigur 11.7 Graff trawsnewid ar gyfer trawsnewid pellter dal yn amser adweithio. Mae angen gwneud hyn gan fod y riwl yn cyflymu wrth iddo ddisgyn.

Dadansoddi eich canlyniadau

1 Ysgrifennwch adroddiad llawn am eich arbrawf, gan ddisgrifio eich dull, eich canlyniadau a'ch casgliadau.
2 Gwerthuswch eich cynllun. Oes ffordd o'i wella mewn unrhyw ffordd?

▶ Sut rydym ni'n gweld?

Mae gweld yn synnwyr cymhleth. Er mwyn i ymennydd anifail greu darlun o'r hyn sy'n digwydd o'i flaen, mae angen llawer o wybodaeth arno. Y llygaid yw'r organau synhwyro sy'n darparu'r wybodaeth hon. Mae'n rhaid i'r organau hyn:

▶ gallu canfod golau a gwahaniaethu rhwng gwahanol arddwyseddau golau, er mwyn gallu casglu data ar batrymau golau a thywyllwch
▶ gallu canfod lliwiau gwahanol, neu o leiaf tonau gwahanol (ni all pob anifail weld lliwiau)
▶ bod â ffordd o warchod yr arwyneb sy'n canfod golau, gan fod gweld yn synnwyr hanfodol i'r anifeiliaid hynny sy'n gallu gweld
▶ bod â rhyw fath o system ffocysu i allu gweld gwrthrychau ar wahanol bellteroedd yn glir
▶ gallu addasu lefel y golau sy'n taro'r arwyneb synhwyraidd, er mwyn gweithio mewn gwahanol lefelau o ddisgleirdeb
▶ atal golau rhag cael ei adlewyrchu ar ei ffordd i'r arwyneb synhwyraidd, neu fel arall bydd y darlun yn ddryslyd.

Mae gan lygaid mamolion nodweddion sy'n ymdopi â'r holl broblemau hyn:

▶ Mae gan y **retina** gelloedd sensitif i olau sy'n canfod golau, ac mae rhai ohonynt yn canfod golau lliw. Gan fod celloedd sy'n sensitif i olau wedi'u lledaenu ar draws y retina, gall patrwm y golau gael ei ganfod. Mae'r **nerf optig** yng nghefn y llygad yn cyfleu ysgogiadau nerfol o'r celloedd hyn i'r ymennydd, sy'n eu dadansoddi i lunio darlun o'r hyn sy'n cael ei weld. Gan nad oes retina yn y man lle mae'r nerf optig yn gadael y llygad, rydym ni'n galw'r rhan hon yn **ddallbwynt**. Dydych chi ddim yn sylwi ar ddallbwynt yn eich golwg, gan fod yr ymennydd yn barnu beth fyddai'r man bach yn ei gynnwys ac yn ei 'lenwi'.
▶ Mae'r retina yn cael ei ddiogelu gan got allanol galed, y **sglera**. O gwmpas rhan fwyaf y llygad, mae hwn yn wyn ac yn ddidraidd, ond mae'n rhaid i'r blaen fod yn dryloyw i adael golau i mewn. Yr enw ar y rhan dryloyw yw'r **cornbilen**.
▶ Mae'r golau sy'n dod i mewn i'r llygad yn cael ei ffocysu gan y **lens**. Mae'r lens yn hyblyg ac yn gallu newid siâp i ffocysu ar wrthrychau ar wahanol bellteroedd.
▶ Mae maint y golau sy'n dod i mewn i'r llygad trwy **gannwyll y llygad** yn cael ei addasu gan ran liw y llygad, yr **iris**. Gall y cyhyrau yn yr iris wneud i gannwyll y llygad fynd yn fwy neu'n llai ac felly'n gallu gadael mwy o olau i mewn pan mae'n dywyll, a llai o olau pan mae hi'n llachar.
▶ O dan y retina (tryloyw) mae haen ddu o'r enw **coroid**. Dydy gwrthrychau du ddim yn adlewyrchu golau, ac felly mae'r haen hon yn rhwystro golau rhag adlewyrchu o gwmpas y tu mewn i'r llygad, ac felly'n atal y golau rhag cael ei ganfod sawl gwaith.

Mae Ffigur 11.8 yn dangos adeiledd y llygad dynol, gydag amlinelliad o swyddogaethau'r adeileddau gwahanol.

Ffigur 11.8 Adeiledd y llygad dynol.

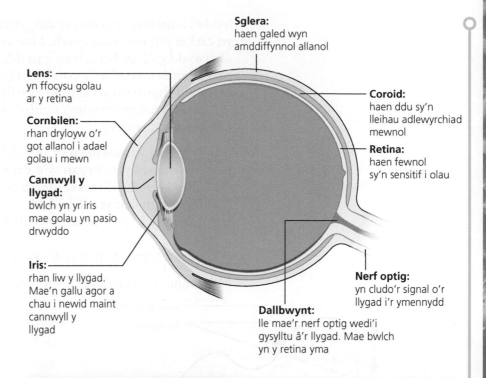

Sglera:
haen galed wyn
amddiffynnol allanol

Lens:
yn ffocysu golau
ar y retina

Cornbilen:
rhan dryloyw o'r
got allanol i adael
golau i mewn

**Cannwyll y
llygad:**
bwlch yn yr iris
mae golau yn pasio
drwyddo

Iris:
rhan liw y llygad.
Mae'n gallu agor a
chau i newid maint
cannwyll y
llygad

Coroid:
haen ddu sy'n
lleihau adlewyrchiad
mewnol

Retina:
haen fewnol
sy'n sensitif i olau

Nerf optig:
yn cludo'r signal o'r
llygad i'r ymennydd

Dallbwynt:
lle mae'r nerf optig wedi'i
gysylltu â'r llygad. Mae bwlch
yn y retina yma

✔ Profwch eich hun

1 Mewn bodau dynol, byddai newid mewn tymheredd ystafell yn cael ei
ystyried yn symbyliad, ond ni fyddai hyn yn wir am newid yn y lefelau
carbon deuocsid. Eglurwch.
2 Pa rannau sy'n ffurfio'r brif system nerfol?
3 Pa symbyliad mae'r retina yn ei ganfod?
4 Pa ran o'r llygad sy'n gyfrifol am ffocysu'r ddelwedd?
5 Pa ran o'r llygad sy'n lleihau'r siawns y cawn ein dallu gan olau llachar?

▶ Beth yw atgyrch?

Mae atgyrch yn enghraifft o sut mae'r system nerfol yn cyd-drefnu'r
corff. Math penodol o ymateb i symbyliad yw atgyrch. Er mwyn cael
ei alw'n atgyrch, rhaid i ymateb fod yn **gyflym** ac yn **awtomatig**. Yn
gyffredinol, mae atgyrchau'n amddiffyn mewn rhyw ffordd. Dyma
rai enghreifftiau o atgyrchau:

▶ plwc pen-glin (*knee jerk*)
▶ anadlu
▶ tisian
▶ pesychu
▶ amrantu
▶ llyncu
▶ atgyrch cannwyll y llygad (cannwyll eich llygad yn mynd yn fwy
   yn y tywyllwch ac yn llai yn y golau)
▶ atgyrch tynnu yn ôl (tynnu yn ôl oddi wrth symbyliad poenus).

Rydym ni'n gallu gwneud rhai o'r gweithredoedd hyn (er
enghraifft, amrantu) ar bwrpas. Os ydych chi'n amrantu'n fwriadol,
nid atgyrch mohono, ond fel arfer rydych chi'n amrantu heb

feddwl amdano, ac o dan yr amgylchiadau hynny, mae'r amrantu yn cael ei ystyried yn atgyrch. Mae amrantu hefyd yn anarferol oherwydd gall gael ei achosi gan ddau symbyliad gwahanol, naill ai cosi poenus (*irritation*) y cornbilen (o ganlyniad i sychder neu lwch) neu weld rhywbeth yn agosáu at y llygad yn gyflym.

Mae atgyrch yn cynnwys symbyliad, derbynnydd, cyd-drefnydd, effeithydd ac ymateb.

▸ **Symbyliad** yw newid yn yr amgylchedd sy'n gallu cael ei synhwyro.
▸ **Derbynnydd** yw'r organ sy'n canfod y symbyliad.
▸ Mae **cyd-drefnydd** yn canfod y signal gan dderbynnydd ac yn anfon y signal at yr effeithydd.
▸ Yr **effeithydd** yw'r rhan o'r corff (cyhyr fel arfer) sy'n cynhyrchu'r ymateb.
▸ Yr **ymateb** yw'r hyn sy'n digwydd.

Mae Ffigur 11.9 yn dangos sut mae atgyrch tynnu yn ôl yn gweithio.

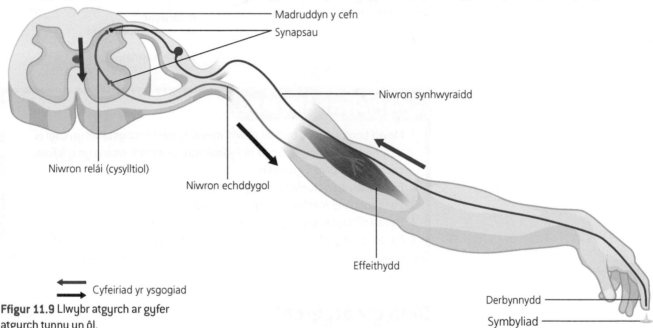

Madruddyn y cefn
Synapsau
Niwron synhwyraidd
Niwron relái (cysylltiol)
Niwron echddygol
Effeithydd
Derbynnydd
Symbyliad

Cyfeiriad yr ysgogiad

Ffigur 11.9 Llwybr atgyrch ar gyfer atgyrch tynnu yn ôl.

Termau allweddol

Niwron Nerfgell.

Niwron synhwyraidd Niwron sy'n trosglwyddo gwybodaeth o dderbynnydd i'r brif system nerfol.

Niwron echddygol Niwron sy'n trosglwyddo gwybodaeth o'r brif system nerfol i effeithydd.

Niwron relái Niwron sy'n trawsyrru ysgogiad o niwron synhwyraidd i niwron echddygol.

Effeithydd Adeiledd (cyhyr neu chwarren) sy'n cyflawni gweithred pan gaiff ei ysgogi gan niwron echddygol.

Mae'r camau mewn atgyrch fel hyn:

1 Mae'r symbyliad yn cael ei dderbyn gan y **derbynnydd**.
2 Mae ysgogiad yn cael ei anfon ar hyd y **niwron synhwyraidd** i fadruddyn y cefn.
3 Mae'r ysgogiad yn symud ar draws bwlch bach (**synaps**) i'r **niwron relái**.
4 Mae'r niwron relái yn trawsyrru'r signal (trwy synaps arall) i'r **niwron echddygol**.
5 Mae'r niwron echddygol yn ysgogi'r **effeithydd** (y cyhyr) i ymateb.

Yn yr atgyrch hwn, y cyd-drefnydd yw madruddyn y cefn, gan mai ym madruddyn y cefn mae'r signal nerfol gan y derbynnydd yn cael ei ganfod a'i drosglwyddo i'r niwron echddygol, gan arwain at yr effeithydd.

Mae'r ysgogiad yn awtomatig gan nad yw'n mynd trwy'r ymennydd, sef y rhan o'r system nerfol sy'n 'gwneud penderfyniadau'.

Mae'r ysgogiad yn gyflym oherwydd y synapsau sy'n arafu ysgogiad, ac mewn atgyrch dim ond trwy ddau synaps y mae'n rhaid i'r ysgogiad fynd. Pe bai'n mynd trwy'r ymennydd, byddai'n mynd trwy filoedd o synapsau.

Ydy planhigion yn ymateb i symbyliadau?

Dydy planhigion ddim yn symud o gwmpas, felly efallai eich bod chi'n meddwl nad ydyn nhw'n ymateb i newidiadau yn yr amgylchedd, ond maen nhw. Mae ymatebion planhigion yn araf ac yn aml yn golygu symud tuag at symbyliad, neu oddi wrtho. Enw'r 'symudiadau' twf hyn yw **tropeddau**. Mae nifer o wahanol fathau ohonynt. Dyma ddwy enghraifft:

▸ **Ffototropedd** – Twf sy'n ymateb i olau yw hwn. Mae cyffion planhigyn yn tyfu tuag at y golau (ffototropedd positif) ac mae'r gwreiddiau'n tyfu oddi wrth y golau (ffototropedd negatif).

▸ **Grafitropedd** – Twf tuag at dyniad disgyrchiant yw hwn. Mae gwreiddiau planhigion yn dangos grafitropedd positif ac mae eu coesynnau'n dangos grafitropedd negatif.

Mae'r ymatebion hyn yn sicrhau bod planhigion yn tyfu i'r ffordd iawn bob amser, beth bynnag yw cyfeiriad yr hadau yn y pridd. Maen nhw hefyd yn sicrhau bod y coesynnau yn tyfu tuag at y golau sydd ei angen arnynt ar gyfer ffotosynthesis (Ffigur 11.10), a bod y gwreiddiau bob amser yn tyfu mewn cyfeiriad sy'n eu galluogi i gael dŵr, o dan wyneb y pridd.

Does dim nerfau gan blanhigion, ac felly mae'r ymatebion hyn yn cael eu hachosi gan gemegion arbennig o'r enw **hormonau**. Caiff hormonau eu cynhyrchu fel ymateb i symbyliad ac maen nhw'n teithio i ran arall o'r planhigyn, lle maen nhw'n achosi ymateb. Mae gan anifeiliaid hormonau hefyd, fel y gwelwn ni yn yr adran nesaf.

Yr enw ar yr hormon penodol sy'n achosi tropeddau mewn planhigion yw **awcsin**.

Ffigur 11.10 Mae'r eginblanhigion hyn wedi tyfu tuag at y golau o ffenestr gyfagos.

✔ Profwch eich hun

6 Pa ddwy o nodweddion gweithred sy'n ei diffinio fel atgyrch?

7 Beth yw'r gwahaniaeth rhwng niwron synhwyraidd a niwron echddygol?

8 Yn yr atgyrch amrantu, beth yw'r effeithydd?

9 Pam mae ffototropedd positif yn ddefnyddiol yng nghoesynnau planhigion?

10 Beth yw enw'r hormon mewn planhigion sy'n achosi tropeddau?

▸ Sut rydym ni'n cadw amodau yn y corff yn sefydlog?

Mewn llawer o anifeiliaid, gan gynnwys bodau dynol, mae cadw rhai amodau y tu mewn i'r corff yn weddol gyson yn bwysig iawn er mwyn goroesi. Mae'n helpu i sicrhau amodau optimwm ar gyfer yr adweithiau cemegol sydd eu hangen ar gyfer bywyd a'r ensymau sy'n eu rheoli. Rydym ni'n galw'r rheolaeth hon yn **homeostasis**. Mae hormonau yn chwarae rôl allweddol mewn homeostasis.

Mae **hormonau** yn negesyddion cemegol sy'n cael eu gwneud mewn organau penodol ac yn teithio o gwmpas yn llif y gwaed, gan effeithio ar rannau penodol amrywiol o'r corff. Maen nhw'n cael eu defnyddio'n bennaf ar gyfer rheoli tymor canolig a hirdymor, lle mae nerfau fel arfer yn rheoli ymatebion cyflymach.

Mae'r prif amodau sy'n cael eu rheoli gan hormonau yn y corff yn cael eu disgrifio isod.

Tymheredd

Mae tymheredd yn effeithio ar bob adwaith cemegol ac mae gan anifeiliaid sawl ffordd o gadw tymheredd mewnol y corff yn gymharol gyson. Mae rhagor o fanylion yn nes ymlaen yn y bennod hon.

135

Cynnwys dŵr

Mae crynodiad cemegion yn y celloedd yn gallu effeithio ar yr adweithiau cemegol hanfodol sy'n digwydd yn y corff. Mae'r adweithiau hyn i gyd yn digwydd mewn dŵr, sy'n golygu bod dŵr yn hanfodol i fywyd. Gall rhy ychydig o ddŵr (diffyg hylif) achosi i hylifau'r corff fynd yn rhy grynodedig, gan niweidio'r corff. Ond mae gormod o ddŵr hefyd yn gallu bod yn beryglus, gan ei fod yn gwanedu hylifau'r corff. Hormonau sy'n cadw crynodiad hylifau ein cyrff o fewn terfynau diogel.

Lefelau glwcos

Mae glwcos yn gemegyn pwysig iawn yn y corff. Glwcos yw prif ffynhonnell egni'r corff, ond gall crynodiadau uchel ohono niweidio celloedd, ac felly mae'n rhaid cadw ei lefel o fewn amrediad diogel. Os aiff lefelau glwcos y gwaed yn rhy uchel ar ôl pryd o fwyd, mae'r hormon inswlin, sy'n cael ei ryddhau gan y pancreas, yn gallu eu lleihau. Mae **inswlin** yn cael ei ryddhau i lif y gwaed, lle mae'n trawsnewid glwcos hydawdd yn garbohydrad anhydawdd o'r enw **glycogen**, sy'n cael ei storio yn yr afu/iau.

Mae gan rai pobl gyflwr sy'n golygu nad yw eu cyrff nhw'n cynhyrchu llawer o inswlin, os o gwbl. Os na chaiff y cyflwr hwn ei drin, mae lefelau glwcos y gwaed yn mynd yn beryglus o uchel. Enw'r cyflwr hwn yw **diabetes**. Mae gweithgarwch hefyd yn dylanwadu ar lefelau glwcos y gwaed. Mae bwyta carbohydradau'n cynyddu glwcos y gwaed, ac mae ymarfer corff yn ei leihau.

▶ Beth sy'n digwydd pan mae rheoli glwcos yn mynd o'i le?

Mewn diabetes math 1 (y mwyaf cyffredin ymysg pobl ifainc), mae'r corff yn stopio cynhyrchu inswlin. Y gred yw y gall diabetes math 1 ddatblygu os bydd y corff yn gorymateb i fath arbennig o firws, gan achosi i'r system imiwnedd ddinistrio'r celloedd sy'n cynhyrchu inswlin yn y pancreas. O ganlyniad, bydd lefelau glwcos y gwaed yn cynyddu drwy'r amser a bydd y corff yn ceisio cael gwared â'r glwcos gormodol yn yr wrin. Bydd y symptomau canlynol yn dod i'r amlwg:

- ▶ Mae lefelau glwcos y gwaed yn codi'n uwch na'r hyn sydd byth yn digwydd mewn person iach.
- ▶ Bydd glwcos yn ymddangos yn yr wrin (rhaid i feddyg brofi am hyn).
- ▶ Mae'r claf yn pasio llawer o wrin gan fod y corff yn ceisio cael gwared o'r glwcos.
- ▶ Oherwydd yr holl ddŵr sy'n cael ei golli yn yr wrin, mae'r claf yn mynd yn sychedig iawn.
- ▶ Dydy'r corff ddim yn gallu defnyddio'r glwcos yn y gwaed heb inswlin, felly mae'r claf yn teimlo'n flinedig iawn.

Mae meddygon yn defnyddio presenoldeb glwcos mewn wrin i roi diagnosis o ddiabetes, oherwydd mae pethau eraill heblaw diabetes yn gallu achosi'r holl symptomau eraill.

Os na chaiff diabetes ei drin, bydd lefel glwcos y gwaed yn codi mor uchel nes bydd y claf yn marw. Does dim ffordd o wella'r cyflwr, ond mae'n bosibl ei reoli fel bod y dioddefwr yn aros yn iach fel arall. Mae triniaeth diabetes math 1 yn cynnwys tri pheth:

Ffigur 11.11 Mae pobl â diabetes math 1 yn gorfod chwistrellu inswlin iddyn nhw eu hunain, weithiau sawl gwaith bob dydd.

Adborth negatif Mecanwaith lle mae newid mewn ffactor yn cychwyn cyfres o ddigwyddiadau sy'n arwain at ddod â'r ffactor honno yn ôl i'w lefel normal.

▶ Rhaid i'r claf chwistrellu inswlin iddo'i hun (fel rheol cyn pob pryd o fwyd) i gymryd lle'r inswlin naturiol sydd ddim yn cael ei gynhyrchu mwyach (Ffigur 11.11).

▶ Rhaid rheoli'r deiet yn ofalus. Rhaid i'r claf fwyta'r swm cywir o garbohydrad (ffynhonnell glwcos) i gyd-fynd â faint o inswlin gafodd ei chwistrellu.

▶ Fel rheol, mae'r claf yn profi lefelau glwcos y gwaed sawl gwaith bob dydd i ofalu nad yw'r lefel yn rhy uchel nac yn rhy isel.

Mae math arall o ddiabetes yn bodoli (math 2), sy'n fwy cyffredin ymysg pobl hŷn. Dydy e ddim yn cael ei achosi gan ddiffyg inswlin, ond mae'r corff yn stopio ymateb yn iawn i'r inswlin sy'n cael ei gynhyrchu. Mae'n llai difrifol, ac fel arfer gall gael ei reoli gan gyffuriau fel tabledi metfformin, neu hyd yn oed trwy fod yn ofalus o ran deiet. Mae diabetes math 2 yn tueddu i fod yn gysylltiedig â bod dros eich pwysau neu'n ordew, ac mae nifer yr achosion o ddiabetes math 2 yn cynyddu'n eithaf dramatig yn y DU ar hyn o bryd.

Beth yw adborth negatif?

Mewn pobl iach, mae rheoli lefelau glwcos y gwaed yn enghraifft o fecanwaith adborth negatif. Mae cynnydd yn glwcos y gwaed yn cychwyn cyfres o ddigwyddiadau sydd yn y pen draw yn achosi i'r lefel ostwng eto. Yn yr un ffordd, mae glwcos y gwaed isel yn achosi proses sy'n codi'r lefel. Mae'r mecanwaith hwn yn enghraifft o **adborth negatif**; mae Ffigur 11.12 yn rhoi crynodeb ohono. Mae'n cynnwys inswlin a hormon arall o'r pancreas, **glwcagon**, sy'n codi lefel glwcos y gwaed.

Mae adborth negatif yn ffordd effeithiol o gynnal ffactor ar lefel gymharol gyson, ac mae nifer o amodau eraill yn y corff yn cael eu rheoli gan y math hwn o fecanwaith.

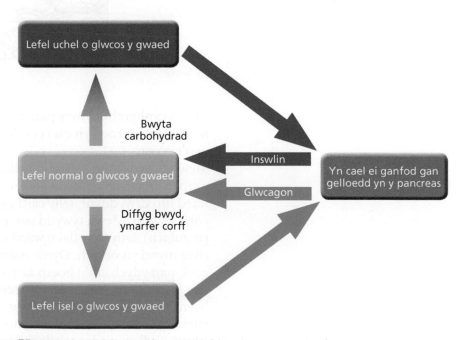

Ffigur 11.12 Adborth negatif yn rheoli lefelau glwcos yn y gwaed.

► Sut mae tymheredd y corff yn cael ei reoli?

Mae anifeiliaid yn cael eu cadw'n fyw trwy gyfres o adweithiau cemegol sy'n digwydd yn eu celloedd. Mae'r adweithiau hyn yn cael eu rheoli gan ensymau, sy'n cael eu heffeithio gan dymheredd. Os na fydd tymheredd y corff yn cael ei gadw'n gyson, gallai adweithiau hanfodol ddod i ben. Mae mamolion ac adar yn defnyddio nifer o fecanweithiau i reoli tymheredd eu cyrff yn drachywir. Mewn bodau dynol, mae tymheredd y corff yn cael ei gadw tua 37°C, ond mewn anifeiliaid eraill gall tymheredd arferol y corff fod yn wahanol. Mae'n rhaid i anifeiliaid, ac eithrio mamolion ac adar, ddefnyddio dulliau eraill i gadw tymheredd eu cyrff o fewn terfynau cul – er enghraifft, symud i olau'r haul neu i'r cysgod er mwyn cynhesu neu oeri. Dydy'r mecanweithiau hyn ddim mor drachywir ac felly mae tymheredd eu cyrff nhw'n amrywio'n fwy nag y mae tymheredd bodau dynol.

Y croen a rheoli tymheredd

Mae'r croen yn organ cymhleth sy'n cynnwys nifer o wahanol gelloedd derbyn (Ffigur 11.13). Mae hefyd yn cyflawni amryw o weithredoedd sy'n helpu i reoli tymheredd.

Ffigur 11.13 Toriad trwy groen dynol.

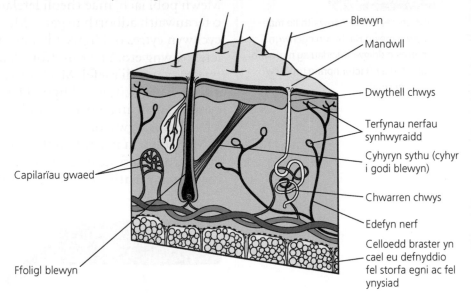

Blewyn

Mandwll

Dwythell chwys

Terfynau nerfau synhwyraidd

Cyhyryn sythu (cyhyr i godi blewyn)

Chwarren chwys

Edefyn nerf

Celloedd braster yn cael eu defnyddio fel storfa egni ac fel ynysiad

Capilarïau gwaed

Ffoligl blewyn

► Mae'n cynhyrchu chwys pan mae'r tymheredd allanol yn uchel. Mae gwres y croen yn cael ei ddefnyddio i anweddu'r chwys, sy'n oeri'r croen.

► Mewn tywydd poeth, mae pibellau gwaed sy'n agos at arwyneb y croen yn ymagor (mynd yn lletach). Mae hyn yn achosi i fwy o waed lifo drwyddynt, felly caiff gwres ei golli i'r atmosffer ac mae'r corff yn oeri. Mewn tywydd oer, mae'r pibellau'n darwasgu (mynd yn gulach), felly mae llai o waed yn cyrraedd yr arwyneb i'ch atal rhag mynd yn oerach. Dyma pam rydych chi'n tueddu i edrych yn goch pan ydych chi'n boeth ac yn welw pan ydych chi'n oer.

► Pan fydd yn oer, mae'r blew yn y croen yn sefyll i fyny er mwyn rhoi haen ynysol fwy trwchus i gadw gwres i mewn. Dydy hyn ddim yn effeithiol iawn mewn bodau dynol, gan nad oes gennym ni gymaint â hynny o flew, ond mae'n bwysig mewn mamolion eraill.

► Pan mae'n mynd yn oer, rydych chi'n crynu. Mae cyfangiadau'r cyhyrau yn cynhyrchu gwres, sy'n cynhesu'r gwaed ychydig.

Mae Ffigur 11.14 yn dangos y gweithredoedd hyn.

Y croen mewn amodau oer

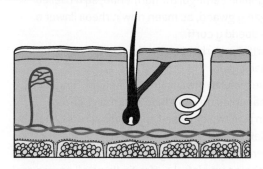

- Pibellau gwaed sy'n arwain i'r capilarïau yn y croen yn mynd yn gulach (yn darwasgu), gan adael i lai o waed lifo drwy'r croen ac i lai o wres gael ei golli.
- Chwarennau chwys yn rhoi'r gorau i gynhyrchu chwys.
- Blew'n cael eu codi wrth i'r cyhyrau sythu gyfangu, felly mae'r haen o aer sy'n cael ei dal yn erbyn arwyneb y croen yn fwy trwchus. Mae hyn yn creu ynysiad mewn ffordd debyg i ffenestri gwydr dwbl.
- Cyhyrau'n cyfangu mewn ffordd rythmig gan achosi i'r unigolyn grynu. Mae hyn yn creu gwres fel sgil-gynnyrch.

Ffigur 11.14 Rheoli tymheredd.

Y croen mewn amodau poeth

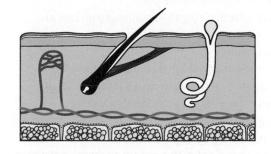

- Pibellau gwaed sy'n arwain i'r capilarïau yn y croen yn mynd yn lletach (yn ymagor), gan adael i fwy o waed lifo trwy'r croen ac i fwy o wres gael ei golli.
- Chwarennau chwys yn cynhyrchu mwy o chwys, sy'n oeri'r croen wrth iddo anweddu oddi ar yr arwyneb. (Gallwn ni gynhyrchu un litr o chwys mewn awr.)
- Blew'n gorwedd yn fflat yn erbyn arwyneb y croen wrth i'r cyhyrau sythu fynd yn llaes (ymlacio). Mae llai o aer yn cael ei ddal gan leihau effaith ynysiad.
- Dim crynu.

Mae rheoli tymheredd y corff yn enghraifft arall o adborth negatif. Mae newid mewn tymheredd yn dechrau cyfres o gamau gweithredu sy'n arwain at y tymheredd yn dychwelyd i'r lefel normal eto.

▶ Sut gall ein ffordd o fyw effeithio ar reoli?

Rydym ni wedi gweld eisoes y gall dewisiadau ffordd o fyw effeithio ar y risg o ddatblygu diabetes math 2. Mae'r corff dynol yn hynod o gymhleth ac mae unrhyw beth sy'n tarfu ar unrhyw un o'r adweithiau cemegol sy'n rhan o fywyd yn gallu effeithio ar iechyd. Dydy mecanwaith diabetes math 2 ddim yn glir eto, ond mae'n ymddangos bod cemeg y corff rhywsut yn cael ei newid pan fydd rhywun dros bwysau. O ganlyniad mae'r celloedd yn llai abl i ymateb i inswlin.

Mae cyffuriau'n cael nifer o effeithiau ar adweithiau cemegol yn y corff. Diffiniad cyffur yw sylwedd sy'n newid y ffordd y mae'r corff yn gweithio. Er y gall rhai o'r newidiadau hyn fod o fudd yn y tymor byr, gall eu defnyddio'n aml neu eu cam-drin achosi sgil effeithiau niweidiol yn y tymor hir.

Cofiwch fod alcohol a nicotin mewn tybaco yn gyffuriau, ac mai eu heffeithiau ar gemeg y corff sy'n eu gwneud yn niweidiol i iechyd hefyd.

✔ Profwch eich hun

11 Sut mae hormonau anifeiliaid yn teithio o gwmpas y corff?

12 Ym mha ran o'r corff dynol mae inswlin yn cael ei gynhyrchu?

13 Ym mha organ mae carbohydrad yn cael ei storio mewn bodau dynol?

14 Mae person sydd â diabetes math 1 yn mynd i redeg un bore. Amser brecwast, mae'n cymryd ychydig yn llai na'i ddos arferol o inswlin. Pam?

15 Beth yw'r gwahaniaeth rhwng diabetes math 1 a math 2?

16 Sut mae chwysu'n helpu i gynnal tymheredd ein corff?

Crynodeb o'r bennod

- Grwpiau o gelloedd derbyn sy'n ymateb i symbyliadau penodol yw organau synhwyro.
- Mae'r wybodaeth o'r organau synhwyro yn cael ei hanfon i'r brif system nerfol fel ysgogiadau trydanol ar hyd niwronau.
- Yr ymennydd, madruddyn y cefn a'r nerfau sy'n ffurfio'r system nerfol; mae'r brif system nerfol yn cynnwys yr ymennydd a madruddyn y cefn.
- Mae'r llygad yn cynnwys yr adeileddau canlynol: sglera, cornbilen, cannwyll y llygad, iris, lens, coroid, retina, dallbwynt a'r nerf optig. Mae pob un o'r rhain yn chwarae rhan benodol mewn golwg.
- Mae gweithrediadau atgyrch yn gyflym ac yn awtomatig ac mae rhai yn amddiffynnol.
- Mae'r cydrannau hyn i'w gweld mewn llwybr atgyrch bob tro: symbyliad, derbynnydd, cyd-drefnydd ac effeithydd.
- Mae llwybr atgyrch yn cynnwys: derbynnydd, niwron synhwyraidd, niwron relái ym madruddyn y cefn, niwron echddygol, effeithydd a synapsau.
- Mae cyffion planhigion yn ymateb i olau (ffototropedd) a gwreiddiau planhigion yn ymateb i ddisgyrchiant (grafitropedd).
- Hormon planhigol o'r enw awcsin sy'n achosi ffototropedd.
- Mae angen i anifeiliaid reoli'r amodau y tu mewn i'w cyrff er mwyn eu cadw'n gymharol gyson.

- Negesyddion cemegol yw hormonau, sy'n cael eu cludo gan y gwaed, ac maen nhw'n rheoli llawer o weithredoedd y corff.
- Yn y corff dynol, rhaid cadw'r lefelau glwcos o fewn amrediad cyson.
- Pan mae'r lefelau glwcos yn y gwaed yn cynyddu, mae'r pancreas yn rhyddhau'r hormon inswlin (protein) i mewn i'r gwaed, sy'n achosi i'r afu/iau leihau lefel y glwcos trwy drawsnewid glwcos yn glycogen anhydawdd ac yna'i storio.
- Mae diabetes yn glefyd cyffredin lle na all person reoli lefel glwcos y gwaed yn ddigonol.
- Mewn diabetes math 1, dydy'r corff ddim yn cynhyrchu inswlin. Caiff ei drin trwy chwistrellu inswlin i mewn i'r corff.
- Mewn diabetes math 2, dydy celloedd y corff ddim yn ymateb yn gywir i'r inswlin sy'n cael ei gynhyrchu. Caiff ei drin trwy reoli'r deiet a chymryd tabledi.
- Mae'r prosesau canlynol yn cyfrannu at reoli tymheredd y corff: newid yn niamedr y pibellau gwaed sy'n agos at y croen, chwysu, blew yn codi, crynu.
- Mae mecanweithiau adborth negatif yn cynnal amodau optimwm y tu mewn i'r corff.
- Mae dewisiadau ffordd o fyw'n effeithio ar rai cyflyrau, e.e.deiet gwael, yfed gormod o alcohol a chamddefnyddio cyffuriau. Mae'r rhain yn effeithio ar y prosesau cemegol yng nghyrff pobl.

▶ Cwestiynau adolygu'r bennod

1 Pan glywodd Gareth sŵn uchel sydyn, fe neidiodd e allan o'i sedd. Gweithred atgyrch oedd ei ymateb.

   a) Nodwch ddwy nodwedd sy'n dangos mai gweithred atgyrch oedd hyn. [2]

   b) Copïwch y brawddegau a llenwch y bylchau gan ddefnyddio rhai o'r geiriau isod. [3]

   llygaid   sain   clustiau   golau   derbynyddion

   i) Y symbyliad yn atgyrch Gareth oedd _____ .

   ii) Cafodd y symbyliad ei ganfod gan y _____ yn _____ Gareth.

   c) Ym mha ffurf mae'r wybodaeth yn cael ei throsglwyddo i'r ymennydd? [1]

   (o Bapur B1(S) CBAC, Ionawr 2011, cwestiwn 4)

2 Gwnaeth gwyddonydd arbrawf ar dymheredd corff dyn. Cafodd y newidiadau yn nhymheredd corff y dyn eu mesur gan thermomedr clinigol yn ei geg. Mae'r graff isod yn dangos tymheredd ei gorff dros gyfnod o 35 munud. Rhwng 7 a 10 munud, rhoddodd ei goesau, o'r pengliniau i lawr, mewn baddon o ddŵr cynnes a oedd yn 40°C. Yna, daeth allan o'r bath a sychu ei goesau.

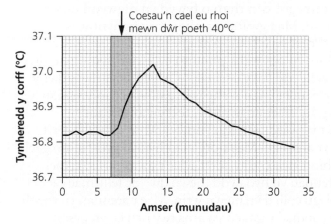

   a) Eglurwch pam cynyddodd tymheredd y corff er mai dim ond y coesau oedd yn y dŵr poeth. [1]

   b) Cafodd yr arbrawf ei ailadrodd. Ar ôl 20 munud, mae gwyntyll drydan yn cael ei chyfeirio tuag at goesau'r dyn. Mae'r canlyniadau yn cael eu dangos yn y graff isod.

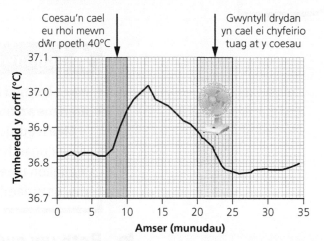

   Eglurwch pam gostyngodd tymheredd corff y dyn yn fwy cyflym rhwng 20 a 25 o funudau pan gafodd y gwyntyll ei defnyddio. [2]

   (o Bapur B1(U) newydd CBAC, Ionawr 2013, cwestiwn 4)

3 Yn 2011 cafodd lens cyffwrdd (*contact lens*) ei ddyfeisio sy'n cynnwys synhwyrydd sy'n gallu mesur crynodiad y glwcos mewn dagrau. Mae'n gallu cael ei ddefnyddio i ganfod diabetes.

   a) Enwch ddau o hylifau'r corff, ar wahân i ddagrau, sy'n gallu cael eu profi i ddod o hyd i ddiabetes. [2]

   b) Nodwch dri dull sy'n cael eu defnyddio i drin diabetes math 1. [3]

   c) Pa un o'r dulliau y soniwyd amdano yn rhan (b) sydd ddim yn rhan o'r driniaeth ar gyfer diabetes math 2 fel arfer? [1]

   ch) Mae deiet gwael mewn menywod beichiog yn cynyddu risg eu plant o ddatblygu diabetes. Mae'r plant hyn yn arddangos datblygiad annormal yng nghelloedd y pancreas. Nodwch ddau reswm pam gallai hyn atal rheoli crynodiad glwcos. [2]

   (o Bapur B1(U) newydd CBAC, Ionawr 2013, cwestiwn 7)

12 Yr aren a homeostasis

 Cynnwys y fanyleb

Mae'r bennod hon yn ymdrin ag adran 2.6 Swyddogaeth yr aren mewn homeostasis yn y fanyleb TGAU Bioleg.

Mae'n edrych ar adeiledd a swyddogaeth yr aren a'i swyddogaeth wrth reoli cynnwys y dŵr yn y gwaed. Mae'n rhoi manylion y neffron, ynghyd â swyddogaeth ADH. Hefyd mae'n rhoi ystyriaeth i'r driniaeth ar gyfer methiant yr arennau.

▶ Beth yw swyddogaeth yr arennau?

Termau allweddol

Homeostasis Cynnal amgylchedd mewnol cyson, hyd yn oed os yw'r amodau amgylcheddol yn newid.

Hydoddiant dyfrllyd Hydoddiant sydd â dŵr fel hydoddydd.

Diffyg hylif Gostyngiad yng nghynnwys normal y dŵr yn y corff.

Gwelsom ni ym Mhennod 11 fod y corff yn rheoli ffactorau amrywiol, fel glwcos y gwaed a thymheredd, o fewn amrediad cyfyngedig, sy'n caniatáu i brosesau byw weithio i'r optimwm. Y term cyffredinol ar gyfer y math hwn o reoli yw **homeostasis**. Ffactor bwysig arall sydd angen ei rheoli yw cynnwys dŵr y corff. Mae pob adwaith cemegol sy'n rhan o fywyd yn digwydd mewn **hydoddiant dyfrllyd**. Mae gwahaniaethau yng nghynnwys dŵr meinweoedd y corff yn effeithio ar grynodiadau, ac felly ar gyfraddau adweithio, yn ogystal â phennu cyfeiriad symudiad dŵr i mewn ac allan o gelloedd trwy osmosis. Os bydd cynnwys dŵr y corff yn mynd yn rhy uchel neu'n rhy isel, gall gael canlyniadau difrifol. Gall **diffyg hylif**, er enghraifft, fod yn angheuol.

Mae cynnwys dŵr y gwaed, ac felly cynnwys dŵr celloedd y corff, yn cael ei reoli gan yr arennau. Mae'r organau hyn yn gyfrifol am gael gwared ar gynhyrchion gwastraff y corff. Mae'r gwastraff sy'n cael ei waredu gan yr arennau yn hydawdd mewn dŵr, ac felly mae cael gwared arno yn golygu colli dŵr, mewn wrin. Mae'r arennau yn rheoli colli dŵr, fel bod crynodiad y gwaed yn aros fwy neu lai yn gyson, cyhyd â bod digon o ddŵr yn cael ei gymryd i mewn trwy fwyd a diod i gymryd lle'r swm bach o ddŵr sy'n cael ei golli bob tro mewn wrin.

Mae wrin yn cynnwys y defnydd gwastraff wrea, sy'n cael ei wneud yn yr afu/iau wrth i'r proteinau nad oes eu hangen ar y corff gael eu torri i lawr. Mae wrea yn sylwedd gwenwynig, felly ni ellir gadael iddo gronni yn y corff. Mae'n cael ei dynnu o'r gwaed gan yr arennau.

Y system ysgarthu

Mae Ffigur 12.1 yn dangos y system ysgarthu ddynol. Mae wrin yn cael ei ffurfio yn yr **arennau** ac yna mae'n draenio i lawr yr **wreterau** i gael ei storio dros dro yn y bledren, cyn gwneud ei ffordd allan trwy'r **wrethra**. Mae'r gwaed yn cael ei gludo i'r arennau o'r galon trwy'r **aorta** ac yna'r **rhydwelïau arennol**. Wedyn mae'n dychwelyd trwy'r **gwythiennau arennol** a'r **fena cafa**.

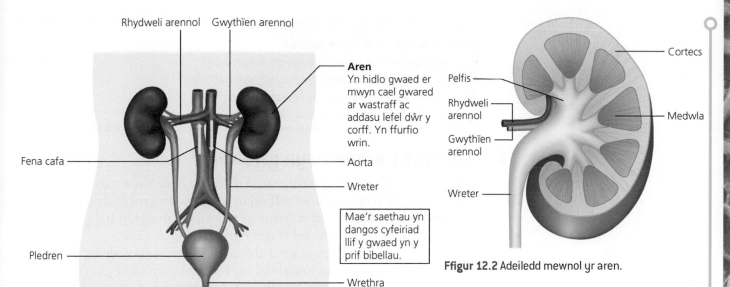

Rhydweli arennol   Gwythïen arennol

Aren
Yn hidlo gwaed er mwyn cael gwared ar wastraff ac addasu lefel dŵr y corff. Yn ffurfio wrin.

Fena cafa

Aorta

Wreter

Mae'r saethau yn dangos cyfeiriad llif y gwaed yn y prif bibellau.

Pledren

Wrethra

Ffigur 12.1 Y system ysgarthu ddynol.

Pelfis

Rhydweli arennol

Gwythïen arennol

Wreter

Cortecs

Medwla

Ffigur 12.2 Adeiledd mewnol yr aren.

Mae Ffigur12.2 yn dangos adeiledd mewnol aren. Mae tair prif ardal: y **cortecs** allanol, y **medwla** mewnol ac (yn y canol) y **pelfis**, sef lle mae'r wrin yn draenio cyn gadael trwy'r wreter.

Gwaith ymarferol

Dyrannu aren

Cyfarpar

> aren
> cyllell llawfeddyg/siswrn
> 2 nodwydd wedi'u mowntio
> dysgl Petri

Dull

1 Torrwch yr aren yn ei hanner o'r top i'r gwaelod, gan ddefnyddio cyllell llawfeddyg neu siswrn.

2 Darluniwch un hanner o'r aren i ddangos lleoliad a chyfraneddau'r medwla, y cortecs a'r pelfis yn gywir (Ffigur 12.3).

3 Torrwch ddarn bach o feinwe (tua 1 cm sgwâr) o'r cortecs.

4 Gan ddefnyddio'r nodwyddau wedi'u mowntio, tynnwch y feinwe oddi wrth ei gilydd. Rhwng y darnau, dylech allu gweld tiwbiau â diamedrau gwahanol, a rhai ohonynt yn denau iawn. Dyma'r neffronau sy'n ffurfio'r aren.

5 Os oes gennych chi un, defnyddiwch ficrosgop stereo (math o ficrosgop sy'n edrych ar sbesimenau sydd heb eu monitro ar sleid)

i edrych ar diwbiau'r

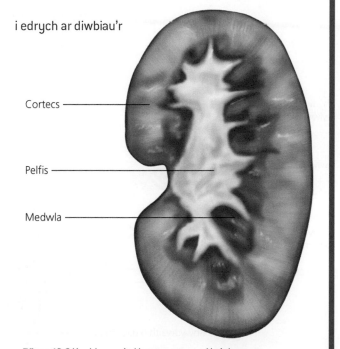

Cortecs

Pelfis

Medwla

Ffigur 12.3 Ymddangosiad hanner aren ar ôl ei dyrannu.

Mae'n annhebygol y bydd yr wreter, y rhydweli arennol a'r wythïen arennol ynghlwm os yw'r aren wedi ei phrynu o siop gigydd.

Profwch eich hun

1 Beth yw'r prif gynnyrch gwastraff mewn wrin?
2 Pa organ sy'n cynhyrchu'r defnydd gwastraff hwn?
3 Pa bibell waed sy'n cyflenwi gwaed i'r aren?
4 Pa diwb sy'n cysylltu'r bledren â'r aren?

▶ Sut mae'r arennau yn gweithio?

Mae aren wedi'i gwneud o filiynau o diwbiau bychain o'r enw **neffronau**, sy'n tynnu gwastraff allan o'r gwaed i gynhyrchu wrin – hydoddiant gwastraff sy'n cynnwys wrea a gormodedd halwynau. Mae adeiledd neffron yn cael ei ddangos yn Ffigur 12.4.

Mae muriau'r **cwlwm capilari** a **chwpan Bowman** yn gollwng dŵr, ac wrth i waed lifo trwy'r cwlwm capilari mae pwysedd y gwaed yn gorfodi hylif i mewn i gwpan Bowman. Mae'r rhydwelïyn sy'n arwain i mewn i'r cwlwm capilari yn fwy llydan na'r un sy'n arwain i ffwrdd ohono, felly mae pwysedd yn adeiladu yn y cwlwm capilari. Dim ond moleciwlau bach sy'n gallu gwneud eu ffordd trwy'r muriau, felly mae'r muriau'n gweithredu fel hidlen. Mae celloedd gwaed a moleciwlau mwy, fel proteinau, yn aros yn y gwaed. (Mae gwaed mewn wrin yn gallu bod yn arwydd o glefyd arennol, er bod achosion eraill hefyd.)

Y defnyddiau sy'n mynd trwy'r hidlen i'r neffron yw dŵr, glwcos, wrea a halwynau. Mae rhai o'r sylweddau hyn yn ddefnyddiol, fodd bynnag, a dydy'r corff ddim eisiau eu colli nhw. Mae wrea yn ddefnydd gwastraff, felly mae hi'n beth da gadael iddo ddod allan yn yr wrin, ond mae glwcos yn sylwedd defnyddiol sy'n cael ei adamsugno o'r tiwbyn i'r gwaed. Mae rhai halwynau a'r rhan fwyaf o'r dŵr hefyd yn cael eu hadamsugno i'r gwaed, ond mae faint sy'n cael ei adamsugno yn amrywio yn ôl anghenion y corff.

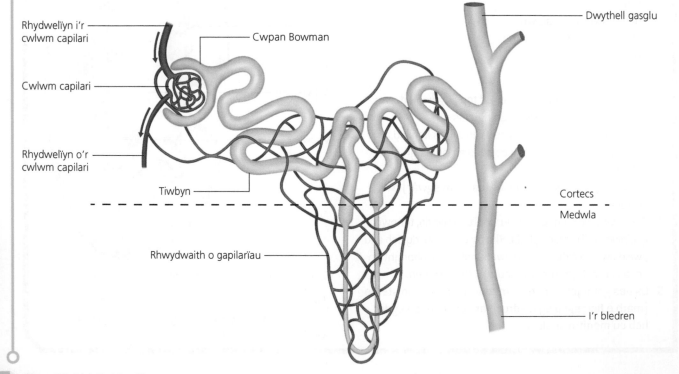

Ffigur 12.4 Adeiledd neffron.

Enw'r broses lle mae rhai pethau'n cael eu hadamsugno ac eraill ddim yw **adamsugniad detholus**. O ganlyniad i'r adamsugniad hwn, mae cyfansoddiad yr hidlif yn amrywio wrth iddo deithio ar hyd y tiwbyn neffron. Erbyn iddo gyrraedd y diwedd, mae'r hidlif wedi newid i mewn i'r hylif rydym ni'n ei alw'n wrin.

Mae swm y dŵr sy'n cael ei adamsugno yn y neffron yn amrywio – mae'n dibynnu a oes digon o ddŵr neu ddiffyg dŵr yn y corff. Os yw'r gwaed yn rhy wanedig, sy'n gallu digwydd os y bydd rhywun wedi yfed llawer o hylif, mae llai o ddŵr yn cael ei adamsugno ac mae'r wrin yn welw ac yn wanedig. Os yw'r gwaed yn rhy grynodedig, yna mae adamsugniad yn cynyddu ac mae'r wrin yn dywyllach ac yn fwy crynodedig. Fel arfer, mae wrin ar ei fwyaf crynodedig yn y bore, gan nad ydych chi'n yfed yn ystod y nos pan ydych chi'n cysgu.

Mae faint o ddŵr sy'n cael ei adamsugno yn cael ei reoli gan hormon o'r enw **hormon gwrth-ddiwretig (ADH:** *anti diuretic hormone***)**. Mae ardaloedd o'r ymennydd yn canfod crynodiad y gwaed ac, os yw'r crynodiad yn rhy uchel, mae ADH yn cael ei gynhyrchu gan y chwarren bitŵidol (chwarren cynhyrchu hormonau sydd ynghlwm wrth yr ymennydd ac wedi'i lleoli ychydig odano). Mae ADH yn achosi i'r aren adamsugno mwy o ddŵr a chynhyrchu wrin mwy crynodedig. Unwaith mae crynodiad y gwaed yn dychwelyd i lefel normal, mae cynhyrchu ADH yn peidio ac mae llai o ddŵr yn cael ei adamsugno.

 Gwaith ymarferol penodol

Profi samplau wrin artiffisial am bresenoldeb protein a siwgr

Ni ddylai wrin gynnwys siwgr na phrotein. Mae presenoldeb siwgr yn dangos bod clefyd diabetes ar y claf, a gall presenoldeb protein fod yn arwydd o glefyd ar yr arennau (er bod ychydig o brotein i'w weld yn yr wrin yn ystod beichiogrwydd – dyma sail profion beichiogrwydd).

Byddwch yn cael samplau wrin artiffisial i brofi am brotein a glwcos, sef y siwgr a fyddai'n bresennol mewn wrin diabetig.

Mae disgrifiad ym Mhennod 3 o'r prawf Biuret am broteinau a'r prawf Benedict am siwgr (mae glwcos yn siwgr rhydwytho). Dylech gynnal y ddau brawf ar y samplau wrin artiffisial sy'n cael eu rhoi i chi.

Nodwch y bydd lliw'r sampl wrin artiffisial yn effeithio ar y lliwiau y byddwch yn eu harsylwi. Ni fydd hyn yn cael llawer o effaith ar y prawf Benedict ond efallai y bydd yn ei gwneud ychydig yn anoddach i chi weld y lliw fioled sy'n dangos presenoldeb protein yn y prawf Biuret.

Nodiadau diogelwch

Byddwch yn ofalus gyda'r dŵr poeth yn y prawf Benedict; defnyddiwch ddŵr sydd newydd ferwi o'r tegell, yn hytrach na berwi dŵr dros fflam Bunsen.

Gwisgwch sbectol ddiogelwch, a golchwch unrhyw arllwysiadau oddi ar y croen ar unwaith.

▶ Sut gallwn ni drin methiant yr arennau?

Mae gan y rhan fwyaf o bobl ddwy aren, ac os oes rhywbeth yn digwydd i un – er enghraifft, os oes angen ei thynnu oherwydd damwain neu ganser – gallwn ni fyw bywyd llawn ac iach gydag un aren sy'n gweithio. Yn wir, mae rhai pobl yn cael eu geni ag un aren yn unig, ac maen nhw'n byw bywyd normal. Os oes gan glaf glefyd yr arennau, fodd bynnag, mae'n debyg y bydd y ddwy aren yn methu, ac mae hyn yn gyflwr sy'n peryglu bywyd. Mae dwy ffordd o drin methiant yr arennau:

- **Dialysis yr arennau** – Mae'n rhaid i'r claf gael sesiynau rheolaidd lle maen nhw'n gysylltiedig â pheiriant aren artiffisial, sy'n cael gwared ar wastraff ac yn adfer cydbwysedd halwynau a dŵr yn y gwaed.
- **Trawsblaniad yr arennau** – Mae'n bosibl rhoi aren newydd yn y corff, a bydd hyn yn adfer gweithrediad arennol.

Mae gan bob un o'r triniaethau hyn eu manteision a'u hanfanteision. Byddwn yn edrych ar y rhain isod.

Dialysis yr arennau

Pan fydd claf yn gysylltiedig â pheiriant dialysis yr arennau, bydd y gwaed yn cael ei gymryd o bibell waed yn y fraich a'i bwmpio trwy'r peiriant (Ffigur 12.5). Mae hylif dialysis arbennig, sy'n cynnwys halwynau, o'r enw **dialysad**, yn cael ei roi trwy'r peiriant hefyd. Mae'r dialysad yn cael ei wahanu o'r gwaed gan bilen athraidd ddetholus, sy'n gadael i foleciwlau bach fynd drwyddi, yn debyg iawn i hidlen naturiol yr aren. Mae crynodiad y dialysad yn cael ei reoli yn ofalus i sicrhau mai dim ond gormodedd halwynau a dŵr sy'n pasio i mewn iddo. Mae'n cynnwys lai o ddŵr a halwynau na gwaed y claf, felly mae'r halwynau'n tryledu i'r dialysad i lawr graddiant crynodiad, ac mae dŵr yn symud allan o'r gwaed trwy osmosis. Mae'r dialysad yn cael ei adnewyddu drwy'r amser fel bod y gwaed yn colli'r halwynau a'r dŵr sydd wedi cronni oherwydd nad yw aren yn gweithio'n iawn.

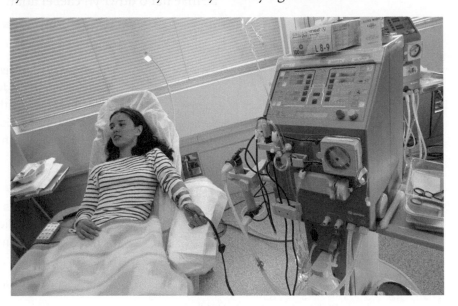

Ffigur 12.5 Claf sy'n derbyn dialysis yr arennau.

Unwaith y mae'r gormodedd halwynau a'r dŵr wedi'u gwaredu, mae'r gwaed yn cael ei ddychwelyd i'r corff.

Y problemau gyda dialysis fel triniaeth ar gyfer clefyd yr arennau yw:

- Fel arfer, mae'n rhaid i'r claf gael sesiynau dialysis ar dri diwrnod bob wythnos, ac mae pob sesiwn yn para tua 4 awr. Mae gan rai cleifion beiriannau dialysis yn eu cartrefi ac maen nhw'n cael eu triniaeth dialysis tra maen nhw'n cysgu. Fodd bynnag, does dim digon o beiriannau i bawb, felly mae'n rhaid i lawer o gleifion ymweld â'r ysbyty dri diwrnod yr wythnos am sesiwn. Mae hyn yn anghyfleus a gall olygu nad yw cleifion yn gallu gweithio amser llawn.
- Rhwng sesiynau, rhaid i gleifion fod yn hynod o ofalus beth maen nhw'n ei fwyta a'i yfed. Mae angen iddynt gyfyngu ar gymeriant

5 Beth yw enw tiwbynnau'r aren?

6 Beth sy'n achosi cynnydd y gwasgedd sy'n hidlo'r gwaed yn yr aren?

7 Pa hormon sy'n rheoli faint o ddŵr sy'n cael ei adamsugno yn yr aren?

8 Beth fydd yn digwydd i grynodiad yr wrea yn yr hidlif wrth iddo deithio trwy diwbyn yr aren? Eglurwch eich ateb.

9 Pam mae'n rhaid i gleifion trawsblaniadau aren gymryd cyffuriau gwrthimiwnedd ar ôl eu trawsblaniad?

hylif a halwynau fel nad yw'r lefelau yn cyrraedd lefel beryglus, neu i'r fath raddau lle byddai angen mwy na phedair awr o ddialysis.

Trawsblaniad yr arennau

Mae trawsblaniad aren yn iacháu clefyd yr arennau, a gall cleifion fyw bywyd normal heb orfod cael dialysis drwy'r amser. Fodd bynnag, mae rhai anfanteision:

▶ Mae'r broses yn cynnwys llawdriniaeth, sydd â rhywfaint o risg bob tro.

▶ Bydd system imiwnedd y corff yn adnabod yr aren 'estron' sydd wedi ei thrawsblannu ac yn ymosod arni. Er mwyn osgoi'r gwrthodiad hwn, rhaid i gleifion sy'n cael trawsblaniad gymryd cyffuriau sy'n atal (*suppress*) eu system imiwnedd (yn aml am weddill eu bywydau). Enw'r rhain yw cyffuriau gwrthimiwnedd. Gall eu defnyddio wneud cleifion yn fwy tebygol o gael heintiau.

▶ Mae gan arennau sydd wedi'u trawsblannu oes cyfyngedig. Dim ond tua 40–50% o arennau sydd wedi'u trawsblannu sy'n para'n hirach na 15 mlynedd. Felly, efallai bydd angen sawl trawsblaniad ar berson ifanc yn ystod eu hoes.

▶ Mae angen i berson fod yn weddol gryf ac iach (ar wahân i ddioddef o glefyd yr arennau) er mwyn cael trawsblaniad. Does dim modd i gleifion sy'n wael iawn gael y driniaeth gan fod y risg yn rhy fawr.

▶ Dim ond rhywun sydd â 'math tebyg o feinwe' sy'n gallu rhoi aren i rywun arall. Rhaid i rai cleifion aros am flynyddoedd lawer am roddwr addas.

Crynodeb o'r bennod

• Mae'r arennau'n rheoli faint o ddŵr sydd yn y gwaed ac maen nhw'n cael gwared â chynnyrch gwastraff megis wrea o'r gwaed. Mae hyn yn angenrheidiol gan fod wrea yn wastraff gwenwynig, ac os yw'r gwaed yn rhy grynodedig neu'n rhy wanedig, gall amharu ar brosesau yn y corff.

• Mae'r system ysgarthu ddynol yn cynnwys yr adeileddau canlynol: arennau, rhydwelïau arennol, gwythiennau arennol, aorta, fena cafa, wreterau, pledren ac wrethra.

• Mae'r aren yn cynnwys y rhannau canlynol: cortecs, medwla, pelfis ac wreter.

• Mae neffron yn cynnwys yr adeileddau canlynol: cwlwm capilari, cwpan Bowman, tiwbyn, dwythell gasglu, rhwydwaith capilari, a rhydwelïynnau i mewn ac allan o'r cwlwm capilari.

• Caiff gwaed ei hidlo dan wasgedd yn y cwlwm capilari. Mae gwasgedd yn cael ei gynhyrchu gan fod y rhydwelïyn sy'n gadael y cwlwm yn fwy cul na'r un sy'n mynd i mewn iddo.

• Caiff glwcos, rhai halwynau a llawer o'r dŵr eu hadamsugno'n ddetholus wrth i'r hylif symud trwy diwbyn yr aren.

• Mae wrin – sy'n cynnwys wrea, dŵr a gormodedd halwynau – yn pasio o'r arennau yn yr wreterau i'r

bledren, lle mae'n cael ei storio cyn cael ei basio allan o'r corff.

• Mae presenoldeb gwaed neu gelloedd yn yr wrin yn nodi clefyd yn yr aren.

• Mae'r arennau'n cynhyrchu wrin gwanedig os oes yna ormod o ddŵr yn y gwaed neu wrin crynodedig os nad oes digon o ddŵr yn y gwaed.

• Hormon gwrth-ddiwretig (ADH) sy'n rheoli amsugniad dŵr yn yr aren.

• Mae'n bosibl defnyddio dialysis a thrawsblaniad i drin methiant yr aren.

• Mewn peiriant dialysis, mae gormodedd halwynau a dŵr yn pasio o'r gwaed i mewn i hylif o'r enw dialysad trwy drylediad ac osmosis. Mae crynodiad y dialysad yn cael ei reoli'n ofalus er mwyn cadw trefn ar hyn.

• Mewn trawsblaniadau aren, rhaid cael rhoddwr sydd â 'math o feinwe' tebyg i'r person sy'n derbyn.

• Gall y corff wrthod aren y rhoddwr a bydd y system imiwnedd yn ymosod arni, oni bai bod y person sy'n ei derbyn yn cymryd cyffuriau sy'n atal yr ymateb imiwn.

• Mae manteision ac anfanteision yn gysylltiedig â dialysis a thrawsblaniad.

1 Mae'r diagram yn dangos system ysgarthu'r corff dynol.

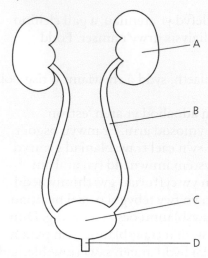

a) O'r diagram, copïwch a chwblhewch y tabl isod. [3]

Llythyren ar y diagram	Enw'r adeiledd	Swyddogaeth
	wreter	
		yn cludo wrin allan o'r corff
C		

b) Enwch ddau sylwedd gwastraff sy'n cael eu hysgarthu mewn wrin. [1]

c) Nodwch sut mae crynodiad yr wrin yn newid pan nad oes digon o ddŵr yn y gwaed. [1]

(o Bapur B3(S) CBAC, Haf 2015, cwestiwn 4)

2 Mae'r diagram yn dangos rhai o'r prosesau sy'n rheoli cyfansoddiad gwaed ac wrin.

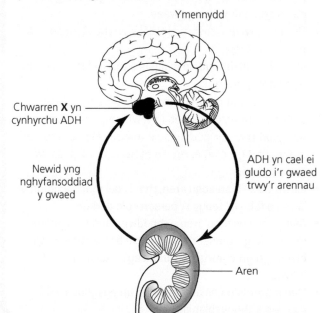

Ymennydd

Chwarren **X** yn cynhyrchu ADH

Newid yng nghyfansoddiad y gwaed

ADH yn cael ei gludo i'r gwaed trwy'r arennau

Aren

a) Nodwch y symbyliad sy'n achosi i chwarren X ryddhau ADH. [1]

b) Disgrifiwch effaith cynnydd yng nghynhyrchiad ADH ar yr aren ac ar gyfansoddiad wrin. [3]

(o Bapur B3(U) CBAC, Haf 2014, cwestiwn 7)

3 Darllenwch y darn isod ac atebwch y cwestiynau sy'n dilyn.

Mae cleifion sy'n dioddef o fethiant yr arennau naill ai'n cael trawsblaniad aren neu'n cael eu trin gan ddialysis. Fel arfer mae dialysis yn golygu bod ynghlwm wrth beiriant arennau am tua 4 awr, fel arfer am 3 diwrnod yr wythnos. Mae'r rhan fwyaf o gleifion arennau yn ymweld â'r ysbyty i gael dialysis.

Math arall o ddialysis yw dialysis peritoneaidd, sy'n defnyddio'r bilen sy'n leinio tu mewn eich abdomen (y peritonëwm) fel hidlydd, yn hytrach na pheiriant. Fel yr arennau, mae'r peritonëwm yn cynnwys miloedd o bibellau gwaed bach, sy'n ei wneud yn ddyfais hidlo ddefnyddiol. Mae toriad yn cael ei wneud wrth y botwm bol ac mae tiwb tenau o'r enw cathetr yn cael ei osod yn y lle gwag yn yr abdomen. Mae hwn yn cael ei adael yn ei le yn barhaol. Mae hydoddiant di-haint sy'n cynnwys glwcos a halwynau yn cael ei bwmpio trwy'r cathetr. Mae cynhyrchion gwastraff a gormodedd dŵr yn cael eu tynnu allan o'r capilarïau gwaed sy'n leinio'r peritonëwm. Mae'r hylif sydd wedi'i ddefnyddio yn cael ei ddraenio i mewn i fag ychydig o oriau yn ddiweddarach ac mae hylif ffres yn cael ei roi yn ei le. Rhaid newid yr hylif tua 4 gwaith y diwrnod, er bod rhai cleifion yn defnyddio peiriant sy'n gallu cyfnewid yr hylif pan maen nhw'n cysgu. Gall y dialysis gael ei wneud yn y cartref.

a) Beth yw'r prif gynnyrch gwastraff mae angen ei dynnu o'r gwaed? [1]

b) Pam mae'r ffaith fod y peritonëwm 'yn cynnwys miloedd o bibellau gwaed' yn ei wneud yn ddyfais hidlo ddefnyddiol? [1]

c) Pam mae angen i'r hylif fod yn ddi-haint? [1]

ch) Pa broses sy'n cymryd dŵr o'r pibellau gwaed i mewn i'r ceudod abdomenol? [1]

d) Awgrymwch ddau reswm pam mae hydoddiant glwcos yn cael ei ddefnyddio yn lle dŵr? [2]

dd) O'r wybodaeth yn y darn, rhowch un fantais o ddialysis peritoneaidd o'i gymharu â dialysis arferol sy'n defnyddio peiriant arennau. [1]

13 Micro-organebau a chlefydau

⌂ | Cynnwys y fanyleb

Mae'r bennod hon yn ymdrin ag adrannau 2.7 Micro-organebau a'u cymwysiadau a 2.8 Clefyd, amddiffyniad a thriniaeth yn y fanyleb TGAU Bioleg ac adran 4.6 Clefyd, amddiffyniad a thriniaeth yn y fanyleb TGAU Gwyddoniaeth (Dwyradd).

Mae'n edrych ar y technegau sy'n cael eu defnyddio wrth feithrin micro-organebau, a'r ffactorau sy'n effeithio ar hyn. Hefyd mae'n ystyried y defnydd diwydiannol o *Penicillium* wrth gynhyrchu penisilin, ac yn edrych ar y berthynas rhwng iechyd a chlefydau. Mae'n trafod gwahanol achosion clefydau, sut mae clefydau trosglwyddadwy'n gallu cael eu lledaenu a sut mae'n bosibl atal clefydau. Ar ben hyn mae'n edrych ar fecanweithiau amddiffyn naturiol, ynghyd â sut i drin clefydau a sut mae meddyginiaethau newydd yn cael eu datblygu.

▶ Micro-organebau – da neu ddrwg?

Term newydd

Protist Organeb sy'n perthyn i Deyrnas y Protista. Mae llawer o brotistiaid yn cynnwys un gell yn unig, sy'n ewcaryotig (hynny yw, mae'n cynnwys cnewyllyn).

Fel yr awgryma'r enw, mae'r term **micro-organeb** yn cael ei ddefnyddio i ddisgrifio unrhyw organeb fyw sy'n ficrosgopig – hynny yw, rhaid defnyddio microsgop i allu ei gweld. Mae enghreifftiau'n cynnwys **firysau**, **bacteria**, **ffyngau** microsgopig a **phrotistiaid**. Mae micro-organebau yn bodoli mewn niferoedd enfawr ac mae amrywiaeth enfawr ohonynt – mae tua 10 miliwn triliwn o ficro-organebau i bob bod dynol ar y blaned! Nid yw'n syndod, felly, cael gwybod bod rhai yn 'dda', rhai yn 'ddrwg' ac nad yw'r rhan fwyaf ddim yn dda neu'n ddrwg. Wrth fynd o gwmpas eu bywyd bob dydd, gall rhai micro-organebau achosi clefydau ac mae rhai yn achosi anghyfleustra, fel difetha ein bwyd. Rydym ni'n gwahaniaethu'r rhai sy'n achosi clefyd gan eu galw'n **bathogenau**, ond mae'r mwyafrif helaeth o ficro-organebau yn ddiniwed. Mae llawer hyd yn oed yn cyflawni swyddogaethau hanfodol. Mae gennym facteria ar ein croen sy'n ei helpu i aros mewn cyflwr da, ac mae eraill yn y coludd yn ein helpu i dreulio bwyd. Mae hyd yn oed difetha bwyd yn sgil effaith anffodus i un o weithredoedd hanfodol micro-organebau, sef torri celloedd ac organebau marw i lawr er mwyn ailgylchu'r maetholion sydd ynddynt. Mae hi'n lwc ddrwg bod rhai o'r celloedd a'r organebau marw hynny yn bethau rydym ni'n eu galw'n 'fwyd'.

▶ Sut mae bacteria a firysau yn edrych?

Bacteria

Mae bacteriwm yn cynnwys un gell, ond mae nifer o wahaniaethau rhyngddynt a chelloedd anifeiliaid a phlanhigion.

Mae Ffigur 13.1 yn rhoi crynodeb o'r gwahaniaethau hyn. Mae gwyddonwyr yn meddwl ei bod hi'n debygol mai bacteria oedd y mathau cyntaf erioed o fywyd.

Ffigur 13.1 Nodweddion cell facteriol.

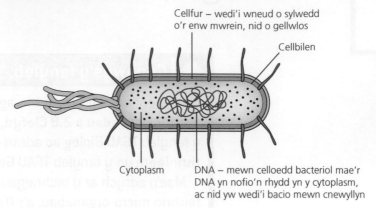

Cellfur – wedi'i wneud o sylwedd o'r enw mwrein, nid o gellwlos

Cellbilen

Cytoplasm

DNA – mewn celloedd bacteriol mae'r DNA yn nofio'n rhydd yn y cytoplasm, ac nid yw wedi'i bacio mewn cnewyllyn

Firysau

Mae adeiledd firws mor wahanol i'r celloedd a welsom ni hyd yn hyn fel ei bod yn anodd ei alw'n gell o gwbl. Mae Ffigur 13.2 yn dangos adeiledd firws y ffliw.

Mewn gwirionedd, genynnau mewn cot o brotein yw firws. Does dim cytoplasm na chellbilen.

Mae firysau'n llai na bacteria hyd yn oed, ac ni chafodd y ddelwedd gyntaf o firws ei gweld tan 1931. Mae'r rhan fwyaf o wyddonwyr yn credu nad yw firysau'n organebau byw go iawn, am y rhesymau canlynol:

▶ Maen nhw'n gallu cael eu grisialu. Mae hyn yn fwy nodweddiadol o gemegion nag o organebau byw.
▶ Dim ond trwy ddefnyddio adnoddau cell letyol y gall firysau atgenhedlu.
▶ Mae'n rhaid iddynt fod y tu mewn i gell letyol i oroesi – does ganddyn nhw ddim eu 'metabolaeth' eu hunain.

Ar y llaw arall, maen nhw'n cynnwys genynnau ac maen nhw'n gallu atgynhyrchu eu hunain, hyd yn oed os oes rhaid iddynt fod y tu mewn i gell fyw arall er mwyn gwneud hynny. Ar ôl iddynt atgynhyrchu, caiff y firysau newydd eu rhyddhau (sy'n dinistrio'r gell letyol) i heintio celloedd eraill. Mae un gwyddonydd wedi eu galw nhw'n 'organebau ar gyrion bywyd', ac mae'n debyg bod hwn yn ddisgrifiad da.

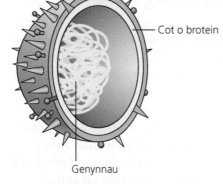

Cot o brotein

Genynnau

Ffigur 13.2 Adeiledd firws y ffliw, wedi'i ddangos mewn trawstoriad.

Sut gallwn ni dyfu micro-organebau?

Trwy ddiffiniad, mae micro-organebau yn fach iawn ac yn anodd eu gweld. Er mwyn eu hastudio, mae gwyddonwyr yn eu tyfu mewn niferoedd mawr y gallant weithio â nhw. Yn aml mae hyn yn cael ei wneud ar fath arbennig o jeli o'r enw **agar**. Mae maetholion wedi'u hychwanegu at yr agar er mwyn bwydo'r micro-organebau mewn plât arbennig o'r enw **dysgl Petri**. Mae bacteria'n tyfu'n gyflym iawn, a bydd pob bacteriwm sy'n glanio ar yr agar yn tyfu'n fuan i ffurfio darn crwn, sef **cytref**, sy'n gallu cael ei weld gyda'r llygad noeth. Mae Ffigur 13.3 yn dangos cytrefi o facteria. Gan

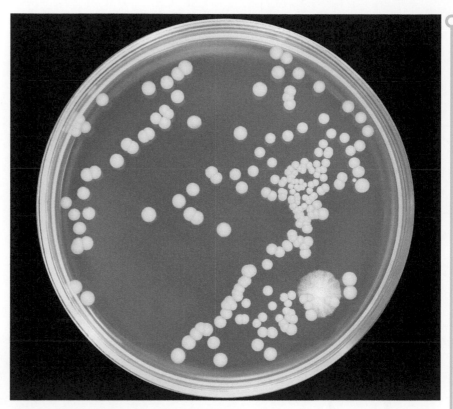

Ffigur 13.3 Plât agar yn dangos cytrefi o facteria.

fod pob bacteriwm yn tyfu yn gytref, trwy gyfri'r cytrefi rydym ni'n gwybod faint o facteria a gafodd eu rhoi ar y plât yn y sampl gwreiddiol.

Ar gyfartaledd, mae bacteria yn rhannu bob 20 munud, sy'n golygu bod y boblogaeth yn tyfu'n hynod o gyflym. Ar y gyfradd honno, bydd un bacteriwm wedi tyfu yn 262 144 o facteria mewn chwe awr (a chofiwch y bydd y nifer hwnnw'n parhau i ddyblu bob 20 munud!). Mae tymheredd yn effeithio ar gyfradd twf bacteria. Tymheredd cynnes yw'r tymheredd gorau posibl ar gyfer twf. Ar dymereddau isel mae'r gyfradd twf yn arafach, ac ar dymheredd uchel iawn mae'r bacteria'n cael eu lladd. Rydym ni'n rhoi bwyd ffres mewn oergelloedd oherwydd bod y tymheredd oer yn golygu y bydd bacteria'n tyfu'n araf, ac felly bydd y bwyd yn parhau'n hirach cyn pydru. Er mwyn ei gadw hyd yn oed yn hirach, rydym ni'n ei roi mewn rhewgell, lle mae'r tymheredd mor oer fel ei fod bron yn atal twf bacteria yn gyfan gwbl. Dydy rhewi bwyd ddim yn lladd y bacteria, fodd bynnag – dim ond yn eu hatal rhag tyfu.

Techneg aseptig

Wrth dyfu micro-organebau, yn aml mae gwyddonwyr eisiau tyfu un rhywogaeth yn unig, neu ddarganfod pa ficro-organebau sy'n bresennol mewn sampl penodol. Mae'r aer yn llawn bacteria, ac mae'n bwysig nad yw'r bacteria hynny'n halogi'r plât agar. I wneud hyn, mae gwyddonwyr yn defnyddio **techneg aseptig**. Mae Ffigur 13.4 yn dangos y dechneg hon. Sylwch sut mae rhagofalon yn cael eu cymryd i atal halogi ym mhob cam.

151

1.

1. Mae'r ddolen frechu yn cael ei rhoi mewn fflam Bunsen. Mae'n lladd bacteria sydd eisoes ar y ddolen, felly ni fyddant yn halogi'r plât.

2.

Mae'r topyn yn cael ei dynnu oddi ar y tiwb meithrin bacteria.

3.

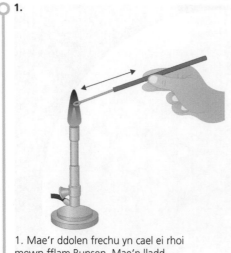

Mae ceg y tiwb yn cael ei 'fflamio'. Mae hyn yn sicrhau bod y bacteria sy'n drifftio allan o'r tiwb meithrin yn cael eu lladd.

4.

Mae'r ddolen yn cael ei throchi yn y meithriniad i godi bacteria.

5.

Mae ceg y tiwb yn cael ei 'fflamio' eto, ac mae'r topyn yn cael ei roi yn ôl. Mae hyn yn lladd bacteria a all fod yn llithro i mewn i'r tiwb meithrin, er mwyn ei rwystro rhag cael ei halogi.

6.

Mae caead y ddysgl Petri yn cael ei godi ychydig ac mae'r ddolen yn cael ei thynnu ar draws arwyneb yr agar. Dydy'r plât ddim wedi ei ddadorchuddio'n llwyr, felly ni fydd bacteria o'r awyr yn gallu syrthio arno.

7.

Mae'r ddolen frechu yn cael ei fflamio eto. Mae'n lladd unrhyw facteria sydd ar ôl ar y ddolen, felly ni fyddant yn dianc i'r amgylchedd. Cofiwch weithiau nad yw dolen yn cael ei defnyddio ac mae sampl o feithriniad yn syml yn cael ei arllwys ar y plât. Mewn achosion o'r fath, mae camau 1, 4 a 7 yn cael eu hepgor, ac mae camau 5 a 6 yn cael eu gwrthdroi.

Ffigur 13.4 Techneg aseptig.

Gwaith ymarferol penodol

Archwilio i effaith gwrthfiotigau ar dwf bacteria

Cemegyn sy'n lladd neu'n atal twf bacteria yw gwrthfiotig. Mae hylifau glanhau dwylo'n cynnwys gwrthfiotigau, ac mae'r arbrawf hwn yn cymharu effeithiolrwydd rhai o'r cynhyrchion hyn.

Cyfarpar

> meithriniad *Staphylococcus albus* ar agar meithrin mewn dysgl Petri
> 3 hylif glanhau dwylo gwahanol, pob un mewn chwistrell 5 cm^3
> sebon hylifol, mewn chwistrell 5 cm^3
> tyllwr corcyn
> nodwydd wedi'i mowntio
> pen marcio
> tâp gludiog
> mynediad at ddeorydd ar 30°C
> mynediad at ddiheintydd i lanhau'r fainc ar ôl i'r platiau gael eu paratoi

Dull

1 Defnyddiwch y tyllwr corcyn i dorri pedair ffynnon yn yr agar, fel mae Ffigur 13.5 yn ei ddangos. Gallwch chi dynnu'r agar o'r ffynnon gan ddefnyddio'r nodwydd wedi'i mowntio.

2 Labelwch y ffynhonnau yn 1 i 4 ar ochr isaf y ddysgl Petri gan ddefnyddio'r pen marcio.

3 Llenwch bob ffynnon gyda'r gwahanol fathau o hylifau glanhau dwylo (ffynhonnau 1–3) a'r sebon hylifol (ffynnon 4) (Ffigur 13.6).

4 Seliwch y caead ar y ddysgl Petri, gan ddefnyddio tâp gludiog. Lapiwch ddau ddarn o dâp o amgylch y ddysgl, ar ongl sgwâr i'w gilydd.

5 Gadewch i'r ddysgl feithrin am sawl diwrnod ar 30°C.

6 Ar ôl y cyfnod meithrin, edrychwch am dyfiant bacteria ar y ddysgl. Yn y mannau lle mae'r hylif wedi atal tyfiant, bydd yna ranbarth clir o amgylch y ffynnon. Mesurwch ddiamedr y rhanbarth clir hwn (Ffigur 13.7).

Diogelwch

> Wrth drin y ddysgl Petri, gnewch yn siŵr nad ydych chi'n gadael arwyneb yr agar yn agored i'r aer.
> Wrth lenwi'r ffynhonnau, cadwch yr agar wedi ei orchuddio'n rhannol gan gaead y ddysgl Petri fel yn Ffigur 13.6.
> Ni ddylai'r tymheredd meithrin fod yn uwch na 30°C, er mwyn osgoi tyfu micro-organebau sy'n gallu heintio bodau dynol. (Mae micro-organebau o'r fath wedi addasu i ddyfu ar 37°C, sef tymheredd y corff dynol.) Gallech chi ddefnyddio tymheredd ystafell ar gyfer y meithrin.

> Golchwch eich dwylo'n syth cyn cyffwrdd â'r plât agar ac unwaith eto ar ôl gorffen y broses.

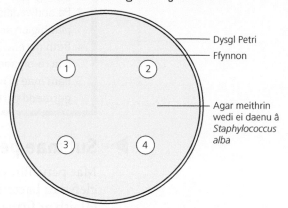

Ffigur 13.5 Ffynhonnau wedi'u torri i mewn i'r agar.

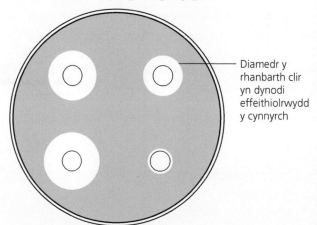

Ffigur 13.6 Dull o lenwi ffynhonnau, gan gadw'r agar wedi ei orchuddio'n rhannol gan gaead y ddysgl Petri.

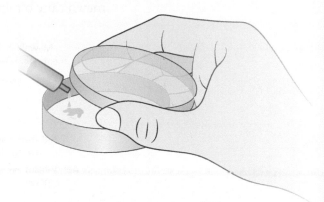

Ffigur 13.7 Dehongli'r canlyniadau.

Cwestiynau

1 Pa gynnyrch oedd y mwyaf effeithiol am atal twf y bacteria? Rhowch resymau dros eich ateb.

2 Pa mor gryf ydych chi'n meddwl yw'r dystiolaeth ar gyfer y casgliad y daethoch iddo yng nghwestiwn 1? Eglurwch sut y daethoch i'r penderfyniad hwn.

✔ | **Profwch eich hun**

1 Ym mha ffordd mae cellfur facteriol yn wahanol i gellfur blanhigol?
2 Beth yw pathogen?
3 Pa nodweddion sydd gan firysau'n gyffredin â bacteria a chelloedd planhigion ac anifeiliaid?
4 Beth yw enw'r dechneg sy'n cael ei defnyddio i osgoi halogi meithriniadau o ficro-organebau?
5 Pam mae hi'n well rhoi bwydydd ffres yn syth yn yr oergell ar ôl i chi gyrraedd gartref?

▶ Sut mae penisilin yn cael ei gynhyrchu?

Mae penisilin yn **wrthfiotig** sy'n cael ei ddefnyddio'n aml i drin clefydau bacteriol. Fel pob gwrthfiotig, dydy e ddim yn cael unrhyw effaith ar firysau. Mae'n cael ei gynhyrchu gan sawl rhywogaeth o *Penicillium* (ffwng). Mae'r ffwng yn cael ei dyfu'n ddiwydiannol mewn tanc o'r enw eplesydd (Ffigur 13.8).

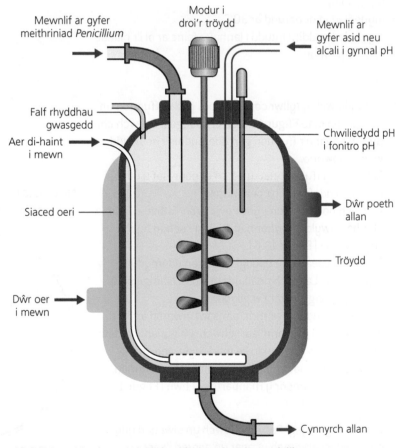

Mewnlif ar gyfer
meithriniad *Penicillium*

Modur i
droi'r tröydd

Mewnlif ar
gyfer asid neu
alcali i gynnal pH

Falf rhyddhau
gwasgedd

Aer di-haint
i mewn

Chwiliedydd pH
i fonitro pH

Siaced oeri

Dŵr poeth
allan

Tröydd

Dŵr oer
i mewn

Cynnyrch allan

Ffigur 13.8 Eplesydd sy'n cael ei ddefnyddio i gynhyrchu penisilin

Mae amodau'n cael eu rheoli yn yr eplesydd i sicrhau bod gan y ffwng yr amgylchedd optimwm i dyfu. Yr amodau hyn yw:

▶ **Tymheredd** – Y tymheredd optimwm ar gyfer tyfu yw tua 23–28°C.
▶ **pH** – Wedi'i gadw tua pH6.5.
▶ **Lefel ocsigen** – Mae *Penicillium* yn ffwng aerobig, felly mae angen ocsigen arno i resbiradu ac i dyfu.

Er bod angen maetholion ar *Penicillium*, dydy'r rhain ddim yn cael eu hychwanegu ar ôl dechrau twf, gan fod y ffwng dim ond yn cynhyrchu penisilin pan mae lefelau maetholion yn isel. Ar ôl tua 200 o oriau mae'r hylif yn cael ei ddraenio o'r eplesydd, ei hidlo i gael gwared ar y celloedd ffwng, ac yna ei drin i echdynnu'r cyffur penisilin yn gemegol.

► Sut mae pathogenau yn lledaenu?

Mae pathogen yn organeb sy'n achosi clefyd. Mae llawer o'r rhain yn ficro-organebau, yn bennaf firysau, bacteria a ffyngau. Mae rhai pathogenau a'r clefydau sy'n gysylltiedig â nhw'n cael eu dangos yn Nhabl 13.2.

Tabl 13.2 Rhai pathogenau a'r clefydau maen nhw'n eu hachosi.

Clefyd	Yn cael ei achosi gan	Math o organeb
Ffliw	Firws y ffliw	Firws
Annwyd cyffredin	Firws annwyd	Firws
Gwenwyn bwyd	*Salmonella* neu *E.coli*	Bacteriwm
AIDS	Firws imiwnoddiffygiant dynol (HIV)	Firws
Colera	*Vibrio cholerae*	Bacteriwm
Chlamydia	*Chlamydia trachomatis*	Bacteriwm
Tarwden y traed	Dermatoffytau (amrywiol)	Ffwng
Malaria	*Plasmodium* (amrywiol)	Protist

Mae gan rywogaethau pathogenig ffyrdd o symud o un organeb letyol i'r llall ac o heintio unigolion newydd – hynny yw, maen nhw'n heintus. Mae nifer o ffyrdd o ledaenu pathogenau.

- ► **Cyswllt uniongyrchol neu hylifau'r corff** – Mae rhai clefydau (er enghraifft heintiau'r croen) yn cael eu trosglwyddo trwy gyswllt croen i groen. Gall cyswllt personol hefyd drosglwyddo clefydau sy'n cael eu cludo gan hylifau'r corff fel poer, semen, hylifau gweiniol a gwaed.
- ► **Haint aerosol** – Mae pesychu, tisian a hyd yn oed siarad ac anadlu yn gallu lledaenu clefydau oherwydd maen nhw'n gwasgaru defnynnau bach sy'n cynnwys y pathogen i'r aer. Gall y pathogen wedyn gael ei anadlu i mewn gan berson arall.
- ► **Dŵr** – Os bydd pathogenau yn dod o hyd i ffordd i mewn i ddŵr sy'n cael ei yfed gan fodau dynol, gall y clefyd gael ei drosglwyddo (Ffigur 13.9).

Ffigur 13.9 Mae yfed dŵr sydd wedi'i halogi yn debygol o ledaenu clefyd. Sylwch nad yw dŵr sydd wedi'i halogi bob tro yn ymddangos yn frwnt fel mae'n ei wneud yma.

Mae hon yn broblem yn enwedig mewn gwledydd lle nad yw pawb yn cael mynediad at ddŵr yfed sydd wedi'i drin a'i hidlo.

▶ **Pryfed** – Gall pryfed weithredu fel fectorau clefyd. Efallai y bydd y pryfed yn codi'r haint wrth frathu un bod dynol, ac yna'n ei drosglwyddo wrth gnoi unigolyn arall.

▶ **Bwyd wedi'i halogi** – Bydd bacteria yn bwydo ar y rhan fwyaf o bethau rydym ni'n eu bwyta. Bydd rhai o'r bacteria hyn yn achosi clefyd wrth gael eu llyncu. Mae'r prif berygl yn dod o fwyd sy'n dechrau pydru, neu fwyd sydd heb gael ei drin yn hylan (*hygienically*) wrth ei baratoi.

▶ Sut gallwn ni atal lledaeniad clefydau?

HIV/AIDS

Mae'r Syndrom Diffyg Imiwnedd Caffaeledig (*AIDS: Acquired Immune Deficiency Syndrome*) yn cael ei achosi gan y Feirws Imiwnoddiffygiant Dynol (*HIV: Human Immunodeficiency Virus*). Mae'n cael ei ledaenu gan hylifau'r corff, yn bennaf gwaed, semen a hylifau gweiniol. Mae'r firws i'w gael mewn poer hefyd, ond mewn niferoedd mor isel fel ei bod hi bron yn amhosibl ei drosglwyddo trwy boer – dydy hi ddim yn bosibl trosglwyddo HIV trwy gusanu, fel y credid ar un adeg. Y prif ddull o ledaenu yw cyfathrach rywiol neu rannu nodwyddau wrth ddefnyddio cyffuriau (mae gwaed un defnyddiwr yn aros ar y nodwydd ac yn y chwistrell ac yna'n cael ei chwistrellu i gyflenwad gwaed person arall).

Mae system imiwnedd pobl sydd ag AIDS yn cael ei niweidio, gan fod HIV yn heintio celloedd gwyn y gwaed sy'n chwarae rhan bwysig wrth amddiffyn y corff rhag clefydau. Yn syth ar ôl cael ei heintio, efallai y bydd y claf yn profi symptomau tebyg i'r ffliw. Mae'r rhain yn diflannu ac efallai na fydd symptomau eraill yn ymddangos am nifer o flynyddoedd. Ond yn ystod y cyfnod hwn mae'r niwed i'r system imiwnedd yn cynyddu ac, yn y pen draw, mae'r system yn mynd i gyflwr mor wael fel bod heintiau eraill yn cymryd gafael, a gall hyn fod yn angheuol.

Gall lledaeniad HIV gael ei atal trwy ddefnyddio condom yn ystod cyfathrach rywiol a thrwy osgoi rhannu nodwyddau a chwistrellau a gwisgo menig llawfeddygol wrth drin gwaedu.

Chlamydia

Mae chlamydia yn glefyd sy'n cael ei drosglwyddo yn rhywiol, ac mae'n cael ei achosi gan facteriwm *Chlamydia trachomatis*. Mae'n cael ei drosglwyddo yn ystod rhyw anniogel, a dydy llawer o bobl ddim yn cael unrhyw symptomau. Fodd bynnag, mae'n gallu achosi poen wrth basio dŵr, rhedlif anarferol o'r pidyn neu o'r wain, ceilliau poenus a gwaedu yn y cyfnod rhwng mislif. Mae'n bosibl defnyddio gwrthfiotigau i'w drin, ond os na chaiff ei drin gall arwain at broblemau iechyd hirdymor ac anffrwythlondeb.

Mae defnyddio condom yn ystod cyfathrach rywiol yn atal trosglwyddo'r clefyd.

Malaria

Mae malaria yn glefyd trofannol sy'n lladd nifer enfawr o bobl bob blwyddyn. Yn 2012, er enghraifft, yn ôl Sefydliad Iechyd y Byd, roedd 207 miliwn o achosion ledled y byd, a 627 000 o farwolaethau. Mae'r clefyd yn cael ei achosi gan barasit un-gell o'r rhywogaeth *Plasmodium*, sy'n cael ei gludo gan fosgitos. Mae'r parasit yn byw yng nghelloedd coch y gwaed, ac mae'r mosgito yn eu codi wrth frathu. Nid yw'n cael unrhyw effaith ar y fector mosgito, ond gellir ei chwistrellu i lif gwaed person arall pan fydd mosgito heintus yn brathu eto. Mae'r symptomau'n cynnwys tymheredd uchel, chwysu a rhynnu, pennau tost/cur pen, chwydu, poen yn y cyhyrau a dolur rhydd. Gall y clefyd fod yn angheuol. Mewn rhai pobl, gall malaria ddod yn ôl flynyddoedd ar ôl y symptomau cyntaf. Fel arfer, mae'r parasit yn byw yng nghelloedd coch y gwaed ond gall deithio i'r afu/iau, lle gall aros yn gwsg am flynyddoedd cyn ailheintio celloedd coch y gwaed.

Mae'r dulliau o atal lledaenu malaria yn canolbwyntio mwy ar y mosgito nag ar y parasit ei hun. Mae'r dulliau hyn yn cynnwys:

▸ defnyddio rhwydi mosgito yn y nos (pan mae mosgitos yn weithredol) a defnyddio hufen gwrth-bryfed ac eli (Ffigur 13.10)
▸ draenio ardaloedd corsiog lle mae mosgitos yn bridio
▸ trin cartrefi â phryfleiddiad i ladd y mosgitos
▸ cymryd tabledi gwrth-falaria wrth deithio i ardaloedd heintiedig, ond mae'r tabledi hyn yn effeithiol ar adeg eu cymryd yn unig – dydyn nhw ddim yn darparu unrhyw imiwnedd tymor hir ac felly nid yw'n ymarferol eu defnyddio gyda phoblogaethau'r ardaloedd heintiedig.

Ffigur 13.10 Mae rhwydi mosgito o amgylch gwelyau yn atal pobl rhag cael eu brathu gan fosgitos tra maen nhw'n cysgu.

✔ Profwch eich hun

6 Mewn eplesydd penisilin, pam mae'r aer yn cael ei ddiheintio cyn iddo fynd i mewn i'r eplesydd?
7 Mae eplesydd penisilin yn cael ei oeri â dŵr. Pam mae'n debygol o fynd yn boeth?
8 Mae pryfed yn gallu bod yn 'fectorau' i glefydau. Beth yw ystyr hyn?
9 Beth yw'r gwahaniaeth rhwng HIV ac AIDS?
10 Pa ran o'r corff dynol sy'n cael ei heintio gan y parasit malaria?

▶ Sut mae'r system imiwnedd yn amddiffyn yn erbyn clefyd?

Mae'r corff dynol yn amddiffyn ei hun rhag clefydau mewn dwy ffordd. Yn gyntaf, mae nodweddion sy'n atal pathogenau rhag mynd i mewn i'r corff o gwbl. Os yw'r rhain yn cael ei dorri, yna bydd system imiwnedd y corff yn cychwyn ar ei waith i ladd unrhyw bathogenau sy'n mynd i mewn. Mae croen dynol yn rhwystr anhreiddiadwy (*impenetrable*) yn erbyn micro-organebau, ac mae'n gorchuddio bron pob rhan o'r corff. Mae'n gweithio'n dda iawn yn atal mynediad micro-organebau cyn belled â'i fod yn ddidoriad (*intact*). Os bydd y croen yn cael ei niweidio gan doriadau neu losgiadau, yna bydd y gwaed yn ceulo ac yn cau'r bwlch, ac yn selio'r mynediad i'r corff unwaith eto tra mae'r croen yn adfer y rhwystr. Dydy ceulo'r gwaed ddim yn ddigon cyflym i atal mynediad micro-organebau yn llwyr, fodd bynnag. Gall pathogenau hefyd fynd i mewn trwy agoriadau yn y corff, lle nad oes croen.

Unwaith y bydd pathogenau yn mynd i mewn i'r corff, mae celloedd gwyn y gwaed yn gweithio mewn gwahanol ffyrdd i'w lladd nhw. Mae'r gwaed yn lle delfrydol i gartrefu ein system imiwnedd, gan ei fod yn treiddio i bob rhan o'r corff a gall gyrraedd heintiau ble bynnag maen nhw'n digwydd. Mae dau fath o gelloedd gwyn y gwaed yn ymosod ar y micro-organebau sy'n llifo i mewn. Mae **ffagocytau** yn amlyncu micro-organebau ac yn eu treulio. Yn ogystal, mae celloedd gwyn eraill o'r enw **lymffocytau** yn cynhyrchu cemegion o'r enw **gwrthgyrff**, sy'n dinistrio micro-organebau, a **gwrthdocsinau**, sy'n niwtraleiddio gwenwynau sy'n cael eu cynhyrchu gan y pathogenau. (Un rheswm pam mae pathogenau yn achosi heintiau yw oherwydd eu bod yn cynhyrchu cemegion sy'n wenwynig i gelloedd dynol). Mae Ffigur 13.11 yn dangos dau fath o gell wen y gwaed.

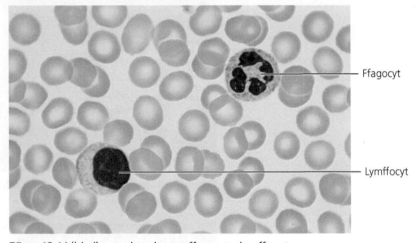

Ffigur 13.11 'Iriad' gwaed yn dangos ffagocyt a lymffocyt.

Ffagocyt

Lymffocyt

Antigenau a gwrthgyrff

Er mwyn ymosod ar ficro-organebau sy'n llifo i mewn i'r corff, mae'n rhaid i'r system imiwnedd eu hadnabod fel 'estroniaid' ac felly'n gorfod gwahaniaethu rhyngddyn nhw a chelloedd y corff ei hun. Mae'r ffordd o wneud hyn yn dibynnu ar y ffaith fod gan bob cell batrymau o foleciwlau ar yr arwyneb, a bod patrwm gwahanol gan bob unigolyn. **Antigenau** yw'r enw ar y moleciwlau hyn, ac mae gan holl gelloedd eich corff antigenau unfath. Os bydd celloedd gwyn y gwaed yn dod ar draws cell sydd ddim yn cynnwys y patrwm 'cywir' o antigenau, maen nhw'n gwybod ei bod yn estron, ac maen nhw'n ymosod arni.

Mae'r lymffocytau yn ymateb i antigenau estron trwy gynhyrchu cemegion o'r enw gwrthgyrff. Bydd ffagocytau'n ymosod ar unrhyw gell estron, ond mae ymateb y lymffocyt yn benodol – mae'r gwrthgyrff maen nhw'n eu cynhyrchu yn dibynnu ar yr antigenau sy'n cael eu canfod. Gall y gwrthgyrff naill ai dinistrio'r micro-organebau, neu eu glynu wrth ei gilydd fel y gall y ffagocytau amlyncu llawer ohonyn nhw yr un pryd.

Pan fydd y corff yn darganfod pathogen newydd nad yw wedi cwrdd ag ef o'r blaen, ni fydd ganddo wrthgyrff penodol ar gyfer antigenau. Mae ffagocytau yn dal i ymosod, ond mae'r lymffocytau yn cymryd amser i ddatblygu'r gwrthgyrff cywir. Yn ystod y cyfnod hwn, gall y pathogen gyrraedd lefelau sy'n achosi symptomau o'r clefyd. Unwaith y bydd y lymffocytau wedi gwneud y gwrthgyrff, fodd bynnag, maen nhw'n ffurfio **celloedd cof** sy'n 'gwybod' beth yw'r gwrthgorff cywir ar gyfer y clefyd. Os bydd yr un pathogen yn cael ei ddarganfod eto, bydd y celloedd cof hyn yn cynhyrchu'r gwrthgyrff priodol yn gyflym iawn, ac mae'r pathogen yn cael ei ddileu cyn i'r haint gael gafael. Dyna pam, gyda llawer o afiechydon, mae eu cael unwaith yn ein gwneud ni'n imiwn iddyn nhw wedi hynny.

▶ Sut mae brechu'n gweithio?

Er y gallwn ni ddatblygu imiwnedd naturiol i glefyd wedi i ni ei gael unwaith, yn achos clefydau mwy difrifol byddai'n well byth peidio â'u cael o gwbl. Gallwn ni osgoi clefyd a chael imiwnedd iddo trwy gael **brechiad** yn ei erbyn. Gall brechlynnau amddiffyn yn erbyn clefydau bacteriol a chlefydau firaol.

Pan fyddwch yn cael eich brechu yn erbyn clefyd, mewn gwirionedd rydych chi'n cael eich chwistrellu â'r micro-organebau sy'n achosi'r clefyd. Fodd bynnag, mae'r pathogen naill ai wedi cael ei ladd neu (yn llai aml) wedi cael ei wanhau fel na all achosi symptomau. Mae ganddo antigenau o hyd, felly mae'r lymffocytau yn gallu ymateb iddo ac adeiladu celloedd cof. O ganlyniad mae'r corff yn mynd yn imiwn i'r clefyd hwnnw. Dydy'r micro-organebau ddim yn atgynhyrchu yn y corff, ac felly gyda brechlyn dydy'r ymateb imiwn ddim cystal ag ydyw pan fydd unigolyn yn cael y clefyd. Er mwyn adeiladu digon o gelloedd cof i roi imiwnedd llawn, weithiau mae angen un neu fwy o bigiadau 'atgyfnerthol' ar ôl y brechlyn cyntaf.

Mae'n gwneud synnwyr i roi imiwnedd i bobl yn erbyn clefydau difrifol cyn gynted ag sy'n bosibl, gan ei bod yn amhosibl dweud pryd byddan nhw'n dod ar draws pathogen. Felly, mae'r rhan fwyaf o frechiadau'n cael eu rhoi i blant. Y rhieni, felly, sy'n penderfynu bod plentyn yn cael brechiad. Dydy hwn ddim yn benderfyniad hawdd am sawl rheswm.

▶ Mae'r brechiad yn aml yn golygu cael pigiad, sy'n gallu brifo ac yn gallu codi ofn ar blant ifanc.

▶ Fel arfer, mae rhai sgil effeithiau gan frechiadau. Mae'r rhain yn fân gyflyrau (er enghraifft cosi a llid yn y man lle cafwyd y pigiad neu deimlo'n wael am ddiwrnod neu ddau), ond yn y gorffennol mae rhai straeon codi ofn wedi troi rhieni yn erbyn y syniad o frechiadau.

Yn 1998 fe wnaeth astudiaeth fach, anniogel ei gwyddoniaeth, o'r brechlyn MMR (yn erbyn y frech goch, clwy'r pennau a rwbela) awgrymu bod yna gysylltiad ag awtistiaeth, anhwylder sy'n effeithio ar y system nerfol. Roedd llawer o rieni yn ofidus gan benderfynu peidio â gadael i'w plant gael y brechlyn. O ganlyniad, roedd cynnydd yn nifer yr achosion o'r frech goch (clefyd difrifol ac weithiau angheuol) dros y 15 mlynedd nesaf. Erbyn 2012, fodd bynnag, roedd cyfraddau brechu wedi dychwelyd i'r lefelau cyn 1998, ac felly mae'n debyg y bydd cyfraddau'r frech goch yn lleihau unwaith eto.

▶ Beth yw 'Arch-fygiau'?

Dros amser, mae gwyddonwyr wedi darganfod cemegion â nodweddion gwrth-facteriol mewn pethau byw – maen nhw naill ai'n lladd bacteria neu'n eu hatal rhag tyfu. Ar ôl iddynt gael eu harunigo a'u puro mae'r **gwrthfiotigau** hyn wedi cael eu defnyddio fel moddion i gefnogi amddiffynfeydd y corff ei hun. (Dydy pob gwrthfiotig ddim yn effeithio ar firysau – maen nhw'n byw y tu mewn i gelloedd ac felly dydy'r gwrthfiotigau ddim yn gallu eu cyrraedd.)

Yn ddiweddar, fodd bynnag, mae rhai rhywogaethau o facteria wedi esblygu'r gallu i wrthsefyll gwrthfiotigau. Bellach mae meddygon yn defnyddio amrywiaeth eang o wrthfiotigau ac ni fyddai gwrthsefyll i un neu ychydig ohonynt yn achosi problem fawr, ond mae rhai bacteria wedi esblygu i wrthsefyll y rhan fwyaf o'r gwrthfiotigau sy'n cael eu defnyddio. Mae'r cyfryngau wedi galw'r bacteria hyn yn 'arch-fygiau' ('superbugs'), ac un sydd wedi cael llawer o sylw yw MRSA (methicillin-resistant *Staphylococcus aureus*; Ffigur 13.12). Mae *Staphylococcus aureus* yn facteriwm cyffredin, sydd fel arfer yn cael ei gludo ar y croen lle y gall weithiau achosi cornwydydd neu heintiau croen ysgafn. Os yw'n mynd trwy'r croen gall achosi cyflyrau sy'n berygl bywyd, e.e. gwenwyn gwaed.

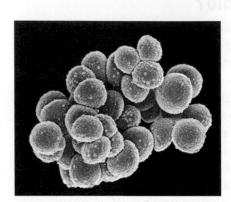

Ffigur 13.12 Bacteria MRSA (Methicillin-resistant *Staphylococcus aureus*).

Mae detholiad naturiol yn y bacteria wedi achosi i'r gallu i wrthsefyll gwrthfiotigau esblygu, fel sy'n cael ei ddisgrifio ym Mhennod 10. Mae cyfradd detholiad naturiol wedi ei gynyddu gan y defnydd helaeth o wrthfiotigau, a gallai hyn achosi problem fawr. Mae rhai gwrthfiotigau sy'n gallu trin MRSA o hyd, ond mae'n ymddangos bod y bacteriwm yn esblygu'r gallu i wrthsefyll yn gyflymach nag y gallwn ni gynhyrchu gwrthfiotigau newydd. Mae MRSA yn arbennig o beryglus mewn ysbytai, lle mae pobl eisoes yn sâl neu mae ganddynt glwyfau o ddamweiniau neu lawdriniaethau. Mae'r mesurau i reoli MRSA yn disgyn i ddau gategori – atal heintiau a brwydro yn erbyn esblygiad gwrthsefyll.

Er mwyn atal haint, mae'r mesurau canlynol yn cael eu cymryd:

▶ Mae cleifion sy'n mynd i'r ysbyty yn cael eu sgrinio ar gyfer MRSA.
▶ Mae staff yr ysbyty yn golchi eu dwylo ar ôl bod i'r tŷ bach, cyn ac ar ôl bwyta a chyn trin cleifion mewn unrhyw ffordd. Dylai'r math hwn o hylendid gael ei ymarfer gan y cyhoedd yn gyffredinol, hefyd.
▶ Mae ymwelwyr yn cael eu hargymell i olchi eu dwylo neu i ddefnyddio gel i lanhau eu dwylo wrth iddyn nhw fynd i mewn i wardiau.
▶ Mae mesurau hylendid llym yn cael eu cymryd gydag unrhyw driniaeth sy'n ymwneud â chlwyfau neu agor y corff.

Er mwyn arafu detholiad naturiol, mae'r mesurau canlynol yn cael eu cymryd:

▶ Mae meddygon yn osgoi rhoi gwrthfiotigau os yn bosibl – er enghraifft, os yw'r haint yn ysgafn ac y gall y corff ei goresgyn heb wrthfiotigau.
▶ Pan mae gwrthfiotigau yn cael eu rhoi, mae meddygon yn amrywio'r math o wrthfiotigau cymaint ag sy'n bosibl. Mae gwneud defnydd helaeth o unrhyw wrthfiotig unigol yn cynyddu'r risg y bydd yn mynd yn aneffeithiol.

Gwaith ymarferol

Effaith aspirin ar ensym amylas

Un o sgil effeithiau cyffredin cyffuriau yw atal gweithgarwch ensymau a all fod yn bwysig yn y corff. Mae'r arbrawf hwn yn ceisio gweld a yw aspirin yn effeithio ar weithgarwch ensym penodol.

Yr ensym dan sylw yw amylas. Yn y corff, mae amylas yn catalyddu'r broses o droi startsh yn faltos. Mae i'w gael mewn poer ymysg lleoedd eraill; dyma lle mae'r broses o dorri i lawr y startsh mewn bwyd yn dechrau. Gallwn ni ddefnyddio ïodin i brofi gweithgarwch yr ensym. Mae ïodin yn troi'n ddu-las pan mae startsh yn bresennol, ond mae'n aros yn oren-frown gyda maltos.

Cyfarpar

> cwpan bapur yn cynnwys 40 cm³ o ddŵr tap
> 40 cm³ o ddaliant startsh 2%
> 5 cm³ o ethanol
> 5 cm³ o hydoddiant asid salisylig (aspirin) 0.5%
> 0.01 M ïodin mewn hydoddiant potasiwm ïodid

> 4 tiwb profi
> rhesel tiwbiau profi
> 3 × chwistrelli plastig 5 cm³
> chwistrell blastig 1 cm³
> stopwatsh
> pen i ysgrifennu ar wydr
> sbectol ddiogelwch

Rhagdybiaeth

Mae aspirin yn atal yr ensym amylas rhag gweithio.

Nodiadau diogelwch

> Gwisgwch sbectol ddiogelwch.
> Bydd eich athro/athrawes yn rhoi asesiad risg i chi.

Dull

1 Rhifwch y tiwbiau profi o 1–4.
2 Gan ddefnyddio chwistrell 5 cm³, rhowch 5 cm³ o ddaliant startsh ym mhob tiwb.
3 Llenwch chwistrell 5 cm³ lân â hydoddiant asid salisylig ac ychwanegwch 0.5 cm³ at diwb 2, 1 cm³ at diwb 3 a 2 cm³ at diwb 4.
4 Cymerwch lond ceg o ddŵr o'r gwpan bapur. Golchwch ef o gwmpas eich ceg yn drwyadl er mwyn cael sampl o boer sy'n cynnwys llawer o amylas, yna poerwch ef yn ôl i'r gwpan.
5 Defnyddiwch chwistrell 5 cm³ lân i ychwanegu 2 cm³ o hydoddiant poer at bob tiwb a chylchdroi'r tiwbiau'n ysgafn i gymysgu eu cynnwys. Dechreuwch y stopwatsh.
6 Ar ôl 10 munud, defnyddiwch y chwistrell 1 cm³ i ychwanegu 0.5 cm³ o hydoddiant ïodin at bob tiwb (gweler Ffigur 13.13). Os yw'r lliwiau'n wan, ychwanegwch 0.5 cm³ arall o hydoddiant ïodin at bob tiwb. Defnyddiwch y raddfa yn Nhabl 13.3 i amcangyfrif pa mor gryf yw lliw pob tiwb. Mae sero

ar y raddfa'n golygu bod yr amylas heb effeithio ar y startsh; mae 4 ar y raddfa'n golygu bod yr amylas wedi trawsnewid y startsh i gyd yn faltos.
7 Cofnodwch eich canlyniadau mewn tabl addas.
8 Dangoswch eich canlyniadau mewn graff.

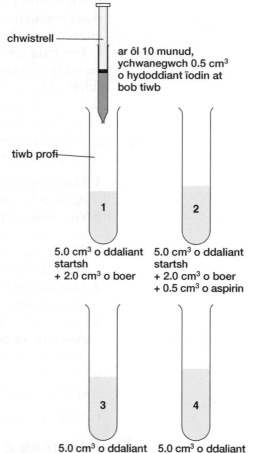

Ffigur 13.13 Cyfarpar ar gyfer arbrawf yn ymchwilio i effaith aspirin ar ensym amylas.

Tabl 13.3 Graddfa gyfeirio i asesu i ba raddau mae startsh wedi'i dreulio gan amylas.

Lliw	Graddfa unedau
Brown golau	4
Brown tywyll	3
Brown-borffor golau	2
Brown-borffor tywyll	1
Glas	0

Dadansoddi eich canlyniadau

I ba raddau y mae eich canlyniadau'n ategu'r rhagdybiaeth 'Mae aspirin yn atal yr ensym amylas rhag gweithio'?

► Sut mae cyffuriau meddyginiaethol yn cael eu profi?

Mae gwrthfiotigau yn un math yn unig o amrywiaeth o gyffuriau sydd wedi cael eu datblygu ar gyfer defnydd meddyginiaethol. Mae **cyffur** yn gemegyn sy'n newid mewn ffordd arbennig sut mae'r corff yn gweithio. Y brif effaith, fel arfer, yw'r un sydd ei hangen a'r rheswm pam mae'r cyffur yn cael ei gymryd. Fodd bynnag, mae cyffuriau yn aml yn cael effeithiau eraill diangen, sef **sgil effeithiau**. Gall y rhain fod yn ddibwys neu'n ddifrifol. Os yw cymryd cyffur yn achosi sgil effeithiau difrifol, rhaid penderfynu a yw manteision cymryd y cyffur yn werth y sgil effaith. Os nad yw, ni fydd y cyffur yn cael ei ryddhau i'w ddefnyddio.

Pan fydd cyffur newydd posibl yn cael ei ddarganfod, mae'n mynd trwy broses profi hir a thrwyadl cyn cael ei ryddhau at ddefnydd cyffredinol. Gall yr amser datblygu ar gyfer cyffur newydd fod mor hir ag 20 mlynedd cyn iddo gael ei ryddhau at ddefnydd cyffredinol. Unwaith mae cyffur wedi ei arunigo mewn ffurf y gellir ei defnyddio, mae cymeradwyaeth yn cynnwys sawl cam. Mae'n rhaid pasio pob cam cyn symud ymlaen at y nesaf.

1 Mae'r cyffur yn cael ei brofi ar gelloedd dynol sydd wedi eu tyfu y tu allan i'r corff mewn labordy.
2 Yna, mae'r cyffur yn cael ei brofi ar anifeiliaid, sy'n cael eu monitro ar gyfer sgil effeithiau.
3 Wedyn, mae'r cyffur yn mynd trwy arbrawf clinigol. Mae'n cael ei brofi ar wirfoddolwyr iach, mewn dosau isel iawn i ddechrau.
4 Mae arbrofion clinigol pellach yn cael eu cynnal i bennu'r dos gorau posibl ar gyfer y cyffur.
5 Yna, mae'r cyffur yn cael ei dreialu ar sampl o bobl sydd â'r clefyd neu'r cyflwr sydd i'w drin, i weld a yw'n fwy effeithiol na thriniaethau presennol.
6 Os bydd pob un o'r profion hyn yn cael eu pasio, yna, mae'r cyffur yn cael ei drwyddedu ar gyfer defnydd cyffredinol.

Cyfeirir at gamau 1–4 fel **profi cyn-glinigol**. Cam 5 yw'r **profi clinigol**.

► Pam mae gwrthgyrff monoclonaidd yn bwysig ar gyfer meddygaeth?

Mae'n bosibl meithrin lymffocytau yn y labordy a'u hysgogi i gynhyrchu gwrthgyrff. Mae lymffocytau actifedig o fath penodol yn gallu rhannu yn barhaus, gan gynhyrchu nifer mawr iawn o gelloedd a fydd i gyd yn cynhyrchu gwrthgorff unigol. Mae hyn yn caniatáu i wyddonwyr gael symiau mawr o wrthgorff penodol. Mae'r gwrthgyrff hyn, sydd i gyd yn ymateb i'r un antigen, yn cael eu galw'n **wrthgyrff monoclonaidd**, ac mae ganddynt botensial enfawr mewn meddygaeth.

Mae gwrthgyrff monoclonaidd yn cael eu cynhyrchu trwy ddefnyddio'r dull canlynol, sy'n cael ei ddangos yn Ffigur 13.14.

1 Mae'r antigen y bydd y gwrthgorff yn cael ei ddefnyddio i frwydro yn ei erbyn yn cael ei chwistrellu i mewn i lygoden.
2 Bydd celloedd gwyn gwaed y llygoden yn cynhyrchu gwrthgyrff sy'n benodol i'r antigen hwnnw (ar ôl sawl diwrnod). Mae llawer o'r celloedd gwyn y gwaed hyn i'w cael yn y ddueg.
3 Mae peth o feinwe'r ddueg sy'n cynnwys celloedd gwyn y gwaed yn cael ei gasglu o'r llygoden.

4 Mae'r celloedd hyn yn cael eu hasio â chelloedd **myeloma** (celloedd gwyn y gwaed canseraidd) i ffurfio celloedd **hybridoma**. Mae celloedd canser yn cael eu defnyddio oherwydd eu bod yn tyfu ac yn rhannu'n barhaus.

5 Mae'r celloedd hybridoma yn cael eu casglu a'u tyfu mewn cyfrwng meithrin sydd wedi'i gynllunio i'w cynnal nhw, ond **nid** i gynnal unrhyw gelloedd myeloma sydd ar ôl, sy'n marw.

6 Mae gan y celloedd hybridoma hefyd y briodwedd o dyfu a rhannu am gyfnod amhenodol, ac felly maen nhw'n cynhyrchu symiau mawr o'r gwrthgorff (monoclonaidd) sy'n benodol i'r antigen gwreiddiol.

7 Mae'r gwrthgyrff yn cael eu tynnu o'r cyfrwng meithrin trwy allgyrchu, hidlo a chromatograffaeth.

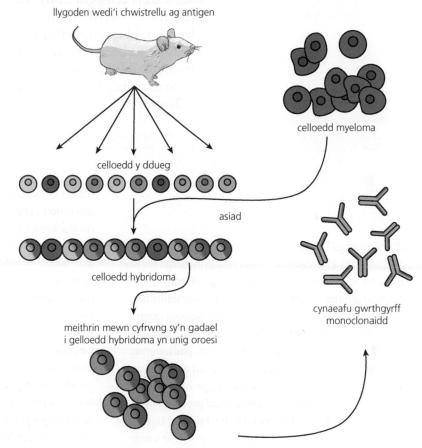

Ffigur 13.14 Y broses sy'n cynhyrchu gwrthgyrff monoclonaidd.

Bydd gwrthgyrff monoclonaidd yn cydio mewn antigenau penodol, ac felly'n cydio mewn celloedd neu firysau penodol hefyd. Gall gwyddonwyr gysylltu moleciwlau eraill â'r gwrthgorff. Mae rhai o'r moleciwlau hyn yn 'labelau' (ac felly'n gwneud y gell neu'r firws yn ganfyddadwy) tra mae eraill yn lladd y celloedd a dargedwyd. Mae rhai defnyddiau posib yn cael eu rhestru yma:

▶ Gall gwrthgyrff monoclonaidd sy'n cydio wrth antigenau'r bacteria *Chlamydia* neu'r firws HIV gael eu defnyddio i wneud diagnosis o'r clefydau hynny. Mae gan y gwrthgorff monoclonaidd ryw fath o 'label' cemegol canfyddadwy ynghlwm wrtho. Gall hwn fod yn isotop ymbelydrol, yn llifyn fflworoleuol, neu'n ensym fydd yn achosi newid lliw o ryw fath. Os yw gwaed y claf yn arddangos y label canfyddadwy, rhaid bod yr antigen yn bresennol.

- Gall gwrthgyrff monoclonaidd gael eu defnyddio i adnabod gwahanol fathau o feinwe, proses hanfodol ar gyfer paru cleifion a rhoddwyr trawsblannu. Mae'r gwrthgorff monoclonaidd wedi'i gynllunio i adnabod antigenau ar arwyneb celloedd y claf, yna mae'n cael ei ddefnyddio i ganfod antigenau tebyg mewn darpar roddwyr. Os bydd yr antigenau yn cael eu canfod mewn rhoddwr posibl, bydd ei meinwe ef neu ei feinwe hi yn cyfateb i feinwe'r claf.
- Mae gan barasit malaria antigenau y gellir eu canfod trwy ddefnyddio gwrthgyrff monoclonaidd, ac mae hyn yn caniatáu i wyddonwyr wneud diagnosis o'r clefyd mewn cleifion sydd ddim yn dangos symptomau. Mae'r gwrthgorff hwn yn cael ei ddatblygu i ganfod antigenau sydd ar y parasit malaria yn unig ac sydd â label cemegol canfyddadwy. Mae hyn wedi helpu i olrhain lledaeniad y clefyd mewn rhai ardaloedd.
- Mae'n bosibl cyfuno cyffur sy'n benodol i gelloedd canser â gwrthgyrff a bydd hwnnw'n lladd y celloedd. Mae hyn yn golygu y bydd cemotherapi yn cael ei dargedu'n well, ac ni fydd y cyffuriau sy'n cael eu defnyddio yn niweidio celloedd iach fel yn y gorffennol.

A ddylai gwyddonwyr gynnal profion ar anifeiliaid?

Dewch i ni gymryd bod cyffur newydd yn cael ei ddarganfod sydd â'r potensial i wella neu drin clefyd mewn bodau dynol. Mae'n debygol y bydd rhai sgil effeithiau gan y cyffur, ond dydym ni ddim yn gwybod pa mor ddifrifol y gall y rhain fod. Ar y cam hwn, dydy gwyddonwyr ddim yn cael profi'r cyffur ar wirfoddolwyr dynol (mae'n erbyn y gyfraith) oherwydd, mewn achosion eithafol, gallai hynny eu lladd nhw. Y dewis arall yw profi'r cyffuriau ar anifeiliaid, fel rheol ar famolion, oherwydd mamolion yw bodau dynol. Yn y DU, mae'r gyfraith yn dweud bod rhaid profi pob cyffur meddygol newydd ar ddau wahanol fath o famolyn byw o leiaf, a bod rhaid i un ohonynt fod yn famolyn mawr a heb fod yn gnofil (*rodent*).

Mae llawer o bobl yn erbyn profi ar anifeiliaid, ond mae'r dadleuon yn gymhleth a does dim ateb syml. Ystyriwch y pwyntiau canlynol:

> Yn y DU, mae angen trwydded i brofi ar anifeiliaid. Os bydd y profwyr yn cam-drin yr anifeiliaid neu'n eu defnyddio ar gyfer ymchwil diangen, gallant golli eu trwydded. Fodd bynnag, mae 'peidio â cham-drin' yn golygu bod mor drugarog â phosibl. Weithiau, mae'r profion yn annymunol (er enghraifft, cymryd samplau gwaed) ond yn angenrheidiol – dydy profion o'r fath ddim yn cael eu hystyried yn 'gam-drin' yr anifail.
> Mae dewisiadau eraill heblaw profi ar anifeiliaid (er enghraifft, profi ar gelloedd dynol sydd wedi'u tyfu mewn labordy), ond dydy'r rhain ddim yn addas ym mhob achos. Hefyd mae corff yn fwy cymhleth na chelloedd arunig, ac felly mae'n bosibl na fydd y canlyniadau'n berthnasol.
> Mae bodau dynol a llygod mawr yn anifeiliaid gwahanol, ac mae protestwyr yn dweud bod hyn yn golygu nad yw canlyniadau profion ar anifeiliaid o reidrwydd yn berthnasol i fodau dynol. Mae profwyr yn dweud y gallant gymryd gwahaniaethau o'r fath i ystyriaeth yn eu casgliadau. Mae'n debygol nad yw canlyniadau profion ar anifeiliaid yn gwbl berthnasol i fodau dynol, ond eu bod yn darparu rhywfaint o wybodaeth ddefnyddiol.
> Mae rhai pobl yn credu bod defnyddio anifeiliaid yn anfoesegol gan na all yr anifeiliaid 'wirfoddoli' am brofion, ac y dylem ni ystyried bod bywyd anifail yr un mor werthfawr â bywyd bod dynol. Os ydych chi'n credu hynny, yna mae profi ar anifeiliaid yn amlwg yn anghywir, hyd yn oed os yw'n achub bywydau bodau dynol.
> Yn y gorffennol, mae cyffuriau na fyddai wedi cael trwydded heb eu profi ar anifeiliaid wedi achub bywydau bodau dynol.
> Mae'n debygol nad oes gan anifeiliaid emosiynau fel bodau dynol. Efallai nad ydyn nhw'n teimlo ofn fel yr ydym ni, ond mae'n anodd iawn bod yn sicr am hyn.

Gwnewch ragor o ymchwil i'r mater o brofi ar anifeiliaid ac yna dewch i gasgliad personol am ei werth ac a ddylid parhau i wneud hyn. Defnyddiwch dystiolaeth i gyfiawnhau eich barn, gan fod yn ofalus i osgoi tuedd.

Profwch eich hun

16 Pam rydym ni'n gofyn i ymwelwyr mewn ysbytai olchi eu dwylo cyn mynd i wardiau, fel rhagofal yn erbyn MRSA?

17 Beth yw enw'r broses sy'n golygu bod MRSA bellach yn gwrthsefyll gwrthfiotigau?

18 Pam mae pobl iach yn cael eu defnyddio i gynnal arbrofion cyn-glinigol ar gyffuriau?

19 Beth yw gwrthgyrff monoclonaidd?

Crynodeb o'r bennod

- Mae'r rhan fwyaf o ficro-organebau'n ddiniwed ac mae llawer ohonynt o fudd; mae rhai micro-organebau, o'r enw pathogenau, yn achosi clefydau.
- Mae pathogenau'n cynnwys bacteria, firysau, protistiaid a ffyngau.
- Mae adeileddau sylfaenol cell facteriol a firws yn cael eu disgrifio.
- Gall micro-organebau sy'n achosi clefydau gael eu lledaenu trwy gyswllt, aerosol, hylifau'r corff, dŵr, pryfed a bwyd wedi'i halogi.
- Mae HIV/AIDS, chlamydia a malaria yn cael eu disgrifio, gan gynnwys y micro-organebau sy'n eu hachosi, eu heffeithiau ar y corff a dulliau o'u hatal.
- Mae'r corff yn amddiffyn ei hun rhag clefydau trwy gael croen didoriad sy'n ffurfio rhwystr yn erbyn micro-organebau, tolchenni gwaed i wella clwyfau, ffagocytau yn y gwaed i amlyncu micro-organebau a lymffocytau i gynhyrchu gwrthgyrff a gwrthdocsinau.
- Moleciwl sy'n cael ei adnabod gan y system imiwnedd yw antigen – mae antigenau estron yn ysgogi ymateb gan lymffocytau, sy'n secretu gwrthgyrff sy'n benodol i'r antigenau.
- Mae gwrthgyrff yn gallu lladd y ficro-organeb dan sylw neu helpu'r ffagocytau i'w hamlyncu.
- Mae'n bosibl defnyddio brechlynnau er mwyn amddiffyn bodau dynol rhag clefydau heintus.
- Mae rhai ffactorau penodol wedi dylanwadu, ac yn parhau i ddylanwadu, ar benderfyniadau rhieni i adael i'w plant gael eu brechu ai peidio.
- Mae brechlyn yn cynnwys antigenau sy'n deillio o organeb sy'n achosi clefyd.
- Bydd brechlyn yn amddiffyn person rhag cael ei heintio gan yr organeb honno trwy ysgogi'r lymffocytau i gynhyrchu gwrthgyrff yn erbyn yr antigen hwnnw.

- Mae brechlynnau'n gallu amddiffyn yn erbyn clefydau sy'n cael eu hachosi gan facteria a gan firysau.
- Ar ôl dod i gyswllt ag antigen, mae celloedd cof yn aros yn y corff ac mae gwrthgyrff yn cael eu cynhyrchu'n gyflym iawn os yw'r un antigen yn cael ei ganfod eto – mae'r cof hwn yn rhoi imiwnedd ar ôl haint naturiol ac ar ôl brechu, ond mae'n benodol i un ficro-organeb.
- Yn wreiddiol, roedd gwrthfiotigau, gan gynnwys penisilin, yn foddion a oedd yn cael eu cynhyrchu gan organebau byw, megis ffyngau.
- Mae gwrthfiotigau'n helpu i drin clefydau bacteriol trwy ladd y bacteria heintus neu drwy atal ei dwf, ond dydyn nhw ddim yn lladd firysau.
- Mae rhai bacteria sy'n gwrthsefyll gwrthfiotigau, megis MRSA, yn gallu deillio o orddefnyddio gwrthfiotigau – mae dulliau wedi eu cyflwyno i geisio rheoli MRSA.
- Mae'n bosibl atal rhai cyflyrau trwy eu trin â chyffuriau neu drwy ddefnyddio therapïau eraill.
- Gall fod sgil effeithiau gan gyffuriau newydd ac felly mae angen profion eang.
- Mae peryglon, buddiannau a materion moesegol yn gysylltiedig â datblygu triniaethau cyffuriau newydd, gan gynnwys defnyddio anifeiliaid ar gyfer profi cyffuriau.
- Wrth ddatblygu moddion newydd posibl, rhaid cynnal profion cyn-glinigol a phrofion clinigol.
- Mae gwrthgyrff monoclonaidd yn cael eu cynhyrchu o lymffocytau actifedig, sy'n gallu rhannu'n barhaus – mae hyn yn cynhyrchu nifer mawr iawn o wrthgyrff unfath, sy'n benodol i un antigen.
- Mae sawl defnydd meddygol i wrthgyrff monoclonaidd, gan gynnwys gwneud diagnosis o glefydau, grwpio meinweoedd ar gyfer trawsblaniadau, monitro lledaeniad malaria a chefnogi cemotherapi ar gyfer gwahanol fathau o ganser.

1 Mae'r gyfres o ddiagramau isod, sydd wedi'u labelu'n A–D, yn dangos camau yn y technegau aseptig sy'n gysylltiedig â brechu a phlatio bacteria o samplau o laeth. Dydy'r camau sy'n cael eu dangos ddim yn y drefn gywir.

Cam

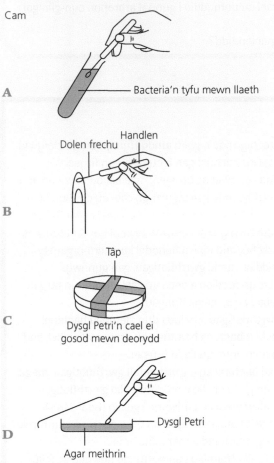

A ──── Bacteria'n tyfu mewn llaeth

B

Dolen frechu · Handlen

C

Tâp

Dysgl Petri'n cael ei gosod mewn deorydd

D

Dysgl Petri

Agar meithrin

a) Rhowch y camau mewn trefn. [1]

b) Rhowch reswm pam mae'r ddysgl Petri'n cael ei selio yn Cam C. [1]

Mae myfyrwyr yn cadw llaeth ffres wedi'i basteureiddio ar 3 tymheredd gwahanol am 5 diwrnod.

Ar ddiwedd y cyfnod hwn, maen nhw'n lledaenu'r samplau llaeth ar blatiau agar di-haint cyn eu meithrin ar 25 °C. Ar ôl 3 diwrnod o feithrin, mae'r platiau agar yn cael eu harchwilio.

Mae'r canlyniadau yn cael eu dangos isod.

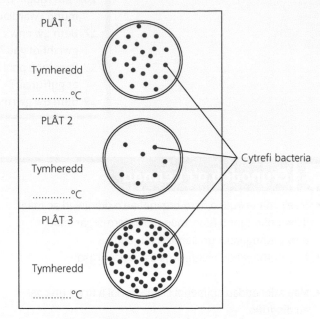

PLÂT 1
Tymheredd
............°C

PLÂT 2
Tymheredd
............°C

PLÂT 3
Tymheredd
............°C

Cytrefi bacteria

c) Gan ddefnyddio tymereddau o'r rhestr isod, cwblhewch y tabl uchod drwy roi'r tymheredd mwyaf tebygol mae'r llaeth wedi cael ei gadw arno am 5 diwrnod cyn i'r samplau llaeth gael eu lledaenu ar yr agar. [3]

> 10 °C

> –10 °C

> 35 °C

> 4 °C

> 150 °C

ch) Mae pob un o'r cytrefi bacteria ar y platiau agar wedi'u ffurfio o lawer o filoedd o facteria. Faint o facteria oedd yn y sampl llaeth gwreiddiol gafodd ei ledaenu ar blât 2? [1]

d) Eglurwch y canlyniadau posibl i'r ymchwiliad hwn pe na byddai Cam B, sydd i'w weld yn rhan (a) y cwestiwn hwn, wedi cael ei wneud. [2]

(o Bapur B3(U) CBAC, Haf 2015, cwestiwn 3)

2 Yn 1928, daeth Alexander Fleming o hyd i ffwng o'r enw *Penicillium* mewn dysgl Petri yn cynnwys meithriniad (*culture*) o facteria'n tyfu ar jeli agar. Mae'r diagram yn dangos beth wnaeth e arsylwi.

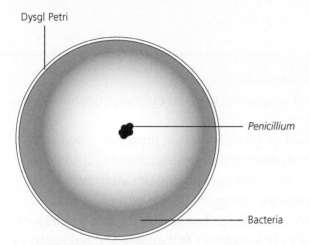

Dysgl Petri

Penicillium

Bacteria

Daeth Fleming i ddau gasgliad.

- Roedd cemegyn a oedd yn cael ei ryddhau o'r *Penicillium* yn niweidio'r bacteria.

- Roedd y cemegyn yn tryledu trwy'r jeli.

a) Beth yw'r dystiolaeth yn y diagram ar gyfer y ddau gasgliad? *[2]*

Cafodd y cemegyn yn y *Penicillium* ei echdynnu a'i enwi'n penisilin.

b) Pa enw sy'n cael ei roi i fathau o gyffuriau fel penisilin? *[1]*

c) Pam mae penisilin wedi dod yn llai effeithiol wrth ladd bacteria yn y blynyddoedd diweddar? *[2]*

Mae MRSA wedi dod yn broblem ddifrifol mewn ysbytai.

ch) Disgrifiwch un mesur rheoli effeithiol sy'n cael ei ddefnyddio mewn ysbytai yn erbyn MRSA. *[1]*

(o Bapur B3(U) CBAC, Haf 2013, cwestiwn 5)

3 Mae'r gwrthfiotig penisilin yn cael ei gynhyrchu mewn eplesydd mawr wedi'i wneud o ddur gwrthstaen. Mae'r eplesydd yn cynnwys maetholion mewn cyfrwng meithrin (*culture medium*) hylifol lle mae *Penicillium* yn cael ei dyfu. Mae'r diagram yn dangos eplesydd.

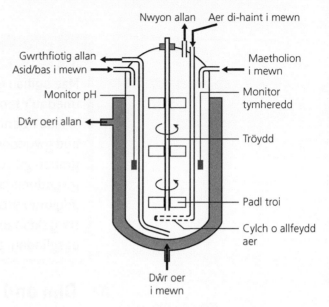

Nwyon allan   Aer di-haint i mewn

Gwrthfiotig allan
Asid/bas i mewn

Maetholion i mewn

Monitor pH

Monitor tymheredd

Dŵr oeri allan

Tröydd

Padl troi

Cylch o allfeydd aer

Dŵr oer i mewn

a) Enwch faetholyn ddylai gael ei ychwanegu i'r eplesydd. *[1]*

b) Pam mae aer yn cael ei bwmpio i mewn i'r eplesydd? *[1]*

c) Pam mae'n rhaid i'r aer fod yn ddi haint? *[1]*

ch) I ba grŵp o organebau byw mae *Penicillium* yn perthyn? *[1]*

(o Bapur B3(U) CBAC, Ionawr 2013, cwestiwn 3)

Sut mae gwyddonwyr yn gweithio

Ffigur 14.1 Mae gwyddoniaeth yn golygu cynnal arbrofion a gwneud arsylwadau er mwyn canfod yr atebion i gwestiynau.

▶ Dim ond dysgu ffeithiau – onid dyna beth yw gwyddoniaeth?

Mae gwyddoniaeth yn fwy na dysgu llawer o ffeithiau. Mae'n cynnwys gofyn cwestiynau am y byd o'n hamgylch a cheisio dod o hyd i'r atebion. Weithiau gallwn ni ganfod yr atebion hyn trwy arsylwi gofalus. Weithiau mae angen i ni roi prawf ar ateb posibl (**rhagdybiaeth**) trwy gynnal arbrawf. Serch hynny, mae ffeithiau'n ddefnyddiol. Mae angen i ni wybod a yw rhywun arall eisoes wedi darganfod yr ateb rydym ni'n chwilio amdano. (Os felly, does dim pwynt gwneud arbrawf i'w ganfod eto – oni bai ein bod ni eisiau gwirio bod yr ateb yn gywir.) Hefyd gall ffeithiau gwyddonol ein helpu i gynnig rhagdybiaeth.

Dydy gwyddonwyr ddim yn eistedd o gwmpas yn dysgu ffeithiau. Maen nhw'n defnyddio'r ffeithiau sy'n gyfarwydd iddynt, neu ffeithiau y gallant eu canfod trwy ymchwilio, er mwyn gofyn cwestiynau, cynnig atebion a chynllunio arbrofion. Proses ymholi yw gwyddoniaeth, ac i fod yn dda mewn gwyddoniaeth rhaid i chi ddeall a datblygu sgiliau ymholi arbennig.

▶ Sut mae gwyddoniaeth yn gweithio?

Mae 'gwneud' gwyddoniaeth ac ateb cwestiynau gwyddonol yn eithaf cymhleth ac amrywiol. Yn Ffigur 14.2 ar y dudalen nesaf, fe welwch chi siart llif sy'n dangos y ffyrdd y bydd gwyddonwyr yn ymchwilio i bethau. Y **dull gwyddonol** yw'r enw ar hyn. Dydy pob cwestiwn ddim yn cynnwys *pob un* o'r camau hyn. Mae'r siart llif yn dangos chwe maes sgìl y mae angen i wyddonwyr eu datblygu:

- ▶ y gallu i ofyn cwestiynau gwyddonol ac i awgrymu rhagdybiaethau
- ▶ sgiliau cynllunio arbrofion
- ▶ sgiliau ymarferol trin cyfarpar
- ▶ y gallu i gyflwyno data'n glir a'u dadansoddi'n gywir (trin data).

Bydd y sgiliau hyn yn cael sylw yn y bennod hon. Mae'n hanfodol bod gwyddonwyr yn eu meistroli.

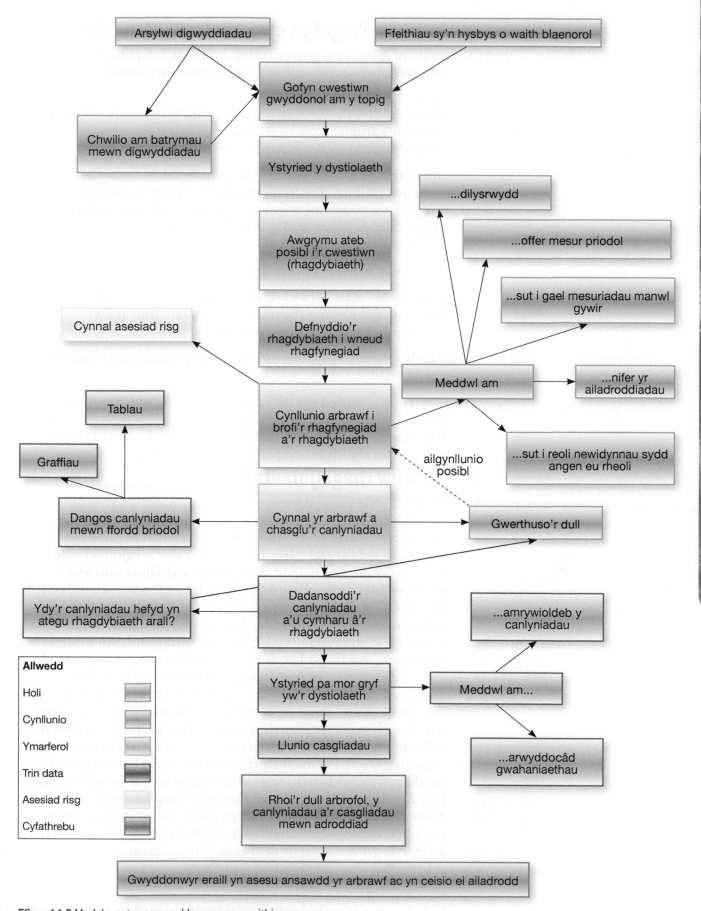

Ffigur 14.2 Model o sut mae gwyddonwyr yn gweithio.

Sut rydw i'n gofyn cwestiwn gwyddonol?

Weithiau gallwch chi ofyn cwestiwn, ond does dim gobaith cael ateb cwbl bendant i'r cwestiwn hwnnw. Edrychwch ar y cwestiynau hyn:

- Oes Duw?
- Beth fyddai'r ffordd orau o wario gwobr loteri o £10 000 000?
- Pwy yw'r arlunydd gorau erioed?
- Ydy Caerdydd yn lle brafiach na Llundain?

Dydy'r rhain ddim yn gwestiynau gwyddonol. Mater o ffydd yw credu neu beidio â chredu mewn Duw, a dydym ni ddim yn gallu profi hyn yn wyddonol. Mae'r cwestiynau eraill yn agored i fwy nag un farn. Ar y llaw arall, gall fod yn bosibl ateb cwestiynau gwyddonol drwy arbrofion.

- Sut gallaf wneud i'r planhigion yn fy nhŷ gwydr dyfu'n well?

Mae'n bosibl ei ateb trwy arbrofion, ond byddai'n rhaid cynnal llawer gan fod llawer o ffactorau yn gallu effeithio ar dwf planhigion. Byddai cwestiwn mwy penodol yn well:

- Beth yw effaith y tymheredd yn fy nhŷ gwydr ar dwf y planhigion sydd ynddo?

Mae'n bosibl canfod yr ateb i hyn trwy roi'r planhigion mewn tymereddau gwahanol. Byddai hyd yn oed yn well nodi un math arbennig o blanhigyn, gan na fydd y tymheredd o bosibl yn cael yn union yr un effaith ar bob planhigyn yn y tŷ gwydr.

Beth yw rhagdybiaeth?

Weithiau, bydd gan wyddonwyr ryw syniad am atebion posibl i gwestiwn arbennig. Maen nhw'n edrych ar ffeithiau hysbys neu'n gwneud arsylwadau ac yn ceisio eu hegluro trwy ddefnyddio'r dystiolaeth sydd ar gael. Rhagdybiaeth yw'r enw ar eglurhad sydd wedi'i awgrymu. Mae rhagdybiaeth yn fwy na dyfaliad, oherwydd mae'n bosibl ei chyfiawnhau â thystiolaeth wyddonol a/neu wybodaeth flaenorol. Dydy rhagdybiaeth ddim yr un fath â rhagfynegiad, ond gallwn ni ddefnyddio rhagdybiaeth i ragfynegi rhywbeth. Mae rhagfynegiad yn awgrymu beth fydd yn digwydd, ond dydy e ddim yn egluro pam; mae rhagdybiaeth, ar y llaw arall, yn awgrymu eglurhad.

Does dim pwynt awgrymu rhagdybiaeth os na allwch chi ddod i wybod a yw hi'n gywir ai peidio, felly rhaid gallu profi rhagdybiaeth wyddonol mewn arbrawf. Pan mae gwyddonwyr yn cynnal arbrofion i roi prawf ar ragdybiaeth, mae'r canlyniadau'n gallu rhoi tystiolaeth sy'n ategu (cefnogi) y rhagdybiaeth neu'n ei gwrthddweud. Fel rheol, caiff arbrofion eu cynllunio i geisio gwrthbrofi rhagdybiaeth, ac weithiau maen nhw'n gwneud hynny. Hyd yn oed os yw'r canlyniadau'n ategu'r rhagdybiaeth, dydy hyn ddim *yn profi* bod y rhagdybiaeth yn gywir. Os yw rhagdybiaeth yn cael ei chefnogi gan ddigon o dystiolaeth nes ei bod yn cael ei derbyn yn gyffredinol, yna caiff ei galw'n ddamcaniaeth.

I grynhoi, mae rhagdybiaeth wyddonol:

- yn awgrymu sut i egluro arsylw
- yn seiliedig ar dystiolaeth
- yn gallu cael ei phrofi mewn arbrawf.

→| **Gweithgaredd**

Rhagydybiaethau pob dydd

Mae mam Siân yn dweud ei bod hi'n aml yn cael diffyg traul pan mae hi'n yfed gwin gwyn, ond ddim pan mae hi'n yfed gwin coch. Mae Siân, Dafydd, Aaron a Rebecca yn awgrymu rhagdybiaethau i egluro pam (Ffigur 14.3).

SIÂN
Mae gwin yn asidig ac mae gormod o asid yn y stumog yn achosi diffyg traul. Efallai fod gwin gwyn yn fwy asidig na gwin coch.

DAFYDD
Dydy pob gwin ddim yn cynnwys yr un cryfder o alcohol. Efallai fod mwy o alcohol yn y gwin gwyn nag yn y gwin coch.

AARON
Rydw i'n meddwl bod yfed alcohol yn achosi mwy o sgil effeithiau wrth i bobl fynd yn hŷn. Mae mam Siân yn 48.

REBECCA
Mae'n well gan fy mam i win coch hefyd. Efallai fod gwin gwyn yn waeth i'ch stumog.

Ffigur 14.3 Rhagdybiaethau sy'n cael eu rhoi ar gyfer mam Siân.

Cwestiynau

Ar gyfer pob unigolyn, dywedwch:

1 a yw'r awgrym yn rhagdybiaeth wyddonol ddilys
2 os ydyw, dywedwch a ydych chi'n meddwl ei bod hi'n rhagdybiaeth wyddonol dda.

► Sut mae gwyddonwyr yn dyfeisio rhagdybiaeth?

Rhaid i wyddonwyr allu awgrymu rhagdybiaethau i egluro pethau maen nhw'n eu harsylwi, cyn profi'r rhagdybiaethau hynny mewn arbrofion er mwyn cael gwybod sut a pham mae pethau'n digwydd yn y byd o'u cwmpas. Gwelsom ni yn yr adran flaenorol fod nifer o feini prawf ar gyfer rhagdybiaeth

Mewn gwirionedd, rydych chi'n gwneud rhagdybiaethau drwy'r amser mewn bywyd pob dydd er mwyn datrys problemau. Gadewch i ni edrych ar enghraifft. Rydych chi'n ceisio defnyddio tortsh, ond dydy'r dortsh ddim yn gweithio. Rydych chi'n gwneud un neu fwy o ragdybiaethau ar unwaith.

Ffigur 14.3 Rhagdybiaethau pam nad yw'r tortsh yn gweithio.

Nawr, rhaid i ni ystyried y pum rhagdybiaeth rydym ni wedi meddwl amdanyn nhw (Tabl 14.1).

Tabl 14.1 Ystyried pob un o'r rhagdybiaethau pam nad yw'r tortsh yn gweithio.

	Rhagdybiaeth	Tystiolaeth	Derbyn/ gwrthod	Oes ffordd o'i phrofi?
1	Wedi'i ddiffodd	Switsh ymlaen.	Gwrthod	Dim angen
2	Dim batrïau	Cafodd y dortsh ei defnyddio ddoe ac mae'n annhebygol y byddai rhywun wedi tynnu'r batrïau allan ers hynny (ond ddim yn amhosibl).	Derbyn	Oes (edrych i weld a oes batrïau yn y dortsh)
3	Batrïau fflat	Does dim batrïau newydd wedi'u rhoi yn y dortsh yn ddiweddar ac mae oes batrïau'n eithaf byr.	Derbyn	Oes (rhoi batrïau newydd i mewn)
4	Bwlb wedi chwythu	Does dim bwlb newydd erioed wedi'i roi yn y dortsh, ond mae'n bell o gyrraedd diwedd oes bwlb.	Derbyn	Oes (rhoi bwlb newydd i mewn)
5	Cysylltiad gwael	Dim tystiolaeth o blaid nac yn erbyn.	Derbyn	Oes (archwilio a glanhau'r cysylltiadau)

Nawr mae gennym ni bedair rhagdybiaeth ac mae'n bosibl rhoi prawf ar bob un ohonynt. O edrych ar gryfder y dystiolaeth, mae'n ymddangos mai rhagdybiaeth 3 (batrïau fflat) yw'r fwyaf tebygol, a byddai'n hawdd ei phrofi. Wrth geisio rhoi batrïau newydd i mewn, byddech chi hefyd yn profi rhagdybiaeth 2. Os rhowch chi fatrïau newydd i mewn a dydy'r dortsh ddim yn goleuo o hyd, byddech chi'n gwrthod rhagdybiaeth 3 ac yn symud ymlaen i brofi rhagdybiaeth 4 neu 5.

Rydych chi'n gwneud y math hwn o beth yn aml – ond efallai nad oeddech chi'n gwybod eich bod chi'n datblygu rhagdybiaeth!

→ **Gweithgaredd**

Dyfeisio rhagdybiaeth

Gadewch i ni edrych ar arsylw a gweld a allwch chi ddyfeisio rhagdybiaeth i'w egluro.

Yn aml, bydd cŵn yn aros wrth ffenestr neu ddrws yn eu tŷ ychydig cyn i'w perchennog ddod adref o'r gwaith [Ffigur 14.5]. Mae'n rhaid bod ffordd o egluro'r arsylw hwn os yw'n digwydd yn rheolaidd (ac mae perchenogion cŵn yn dweud ei fod). Mae angen i chi ddyfeisio rhagdybiaeth a fydd yn egluro'r ymddygiad hwn, ac yn cyd-fynd ag unrhyw dystiolaeth neu wybodaeth wyddonol.

Gadewch i ni ddechrau trwy gasglu gwybodaeth am yr arsylw. Mae gan Marc ac Ann gi o'r enw Gelert. Mae Ann yn gyrru adref o'r gwaith ac yn cyrraedd tua 6.00 pm. Mae Marc yn dweud bod Gelert yn mynd i eistedd wrth y ffenestr agosaf at ble mae'r car yn parcio tua 5.50 pm ac nad yw'n symud nes bod car Ann yn cyrraedd. Dydy Gelert bron byth yn eistedd wrth y ffenestr unrhyw bryd arall yn ystod y dydd.

Tystiolaeth a gwybodaeth wyddonol

> Mae Gelert yn mynd at y ffenestr tua 5.50 pm bob tro.
> Mae ei berchennog yn cyrraedd adref tua 6.00 pm bob tro.
> Dydy Gelert ddim yn eistedd wrth y ffenestr unrhyw bryd arall yn ystod y dydd.

Ffigur 14.5 Mae'r ci hwn wrth y ffenestr yn aros i'w berchennog gyrraedd.

> Mae synhwyrau arogli a chlywed cŵn yn llawer gwell na bodau dynol.
> Mae **biorhythm** gan bob mamolyn – hynny yw, maen nhw'n gwybod tua faint o'r gloch yw hi hyd yn oed os na allant ddarllen cloc.

Cwestiynau

1 Awgrymwch o leiaf dwy ragdybiaeth bosibl i egluro ymddygiad Gelert.

2 Dewiswch un o'ch rhagdybiaethau ac awgrymwch sut y gallech chi ei phrofi.

▶ Sut mae gwyddonwyr yn cynllunio arbrawf?

Bydd arbrawf da'n rhoi ateb i'ch cwestiwn, neu o leiaf yn rhoi gwybodaeth a fydd yn golygu eich bod yn agosach at gael ateb. Os oes gennych chi ragdybiaeth, bydd yr arbrawf yn rhoi tystiolaeth i'ch helpu i benderfynu a yw'r rhagdybiaeth yn gywir neu'n anghywir (hyd yn oed os nad yw'n *profi*'r rhagdybiaeth mewn gwirionedd). Rydym ni'n galw arbrofion fel hyn yn arbrofion **dilys**. Os oes unrhyw ddiffygion mawr yng nghynllun yr arbrawf, mae'n debygol na fydd yn ddilys.

Dau o'r pethau pwysicaf sy'n sicrhau bod arbrawf yn ddilys yw **tegwch** a **manwl gywirdeb**. Os yw'n brawf teg, ac os yw eich canlyniadau'n fanwl gywir, rydych chi'n fwy tebygol o gael yr ateb 'cywir'.

Prawf teg

Dychmygwch eich bod chi eisiau profi os yw cyfaint y dŵr sy'n cael ei ychwanegu at hadau yn effeithio ar lwyddiant eginiad. Meddyliwch am yr holl newidynnau (heblaw am gyfaint y dŵr) a allai effeithio ar y gyfradd egino:

- ▶ y math o hadau
- ▶ tymheredd
- ▶ cynnwys mwynol y pridd
- ▶ tanbeidrwydd y golau
- ▶ lleithder yr aer (gan fod hwn yn effeithio ar faint o ddŵr sy'n anweddu)
- ▶ pa mor agos at ei gilydd mae'r hadau.

Er mwyn i'r prawf fod yn deg, rhaid i chi geisio sicrhau nad yw'r un o'r pethau hyn yn effeithio ar yr arbrawf. Byddech chi'n defnyddio gwahanol gyfeintiau o ddŵr gan mai dyna'r newidyn rydych yn ei brofi. Byddech chi'n defnyddio'r un math o hadau ym mhob prawf, yn rheoli'r tymheredd (er enghraifft, gan ddefnyddio deorydd sy'n cael ei reoli gan thermostat). Byddech chi hefyd yn defnyddio'r un pridd a'r un tanbeidrwydd golau, yn ceisio rheoli lleithder yr aer os oes modd, ac yn sicrhau bod yr un nifer o hadau ym mhob hambwrdd gyda'r un gofod rhyngddynt.

Mae rheoli tymheredd, tanbeidrwydd golau a lleithder yn eithaf cymhleth. Byddai'n bosibl gadael yr holl hambyrddau yn yr un lle yn y labordy. Byddai tymheredd yr ystafell, tanbeidrwydd y golau a'r lleithder yn amrywio, ond yn yr un ffordd yn union ar gyfer pob hambwrdd, felly byddai'r prawf yn dal i fod yn deg.

Weithiau, mewn arbrawf neu astudiaeth wyddonol, mae newidyn na allwch ei reoli. Yn yr enghraifft uchod, gallai un neu ddau o hadau mewn sampl fod yn farw, ac felly'n methu egino, ond allwch chi ddim gwybod hynny. Rhaid i chi gadw hyn mewn cof a'i gymryd i ystyriaeth yn eich dadansoddiad. Er enghraifft, byddai hadau marw yn cael effaith fach ar eich canlyniadau. Felly, er enghraifft, os bydd un lefel o ddyfrio yn cynhyrchu 85% o eginiad a bydd un arall yn cynhyrchu 80%, efallai na fyddwch yn cyfri'r rheini yn 'wahanol' oherwydd gallai nifer yr hadau byw gyfrif am y gwahaniaeth. Pe bai un hambwrdd yn egino 85% a'r llall yn egino 60%, yna byddai gwahaniaeth go iawn, gan ei bod hi'n debyg na fyddai nifer yr hadau byw yn amrywio cymaint â hynny.

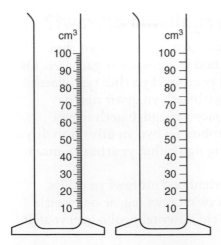

Ffigur 14.6 Mae'r silindr mesur ar y chwith yn fwy manwl gywir (h.y. rhaniadau llai) na'r un ar y dde.

Ffigur 14.7 Mae'r llun hwn yn dangos faint o amrywiaeth sydd ym maint y swigod. Felly, dydy 'un swigen' ddim yn gallu rhoi mesuriad manwl gywir o gyfaint nwy.

Mesuriadau manwl gywir

Rydym ni'n diffinio mesuriadau manwl gywir fel rhai sydd mor agos â phosibl at y 'gwir' werth. Y broblem yw nad ydym ni'n gwybod yn union beth yw'r gwir werth! Felly mae'n amhosibl bod yn sicr bod mesuriad yn fanwl gywir. Yr unig beth y gallwn ni ei wneud yw gofalu nad oes diffyg manwl gywirdeb amlwg.

Dylai unrhyw offeryn mesur fod mor fanwl gywir â phosibl. Fel arfer, mae'n syniad da defnyddio offeryn mesur sydd â **chydraniad uchel** (*high resolution*) (Ffigur 14.6).

Gall diffyg manwl gywirdeb ddigwydd oherwydd nad yw'r unedau mesur yn drachywir. Wrth fesur nwy, er enghraifft, ni fydd cyfrif swigod yn rhoi ateb manwl gywir gan na fydd y swigod i gyd yr un maint. Felly gall 25 swigen mewn un achos gynnwys mwy o nwy na 30 o swigod mewn achos arall, os yw'r set gyntaf o swigod yn cynnwys mwy o swigod mawr (Ffigur 14.7).

Gall diffyg manwl gywirdeb hefyd ddigwydd o ganlyniad i wall dynol sy'n cael ei achosi gan y dull mesur. Os ydych chi'n amseru newid lliw, er enghraifft, mae'n aml yn anodd mesur *yn union* pryd mae'r lliw'n newid, gan ei bod yn broses raddol.

Mae manwl gywirdeb y rhan fwyaf o fesuriadau yn llai na 100%. Mae hyn yn dderbyniol ar yr amod nad yw'r anghywirdeb mor fawr fel bod cymharu'r mesuriadau gwahanol yn annilys.

Yn y senario 'cyfrif swigod' uchod, er enghraifft, os oes gennych chi ddau ddarlleniad o 86 swigen a 43 swigen, er bod diffyg manwl gywirdeb, mae'r gwahaniaeth mor fawr fel nad yw'r anghywirdeb yn bwysig. Fodd bynnag, os bydd gennych chi ddau ddarlleniad o 27 a 32 swigen, allwch chi ddim dweud yn hyderus bod yr ail ddarlleniad mewn gwirionedd yn fwy na'r un cyntaf.

Pam mae gwyddonwyr yn ailadrodd arbrofion?

Mae gwyddonwyr yn ailadrodd arbrofion (neu'n cymryd samplau mawr) am y rhesymau canlynol:

▶ Y mwyaf o ailadroddiadau a wnewch chi (hyd at bwynt) neu'r mwyaf yw eich sampl, y mwyaf dibynadwy fydd y cymedr sy'n cael ei gyfrifo. Nodwch nad yw canlyniadau unigol yn mynd yn fwy dibynadwy, dim ond y cymedr.

▶ Mae ailadroddiadau neu samplau mwy yn eich galluogi i fod yn fwy manwl gywir wrth adnabod canlyniadau afreolaidd

Gadewch i ni ddefnyddio enghraifft. Cymerwch eich bod yn edrych ar amser adweithio, lle mae rhywun yn gorfod pwyso botwm pan fydd signal arbennig yn ymddangos ar sgrin. Mae'r canlyniadau i'w gweld yn Nhabl 14.2 ar y dudalen nesaf.

Os dim ond tri ailadroddiad a gafodd eu gwneud, byddai'n bosibl tybio bod canlyniad arbrawf 2 yn afreolaidd. Fodd bynnag, mae'n amlwg wrth ailadrodd mai arbrofion 1 a 3 oedd y rhai afreolaidd mewn gwirionedd. Mae'r cymedr ar ôl tri ailadroddiad yn anghywir iawn. Ar ôl 15 ailadroddiad mae'r cymedr wedi gostwng yn sylweddol ac mae effaith y ddau werth uchel yn arbrofion 1 a 3 wedi lleihau (er bod y cymedr ychydig yn uchel o hyd a byddai rhagor o ailadroddiadau o fudd).

Tabl 14.2 Canlyniadau arbrawf amser ymateb

Arbrawf	Amser ymateb, mewn microeiliadau	Cymedr amser ymateb, mewn microeiliadau
1	536	536
2	240	388
3	498	425
4	258	383
5	260	358
6	248	340
7	236	325
8	302	322
9	233	312
10	241	305
11	245	300
12	256	296
13	233	291
14	250	288
15	241	285

Sawl gwaith mae angen ailadrodd?

Mae canlyniadau gwyddonol bob amser yn amrywio i ryw raddau, ac weithiau maen nhw'n amrywio llawer. Rydym ni'n galw hyn yn **ailadroddadwyedd**. Os yw'r ailadroddadwyedd yn dda iawn ac mae'r canlyniadau i gyd yn agos at ei gilydd, yna mae cymedr cywir yn cael ei ganfod yn gyflym iawn, ac mae angen ychydig o ailddarlleniadau yn unig. Os yw'r ailadroddadwyedd yn wael, fodd bynnag, bydd angen mwy o ailadroddiadau cyn cael hyder yn y cymedr. Dydy hi ddim yn anarferol i wyddonwyr ailadrodd arbrofion 30–50 o weithiau. Mewn astudiaethau sy'n cynnwys sampl, mae maint sampl da fel arfer tua 100 (mwy os poblogaeth fawr sy'n cael ei samplu). Yn gyffredinol, mae maint sampl o lai na 30 yn cael ei ystyried yn ystadegol annilys.

✔ Profwch eich hun

1 Rydych chi'n sylwi bod pryfed lludw'n tueddu i ymgasglu o dan foncyffion coed. Pa un o'r cwestiynau canlynol yw'r un mwyaf gwyddonol?

   a) Pam mae pryfed lludw'n ymgasglu o dan foncyffion?

   b) A yw pryfed lludw'n symud oddi wrth y golau ac felly'n ymgasglu mewn mannau tywyll?

   c) A yw'n well gan bryfed lludw fynd i rai mannau na mannau eraill?

   ch) A yw pryfed lludw'n hoffi pren?

2 Beth yw'r gwahaniaeth rhwng rhagdybiaeth a rhagfynegiad?

3 Os ydych chi'n cynnal arbrawf sy'n gofyn i chi gofnodi'r amser mae'n ei gymryd i liw newid o goch i las, mae'n annhebygol y bydd y canlyniadau'n gwbl gywir. Pam?

4 Pam mae cadw set o arbrofion ar dymheredd ystafell yn ffordd dderbyniol (os nad yn ddelfrydol) o reoli tymheredd?

5 Mae arbrawf yn cael ei ailadrodd dair gwaith. Pam nad yw hyn yn debygol o fod yn ddigon?

Arbrawf heb ragdybiaeth

Does dim rhagdybiaeth gan rai arbrofion. Mae rhai'n cael eu cynnal i gael gwybodaeth yn unig. Er enghraifft, aeth gwyddonwyr ati i astudio sut mae poblogaethau celloedd burum yn tyfu dros amser trwy sefydlu poblogaeth ac yna cyfri'r celloedd ar wahanol adegau. Doedd ganddyn nhw ddim rhagdybiaeth ar gyfer beth fyddai'n digwydd.

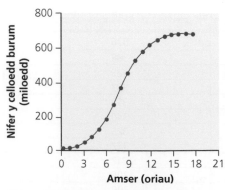

Ffigur 14.8 Poblogaeth celloedd burum dros amser.

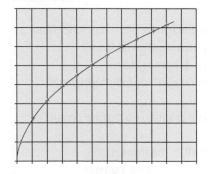

Siart bar

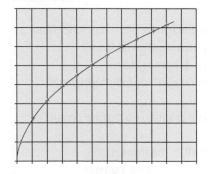

Graff llinell

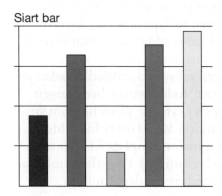

Siart cylch

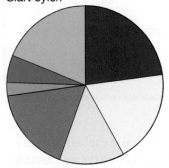

Ffigur 14.9 Mae nifer o wahanol ffyrdd o ddangos data.

Pan gawson nhw'r canlyniadau yn Ffigur 14.8, roedd rhaid iddyn nhw feddwl am ragdybiaeth i egluro'r gromlin.

Cyflwyno canlyniadau

Tablau

Mae tabl yn ffordd o drefnu data fel bod y data'n glir ac fel nad oes rhaid i'r darllenydd chwilio am y data yn y testun.

▶ Rhaid bod tablau'n cynnwys penawdau clir.
▶ Os oes unedau i'r mesuriadau, dylid dangos y rhain ym mhenawdau'r colofnau.
▶ Rhaid i resi a cholofnau tablau fod mewn trefn resymegol.

Graffiau a siartiau

Mae nifer o wahanol fathau o graffiau a siartiau, ond y tri math a ddefnyddir amlaf yw siartiau bar, graffiau llinell a siartiau cylch (Ffigur 14.9).

▶ Caiff **siartiau bar** eu defnyddio pan mae'r gwerthoedd ar yr echelin-*x* yn dangos **newidyn amharhaus** (*discrete* neu *discontinuous variable*) (dim gwerthoedd rhyngol), e.e. misoedd y flwyddyn, lliw llygaid ac ati.
▶ Caiff **graffiau llinell** eu llunio pan mae'r echelin-*x* yn **newidyn di-dor** (mae unrhyw werth yn bosibl), e.e. amser, pH, crynodiad ac ati.
▶ Caiff **siartiau cylch** eu defnyddio i ddangos cyfansoddiad rhywbeth. Mae pob adran yn cynrychioli canran o'r cyfan.

Mae siartiau bar a graffiau llinell yn dangos patrymau neu dueddiadau'n fwy eglur na thabl. Unwaith eto dylai'r graff ddangos popeth sydd ei angen i nodi'r duedd, heb fod disgwyl i'r defnyddiwr ddarllen trwy'r dull.

Rhaid i siart bar neu graff llinell o ansawdd da gynnwys y pethau canlynol:

▶ teitl
▶ dwy echelin wedi'u labelu'n glir gydag unedau os yw hynny'n briodol
▶ graddfa 'synhwyrol' a hawdd ei darllen ar gyfer y ddwy echelin
▶ defnyddio cymaint â phosibl o'r lle sydd ar gael ar gyfer y raddfa (heb ei wneud yn anodd ei darllen)
▶ echelinau yn y drefn gywir. Os yw un ffactor yn 'achos' a'r llall yn 'effaith' dylai'r achos (y **newidyn annibynnol)** fod ar yr echelin-*x* a dylai'r effaith (y **newidyn dibynnol**) fod ar yr echelin-*y*. Weithiau, dydy'r berthynas ddim yn un 'achos ac effaith' a gall yr echelinau fod y naill ffordd neu'r llall
▶ data wedi'u plotio'n fanwl gywir
▶ os bydd mwy nag un set o ddata'n cael ei phlotio dylai'r setiau fod wedi'u gwahaniaethu'n eglur, gydag allwedd i ddangos pa set yw pa un
▶ mewn graff llinell, os yw'r data'n dilyn tuedd glir, dylid defnyddio llinell **ffit** orau i ddangos hyn. Os nad oes tuedd glir, dylid uno'r pwyntiau â llinellau syth, neu eu gadael heb eu huno.

▶ Sut mae gwyddonwyr yn dadansoddi canlyniadau ac yn llunio casgliadau?

Fel rheol, caiff canlyniadau eu dadansoddi am un o dri rheswm:

- ▶ i ganfod perthynas rhwng dau neu fwy o ffactorau
- ▶ i benderfynu a yw'n debygol bod rhagdybiaeth yn gywir
- ▶ i helpu i greu rhagdybiaeth.

Perthynas

Y ffordd gliriaf o ddangos perthynas yw defnyddio graff llinell. Mae cyfeiriad graddiant (neu ddiffyg graddiant) y llinell yn dangos y math o berthynas (Ffigur 14.10). Gall rhai graffiau gynnwys dau neu fwy o wahanol fathau o raddiant.

- ▶ Pan mae'r llinell ar raddiant tuag i fyny (Ffigur 14.10a), mae'n dangos bod B yn cynyddu wrth i A gynyddu. **Cydberthyniad positif** yw'r enw ar hyn.
- ▶ Pan mae'r llinell ar raddiant tuag i lawr (Ffigur 14.10b), mae'n dangos bod B yn lleihau wrth i A gynyddu. **Cydberthyniad negatif** yw'r enw ar hyn.
- ▶ Os yw'r llinell yn llorweddol (Ffigur 14.10c), mae'n golygu nad oes perthynas rhwng gwerthoedd A a B, a bod **dim cydberthyniad** rhwng y newidynnau.
- ▶ Os yw'r graff yn ffurfio llinell syth sy'n mynd trwy'r tarddbwynt (Ffigur 14.10ch), mae **perthynas gyfrannol** rhwng A a B.

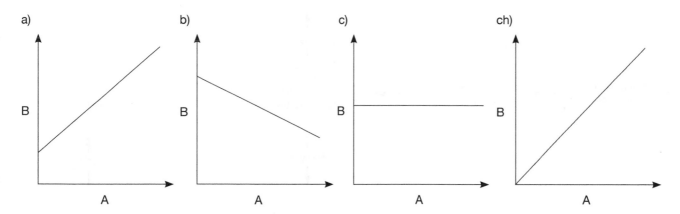

Ffigur 14.10 Gall graffiau llinell ddangos gwahanol berthnasau rhwng y newidynnau.

Os oes perthynas rhwng dau ffactor dydy hynny ddim yn golygu o reidrwydd mai un o'r ffactorau hynny sy'n *achosi'r* berthynas. Os yw B yn cynyddu wrth i A gynyddu, dydy hynny ddim yn golygu mai'r cynnydd yn A sy'n *gwneud* i B gynyddu.

Profi rhagdybiaeth

Os oes rhagdybiaeth, nod yr arbrawf yw ei phrofi, felly tri dewis sydd i'r casgliadau:

- ▶ Mae'r dystiolaeth yn cefnogi'r rhagdybiaeth.
- ▶ Dydy'r dystiolaeth ddim yn cefnogi'r rhagdybiaeth.
- ▶ Dydy'r dystiolaeth ddim yn bendant y naill ffordd na'r llall.

Ffigur 14.11 Mae'r alarch du yn y llun uchod yn dadbrofi'n glir y rhagdybiaeth 'mae pob alarch yn wyn'.

Anaml iawn y gall arbrawf *brofi* bod rhagdybiaeth yn gywir.

Ganrifoedd yn ôl, roedd pobl Ewrop yn credu bod pob alarch yn wyn, oherwydd roedd pob alarch a welsom nhw yn wyn. Eu rhagdybiaeth felly oedd 'mae pob alarch yn wyn'. Yn 1697, fodd bynnag, daeth fforwyr yn Awstralia o hyd i elyrch du (mae'r rhain wedi'u cyflwyno ym Mhrydain ers hyn). Roedd hyn yn gwrthbrofi'r rhagdybiaeth ar unwaith, oherwydd doedd dim amheuaeth o gwbl am y dystiolaeth (Ffigur 14.11). Faint bynnag o elyrch gwyn roedd pobl Ewrop wedi eu gweld, ni allai hynny byth profi bod pob alarch yn wyn. Hyd yn oed os nad oedd elyrch du wedi'u darganfod erioed, doedd hynny ddim yn golygu nad oedd alarch du yn rhywle yn y byd yn dal i aros i gael ei ddarganfod!

Os oes cyfres hir o arbrofion wedi cael ei chynnal a bod pob un o'r arbrofion yn cefnogi'r rhagdybiaeth, bydd gwyddonwyr yn trin y rhagdybiaeth fel ei bod yn wir (mae'n dod yn **ddamcaniaeth**) er na fydden nhw o hyd yn dweud ei bod wedi cael ei *phrofi*.

Wrth benderfynu a ydym ni'n mynd i barhau i dderbyn y rhagdybiaeth neu ei gwrthod, mae cryfder y dystiolaeth yn bwysig iawn.

Mae'r siart llif yn Ffigur 14.12 yn dangos sut mae gwyddonwyr yn dod i gasgliadau am ragdybiaeth.

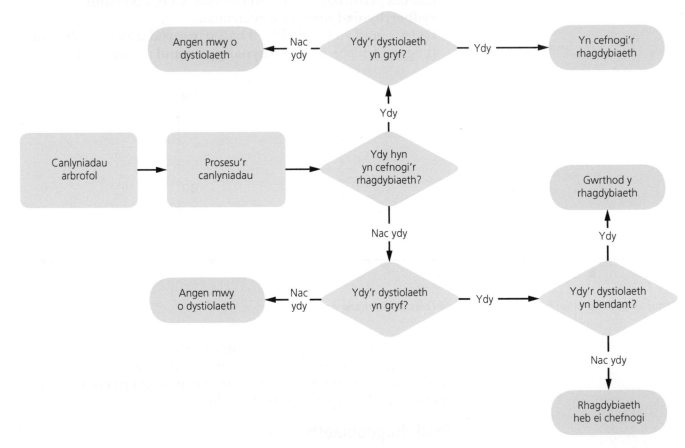

Ffigur 14.12 Siart llif gwneud penderfyniad am ragdybiaeth.

Profi rhagdybiaethau

1 Roedd gan Natalie ragdybiaeth y gallai papur gwlyb ddal llai o bwysau na phapur sych. Aeth ati i brofi bagiau papur, gan ychwanegu 10 g o bwysau y tro nes bod y bag yn torri. Profodd 10 bag, ac yna mwydodd 10 bag tebyg mewn dŵr cyn eu profi nhw. Ym mhob achos, torrodd y bagiau gwlyb gyda llai o bwysau ynddynt na'r bagiau sych. Beth ddylai casgliad Natalie fod?

   A Mae ei rhagdybiaeth yn cael ei phrofi.

   B Mae ei rhagdybiaeth yn cael ei chefnogi.

   C Mae ei rhagdybiaeth yn amheus.

   CH Dylid gwrthod ei rhagdybiaeth.

2 Roedd gan Glyn ragdybiaeth nad oedd math arbennig o gwpan ynysedig mewn gwirionedd yn cadw diodydd yn fwy cynnes na chwpan geramig arferol. Aeth ati i amseru faint o amser roedd yn ei gymryd i ddŵr oeri gan 10° C yn y ddau fath o gwpan. Gwnaeth y prawf 50 o weithiau. Ar gyfartaledd, roedd y dŵr yn cymryd 6 munud yn hirach i oeri yn y gwpan ynysedig, ac ym mhob un o'r 50 prawf roedd y dŵr yn y gwpan geramig yn oeri'n fwy cyflym. Beth ddylai casgliad Glyn fod?

   A Mae ei ragdybiaeth yn cael ei phrofi.

   B Mae ei ragdybiaeth yn cael ei chefnogi.

   C Mae ei ragdybiaeth yn amheus.

   CH Dylid gwrthod ei ragdybiaeth.

▶ Sut mae gwyddonwyr yn penderfynu pa mor gryf yw'r dystiolaeth?

I fod yn hyderus bod eich casgliad yn gywir, mae angen tystiolaeth gryf arnoch chi. Dydy tystiolaeth wan ddim yn golygu bod eich casgliad yn anghywir, ond mae'n golygu na allwch chi fod mor siŵr ei fod yn gywir.

I benderfynu pa mor gryf yw'r dystiolaeth, mae angen i chi ofyn rhai cwestiynau penodol.

1 **Pa mor newidiol oedd y canlyniadau?** Y mwyaf o amrywiad sydd yng nghanlyniadau'r ailadroddiadau, y gwannaf fydd y dystiolaeth.

2 **Wnaethoch chi ddigon o ailadroddiadau? Oedd y sampl yn ddigon mawr?** Gall hyd yn oed canlyniadau newidiol roi tystiolaeth dda os yw nifer yr ailadroddiadau neu faint y sampl yn ddigon mawr. Mae angen i chi fod yn sicr nad yw eich canlyniadau'n rhai 'rhyfedd'. Dydy canlyniadau rhyfedd ddim yn digwydd yn aml iawn, felly mae llawer o ailadroddiadau, neu sampl mawr, yn golygu y cewch chi ddarlun cyffredinol mwy manwl gywir o beth sy'n digwydd.

3 **Oedd unrhyw wahaniaethau'n arwyddocaol?** Gall gwahaniaethau bach ddigwydd oherwydd siawns, oherwydd yn aml ni all mesuriadau gwyddonol fod yn berffaith fanwl gywir. Weithiau, bydd hi'n amlwg bod gwahaniaethau'n arwyddocaol neu ddim yn arwyddocaol. Os nad yw hi'n amlwg, gall gwyddonwyr gynnal profion ystadegol i fesur pa mor arwyddocaol yw gwahaniaeth.

4 **Oedd diffygion yn y dull?** Gall diffygion yn y dull (er enghraifft dulliau mesur nad ydyn nhw'n fanwl gywir, newidynnau na ellid eu rheoli) leihau cryfder y dystiolaeth. Gall diffygion mawr olygu bod y casgliadau yn hollol annibynadwy.

5 Oedd y dull yn ddilys? Mae arbrawf dilys yn un sy'n gallu rhoi ateb i'r cwestiwn ei fod yn ymchwilio iddo. Er enghraifft, os ydych chi am ddarganfod effaith arddwysedd golau ar gyfradd ffotosynthesis. Os ydych chi'n symud lamp yn nes ac yn nes at blanhigyn ac yn mesur y gyfradd, mae yna broblem. Mae bylbiau golau'n rhyddhau gwres, ac efallai mai'r gwres sy'n achosi'r newidiadau, ac nid y golau. Oni bai eich bod yn stopio'r cynnydd yn y tymheredd (er enghraifft, trwy gyfeirio'r golau trwy wydr neu ddŵr), dydy'r arbrawf ddim yn gallu ateb y cwestiwn ac felly mae'n annilys.

✔ Profwch eich hun

6 Ym mhob un o'r enghreifftiau isod, nodwch a fyddech chi'n cyflwyno'r canlyniadau ar ffurf graff llinell neu siart bar.

  a) effaith tymheredd ar gyfaint y nwy sy'n cael ei gynhyrchu gan gelloedd burum

  b) effaith gwahanol fathau o ymarfer ar gyfradd curiad y galon

  c) nifer y bobl o grwpiau oedran gwahanol mewn poblogaeth

  ch) effaith lefel y carbon deuocsid yn yr aer ar y gyfradd anadlu.

7 O dan ba amgylchiadau byddech chi'n uno'r pwyntiau ar graff llinell yn hytrach na llunio llinell ffit orau?

8 Beth yw cydberthyniad positif?

9 Sut gallwch chi ddweud a yw perthynas yn un gyfrannol ai peidio?

10 Beth yw'r gwahaniaeth rhwng ailadroddadwyedd ac atgynyrchadwyedd?

⬇ Crynodeb o'r bennod

- Mae gwyddonwyr yn ymchwilio i'r byd o'u hamgylch trwy broses ymholi gymhleth.
- Dydy gwyddoniaeth ddim yn gallu ateb pob cwestiwn. Mae rhagdybiaeth yn eglurhad sy'n cael ei awgrymu ar gyfer arsylw. Mae'n seiliedig ar dystiolaeth ac rydym ni'n gallu ei phrofi trwy arbrawf.
- Mae tystiolaeth yn gallu ategu neu wrthddweud rhagdybiaeth, neu gall fod yn amhendant.
- Dydy rhagdybiaeth ddim yn rhagfynegiad, er ei bod hi'n bosibl ei defnyddio i wneud rhagfynegiadau.
- Mae'n hawdd gwrthbrofi rhagdybiaeth, ond yn anaml y gellir profi rhagdybiaeth.
- Os bydd rhagdybiaeth yn cael ei chefnogi gan lawer o dystiolaeth ac yn cael ei derbyn fel gwirionedd, mae'n dod yn ddamcaniaeth.
- Er mwyn bod o werth, rhaid i arbrawf fod yn deg ac yn ddilys, a rhaid i fesuriadau fod mor fanwl gywir ag sy'n bosibl.
- Mae gan wahanol offer mesur lefelau gwahanol o fanwl gywirdeb, yn gysylltiedig â'u cydraniad.
- Os nad yw'n bosibl rheoli newidyn, rhaid cymryd yr effaith debygol o fethu ei reoli i ystyriaeth wrth ddadansoddi canlyniadau.

- Mae ailadrodd darlleniadau yn gwella manwl gywirdeb y cymedr, ac yn ein galluogi i asesu ailadroddadwyedd.
- Y mwyaf newidiol mae'r canlyniadau, y mwyaf o weithiau mae angen ailadrodd yr arbrawf (neu mae angen i'r sampl fod yn fwy).
- Mae cyflwyno data mewn tablau yn hytrach nag mewn testun yn eu gwneud yn fwy eglur. Dylai'r tabl gael ei lunio fel ei fod yn eglur ac nad oes rhaid i'r darllenydd gyfeirio'n ôl i'r dull er mwyn deall ei ystyr.
- Rydym ni'n defnyddio graffiau llinell a siartiau bar i wneud tueddiadau a phatrymau yn y data yn fwy eglur.
- Mae graffiau llinell yn cael eu defnyddio os yw'r ddau newidyn yn ddi-dor. Mae siartiau bar yn cael eu defnyddio os yw'r newidyn annibynnol yn amharhaus.
- Mae siâp graff llinell yn dynodi natur a chryfder unrhyw duedd neu batrwm.
- Mae tystiolaeth yn amrywio o ran cryfder. Mae tystiolaeth gryfach yn gwneud y casgliad yn fwy sicr.
- Rhaid gallu atgynhyrchu arbrofion – hynny yw, dylent roi canlyniadau tebyg bob tro y caiff arbrawf ei wneud, pwy bynnag sy'n ei wneud.

Sut mae gwyddonwyr yn gweithio

Mynegai

Cydnabyddiaeth

Hoffai'r Cyhoeddwr ddiolch i'r canlynol am roi caniatâd i atgynhyrchu deunyddiau dan hawlfraint.

t.1 © Wellcome Library, London/http://creativecommons.org/licenses/by/4.0/; t.9 © Claude Nuridsany & Marie Perennou/Science Photo Library; t.12 © Cordelia Molloy/Science Photo library; t.17 © Michael Steele/Getty Images; t.19 © Biophoto Associates/Science Photo Library; t.21 © Ed Reschke/Photolibrary/Getty Images; t.24 *t* © Biophoto Associates/Science Photo Library, *g* © NIBSC/Science Photo Library; t.31 © Eye of Science/Science Photo Library; t.35 © egal – iStock – Thinkstock; t.42 © Carolina Biological/Visuals Unlimited/Corbis; t.58 © Power and Syred/Science Phot; t.59 *ch* © Dr Jeremy Burgess/Science Photo Library, *d* © Tracy Tucker/iStock/Thinkstock; t.60 © Dr David Furness/Keele University/Science photo library; t.64 © swkunst/iStock/Thinkstock; t.71 © Rex Features/Eye Ubiquitous 26; t.74 *ch ac c* © British Lichen Society/Mike Sutcliffe, *td* © Fotolia/Tatjana Gupalo, *gd* © Irish Lichens/ Jenny Seawright; t.78 © Arterra Picture Library / Alamy Stock Photo; t.79 © MR1805/iStock/ Thinkstock; t.80 *t* © Lori Werhane/iStock/Thinkstock, *gch* © Goodshoot/Thinkstock, *gd* © CathyDoi/iStock/Thinkstock; t.84 *ch* © ImageBroker/Imagebroker/FLPA RF, *d* © Mark Sisson/ FLPA; t.86 © Martyn f. Chillmaid; t.87 *ch* © Jupiter55/iStock/Thinkstock, *d* © Gary K Smith / Alamy Stock Photo; t.88 © The Photolibrary Wales / Alamy Stock Photo; t.89 © David Tipling Photo Library / Alamy Stock Photo; t.90 © Nigel Cattlin/FLPA; t.91 *ch* © Nature Collection / Alamy Stock Photo, *d* © Imagestate Media; t.93 *ch* © Photostock- Israel/Science Photo library, *d* © JohnatAPW/iStock/Thinkstock; t.94 © Steve Gschmeissner/Science Photo Library; t.95 © J. Craig Venter Institute; t.96 © Arkaprava Ghosh/Barcroft Media/Getty Images; t.97 © Steve Gschmeissner/Science Photo Library; t.103 © Science Photo Library; t.106 *ch* © Christian Hütter / Alamy Stock Photo, *d* © Chris Burrows/Photolibrary/Getty Images; t.107 © Biophoto Associates/Science Photo Library; t.110 *ch* © Photos by Sharon / Alamy Stock Photo, *c* © Pahham/iStock/Thinkstock, *d* © JoeGough/iStock/Thinkstock; t.112 © Imagestate Media Partners Limited – Impact Photos / Alamy Stock Photo; t.113 *t* © Gregg Porteous/ Newspix/ News Ltd, *g* © Asperra Images / Alamy Stock Photo; t.114 © S. Entressangle/ E.Daynes/Science Photo Library; t.117 © age fotostock / Alamy Stock Photo; t.118 *ch* © Bain Collection/Library of Congress Prints and Photographic division, *c* © Gordon Chambers / Alamy Stock Photo, *d* © Paul Moore/Fotolia; t.119 © GL Archive / Alamy Stock Photo; t.122 *t* © Science Source/ Science Photo Library, *g* © Daily Mail Syndication/John Frost Newspapers; t.126 © Jamie_ Hall/iStock/Thinkstock; t.128 © FR Sport Photography / Alamy Stock Photo; t.135 © Cathlyn Melloan/Stone/Getty Images; t.136 © Alexander Raths/Fotolia; t.146 © BSIP SA / Alamy Stock Photo; t.151 © Satirus/iStock/Thinkstock; t.155 © Jake Lyell / Alamy Stock Photo; t.157 Oliver Strewe/Lonely Planet Images/Getty Images; t.158 © Ed Reschke/Photolibrary/Getty Images; t.160 © Science Photo Library; t.167 © gbh007/iStock/Thinkstock; t.171 CALLALLOO CANDCY/Fotolia; t.173 © ELEN/Fotolia; t.177 © Jeffrey Banke/Fotolia.

t = top, *g* = gwaelod, *ch* = chwith, *d* = de, *c* = canol

Gwnaethpwyd pob ymdrech i olrhain pob deiliad hawlfraint, ond os oes unrhyw rai wedi'u hesgeuluso'n anfwriadol bydd y Cyhoeddwr yn barod i wneud y trefniadau priodol ar y cyfle cyntaf.